# 부영양화와 생태공학

조류 성장 동태학과 생태공학적 제어

수질문제는 대부분의 경우 부영양화에 원인이 있으므로 대상 수체 내에서 원인 영양염의 거동을 일차적으로 파악해야 하며, 부영양화결과 발생되는 조류의 대발생에 대한 측면은 조류의 생리·생태학적 측면에서 접근이 필요하다.

# 부영양화와 생태공학

## 조류 성장 동태학과 생태공학적 제어

김호섭

수질문제는 대부분의 경우 부영양화에 원인이 있으므로 대상 수체 내에서 원인
영양염의 거동을 일차적으로 파악해야하며, 부영양화결과 발생되는 조류의
대발생에 대한 측면은 조류의 생리·생태학적 측면에서 접근이 필요하다.

한국학술정보㈜

본 연구는 농림부 기획연구과제인 '농업용저수지의 조류 제어기법개발 연구(과제 302006-03-2-SB010)'와 '농업환경 복원기술 개발연구(과제 H0273500)', 2003년도 건국대학교 '학술진흥연구비 지원사업' 그리고 한국 학술진행재단 2003년도 '신진연구 인력장려금지원사업(KRF-2003-908-D00035)'에 의하여 지원되었음.

# 머리말

    환경 분야가 3D업종으로 회피되던 시절 우연히 육수학이라는 학문을 접하면서 호수를 더 아름답게 느끼게 해 주던 한여름, 고요한 호수 표면에 떠 있던 초록빛 물체의 실체를 알게 되었다. 그것은 오염된 물에 서식하는 식물플랑크톤 혹은 조류라는 광합성 생물로 동 · 식물을 포함하여 인간에게까지 위해한 남조류였다. 남조류에 의한 포유동물에 대한 피해는 이미 세계 여러 나라에서 보고되어 오고 있으며 실험실 내에서의 실험을 통해서도 그 위해성은 이미 증명이 되었다. 남조류가 인체에 미친 피해에 대한 대표적인 예로서는, 1996년 브라질의 한 진료소에서 투석 진료 중이던 환자 55명이 사망한 사건이 있었다. 이 사고는 남조류가 발생한 물을 염소 처리한 후 그대로 환자치료에 사용함으로써 발생한 사고로서 남조류가 발생한 호수의 물을 상수원으로 사용할 시 정수처리 과정상에 세심한 주의를 요구하게 하는 사고였다. 또 다른 예로서는, 1989년 *Microcystis aeruginosa*가 발생한 저수지에서 카누 연습을 했던 16세의 병사 2명이 물을 마신 후 열이 나고, 입 주위에 수포가 생기며 권태, 구토, 설사 등의 증상을 보인 사건을 들 수 있다.

    언제부터인가 우리가 금수강산이라 자랑하던 하천과 호수에서도 남조류가 매년 여름이면 찾아오는 손님이 되어 버린 듯하다. 내게 아름다운 느낌을 준 남조류가 뭔지 모른다 하더라도 우리나라의 산과 강을 보고 여전히 금수강산이라 말할 수 있는 사람은 많지 않을 것이다. 맑은 물을 자랑

하던 하천에서 공급되는 수돗물은 사람들로 하여금 신뢰를 잃고 정수기가 그 자리를 대신한 지는 오래된 것 같다. 유년시절 놀이터였던 동네 하천은 지금은 물이 흐르지 않은 시기가 많고, 물이 흐르는 시기에도 하천인지 생활하수가 흘러가는 하수관로인지 구분하기 어렵게 변해 있는 게 현실인 것 같다. 지구의 온난화로 인해 세계적으로 물 부족 국가가 늘어나고 있는 추세에서, 우리나라도 당당히(?) 물 부족 국가에 합류하였다. 그래서인지 최근 적잖게 물 부족 문제가 매스컴을 통해 보도되고 있다. 이쯤 되면 수자원의 관리가 우리의 생존과 관련된 문제라는 것에 부정할 사람은 없을 것이다.

효율적인 수질관리는 수자원의 수질과 생태계의 기능악화를 초래하는 원인을 진단하고 그에 대한 메커니즘을 파악하는 것을 기본으로 한다. 우리 몸은 건강 검진을 통해 주기적으로 체크하면서 이상이 발견되거나 질병에 걸리면 병원을 찾게 된다. 의사는 먼저 질병의 원인을 진단하고 그에 따라 처방을 내려 준다. 수질관리도 이와 다를 바 없을 것이다. 수질문제는 대부분의 경우 부영양화에 원인이 있으므로 대상 수체 내에서 원인 영양염의 거동을 일차적으로 파악해야 하며, 부영양화결과 발생되는 조류의 대발생에 대한 측면은 조류의 생리·생태학적 측면에서 접근이 필요하다. 한편으로 수자원에 대한 정책적 관리는 대상으로 하는 다양한 수계에서의 현황파악을 필요로 한다. 여러 수계가 가지는 다양한 특성은 부영양화 및 조류 대발생에 각기 다른 측면으로 반응하지만 그 결과에서는 일반성이 존재하며 그러한 일반성을 찾아내고 해결하는 것이 최종적인 관리의 목표가 될 것이다. 그러한 일반성은 각기 다른 수체에서 유사하게 나타나는 결과의 종합이며 부영양화 또는 조류 발생 정도라는 유형으로 구분할 수 있을 것이다.

수질개선이라는 또 하나의 중요한 목표는 최종적으로 기술적인 측면에서 시도된다. 여기에는 다양한 기술들이 적용될 수 있으나 가장 중요한 것은 문제의 원인에 대한 정확한 이해를 통해서만 해결될 수 있고, 기술적 측면에서는 효율과 경제성을 고려하여야 한다.

본 연구에서는 국내 중소규모 저수지들에서의 조류 발생에 대한 일반성과 발생 메커니즘 및 제어방법에 대해 이해하고자 시도된 연구결과를 소개하고자 한다.

(1) 제2장은 국내의 많은 중소규모 저수지 환경의 유역 및 육수학적 현황에 기초하여 유형을 분류한 후 부영양화에 기인한 조류 대발생의 일반성을 규명하고자 시도된 연구결과이다.

(2) 제3장과 4장은 얕은 부영양호에서 연간 육수학적 변화의 분석을 통해 국내의 전형적인 저수지의 부영양화 특성과 그에 따른 조류 발생 기작에 대한 이해를 위해 시도된 연구결과이다.

(3) 제5장, 6장, 7장은 조류 제어를 위한 생태공학적 방법으로서 여과성 이매패류가 수생태계에 미치는 생태학적 영향 분석 및 수질개선 기술로서의 적용성을 검토하기 위해 수행된 연구결과이다.

박사학위 논문이 책이라는 이름으로 다시 세상에 발걸음을 할 수 있는 기회를 주신 (주)한국학술정보에 감사하며 연구에 함께해 주신 건국대학교 황순진 교수님과 육수학이란 학문을 가르쳐 주신 강원대학교 김범철 교수님, 상지대학교 신윤근 교수님께 진심으로 감사를 드린다.

2007. 12 저자 씀

# 차 례

## 제1부 유역환경과 조류발생특성 / 13

**제1장** 서 론 / 14

**제2장** 저수지 유형분석 및 특성평가 / 21

제1절 연구배경 및 목적 / 21

제2절 연구대상 및 방법 / 22

제3절 저수지의 형태학적 특성과 영양상태 / 25

제4절 저수지 유형분류 / 31

제5절 형태학적, 수리·수문학 인자와 엽록소 $a$ 농도와의 관계 / 34

제6절 토지 이용의 차이와 엽록소 $a$ 농도와의 관계 / 35

제7절 유역에서의 오염발생부하량과 수질과의 관계 / 38

제8절 엽록소 $a$ 농도와 수질인자 간의 관계 / 42

제9절 고 찰 / 48

**제3장** 부영양 저수지의 육수학적 특성 / 55

제1절 연구배경 및 목적 / 55

제2절 연구대상 및 방법 / 57

제3절 수 질 / 67

제4절 동·식물플랑크톤 / 77

제5절 퇴적물 / 83

제6절 침강량과 침강속도 / 86

　　제7절 유입부하량 / 89
　　제8절 조류 성장역학 / 94
　　제9절 수온, 영양염, 광도에 따른 식물플랑크톤 성장반응 / 99
　　제10절 고 찰 / 101

**제4장** 조류 성장과 제한 영양염 / 111

　　제1절 연구배경 및 목적 / 111
　　제2절 연구대상 및 방법 / 112
　　제3절 영양염 및 식물플랑크톤 종 조성 / 114
　　제4절 제한 영양염 및 N/P비에 따른 식물플랑크톤 성장 반응 / 119
　　제5절 N/P비에 따른 남조류 성장 반응 / 124
　　제6절 고 찰 / 126

## 제2부 조류의 생태공학적 제어 / 133

**제5장** 담수산 참재첩(*Corbicula leana* Prime)과
　　대형동물플랑크톤의 섭식효과 / 134
　　제1절 연구배경 및 목적 / 134
　　제2절 연구대상 및 방법 / 137
　　제3절 연구대상호수의 육수학적 특성 / 141

제4절 식물플랑크톤 종 조성과 생물량 / 142

제5절 동물플랑크톤 종 조성과 생물량 / 144

제6절 식물플랑크톤에 대한 참재첩(*Corbicula leana*)과
대형동물플랑크톤의 섭식효과 / 148

제7절 패류와 동물플랑크톤 섭식에 따른 수중 질소 인 농도변화 / 157

제8절 고 찰 / 160


**제6장** 물질순환과 플랑크톤 동태학에 미치는 영향 / 167

제1절 연구배경 및 목적 / 167

제2절 연구범위 및 방법 / 169

제3절 국내 담수산 패류의 여과능력비교 / 176

제4절 엽록소 $a$ 농도와 순 1차생산력의 변화 / 179

제5절 수질항목의 변화 / 181

제6절 시간에 따른 영양염 변화와 엽록소 $a$ 농도와의 관계 / 182

제7절 플랑크톤 종 조성, 밀도 그리고 생물량변화 / 188

제8절 고 찰 / 196


**제7장** 부영양호의 수질개선 평가 / 203

제1절 연구배경 및 목적 / 203

제2절 연구대상 및 방법 / 205

제3절 조사대상 호수의 수질 / 207

제4절 패류의 적응도 변화 / 208

제5절 입자성 물질 변화 / 209

제6절 용존성 물질 변화 / 212

제7절 여과율 / 215

제8절 고 찰 / 215


제8장 결 론 / 222

제1절 연구결과 요약 / 222

제2절 제 언 / 228

참고문헌 / 231

# 제1부

# 유역환경과 조류발생특성

# 제1장 서 론

호수의 부영양화는 물의 이용과 생태계의 건전한 기능수행을 저해하는 조류(식물플랑크톤)의 비정상적인 대발생을 초래하며(김 등b, 1995; Park *et al.*, 1998; 김 등, 1999b), 그 부작용은 심층수의 산소고갈, 저서생물의 고사, 독성물질의 용출로 인한 어패류 및 기타 주요한 생물들의 피해, 어업 등 수산양식업에 피해, 착색으로 인한 혐오감 유발, 정수장 여과지 폐쇄, 이취미 발생 등으로 나타난다(Persson, 1982; Codd and Poon, 1988; Robert *et al.*, 1993; Smith and Gilbert, 1995; Dawson, 1998; Pouria *et al.*, 1998). 최근 우리나라는 도시의 팽창과 산업발달에 따른 오염물질의 대량 발생으로 수질악화는 더욱 심각해지고 있다. 이미 국내 4대강 유역의 주요 상수원인 팔당호(한강), 대청호(금강), 물금(낙동강), 주암호(영산강)에서는 봄, 가을, 겨울에는 규조류(*Stephanodiscus, Synedra, Asterionella, Aulacoseira*), 여름에는 남조류(*Microcystis, Oscillatoria*)가 대량 증식하여 상기한 여러 가지 문제들이 발생하여 경제적으로도 큰 피해를 미치고 있다(국립환경연구원, 1999). 조류 발생은 또한 수중 유기물의 과다한 증가를 유발하며 발생된 녹조는 사멸하여 저수지 저층에 퇴적되어 분해됨으로써 심층산소의 고갈을 유발한다. 한편으로 심층의 산소고갈은 화학적으로 저니층의 산화-환원 전위를 낮춤으로써 녹조발생의 주 원인이 되는 무기인의 수체 내로 용출을 유도하여 녹조발생의 잠재성이 증대되는 악순환을 초래한다(Cooke *et al.*, 1993).

조류의 발생량은 수체 내 영양염류, 빛, 수체의 수리·수문학적 특성, 경쟁 및 섭식들에 의해 좌우되며 영양염 측면에서는 생물체의 요구에 비하여 생태계 내에서 가장 결핍된 원소의 양에 의해 결정된다(Wetzel, 2001). 즉 수중에 존재하는 총량이 문제가 아니라 생물의 요구량에 비하여 부족한 원소가 문제가 되는 것이다. 질소/인의 비율에 의한 제한 요인은 대체로 10~20(적정비율 16; Redfield, 1958)을 기준으로 평가하고 있으며, 담수생태계에서는 주로 인이 조류의 성장에 제한 영양염으로 작용하므로(Schindler, 1974; 한 등, 1993) 인의 과다한 유입이 조류번성의 주 원인으로 제시되고 있으며(Edmondson and Lehman, 1981), Smith 등(1987)은 부영양호수에서 여름철에 주로 발생하는 남조류의 성장에 총인의 농도가 가장 중요하다는 것을 모델을 통해 보여주었다. 수중 생태계에서 제한 영양소가 공급되면 생물의 양이 인에 비례하여 성장하게 되고 궁극적으로 먹이사슬을 통하여 어류의 양까지 결정하는 요인이 될 수 있다(Borchardt, 1996).

조류 성장에 있어 제한 영양염을 평가하는 방법 중의 하나로 수체 내 총질소와 총인의 비율이 사용되고 있으며, 조류의 생물량이나 조류 종의 천이를 예측하는 데 이용되기도 한다(Smith, 1983; Fugimoto and Sudo, 1997). Fujimoto와 Sudo(1997)는 남조류 종간의 경쟁에 있어 실험실 배양과 야외조사를 통해 높은 N/P비와 낮은 수온에서 우점종이 *M. aeruginosa*로부터 *Phormidium tenue*로 변화하는 것을 관찰하였다. 조류가 성장하기에 적합한 영양염 농도 범위는 수온, 일사량 등의 환경요인으로 인해 변하고, 조류마다 생리적인 특이성이 다르기 때문에 최적범위는 다르게 나타날 수 있다. 국내 대부분의 저수지에서는 주로 인이 조류증식의 제한 인자가 되고 있으나, 하절기 홍수기에는 인의 유출도가 커서 질소/인의 비율이 낮아지고 조류를 섭취하는 동물플랑크톤이 감소하며 홍수 이후 표수층의 수온이 급상승하여 성층이 뚜렷해지고 이 시기에 고온에서 증식도가 높고 인에 대한 질소의 양이 상대적으로 적어 질소고정능을 가진 남조류(예를 들면, *Anabaena*)가 대발생하는 경우도 있다.

인구증가, 산업화, 도시화에 따른 환경오염이나 환경문제를 극단적으로 단순화시키는 방향으로 해결책을 마련해 왔으며, 생태계의 전반적인 관점에서 문제를 다루어오지 못했다. 에너지와 자원 집약적인 기술적 측면을 강조한 환경오염 해결방안은 오염물질의 완전한 제거를 목표로 추구해 왔으나 이는 실제로 완전한 제거가 아니라 또 다른 형태의 오염물질로 전환시키는 문제를 낳고 있으며 지속적인 화석연료의 소모, 화학약품의 사용 및 2차적 오염물질을 발생한다는 한계성을 지니고 있다. 호소의 부영양화를 유발하는 오염물질인 질소와 인을 완전히 제거하지 못하는 오폐수처리기술은 처리과정에서 유기물을 무기물로 바꾸어 수역에 방류함으로써 부영양화에 의한 녹조현상을 조장시키고 있다(신 등, 2000). 에너지와 자원 집약적 그리고 대량의 처리를 추구하는 기술적 해결방안은 지구적 관점에서 물질의 재순환을 고려하지 못하여 환경오염에 의한 생태계의 교란이나 파괴에 대해서는 올바른 접근방법이나 대안이 제시되지 못하였다. 이에 생태계에 대한 근본적인 한계를 가지고 있는 공학적 방법을 극복하고 보완하여, 긴 시간을 통해 형성되는 자연생태계와 그 속에 생존하는 생물들의 상호의존적(생태적) 가치를 동시에 추구함으로써 생태계의 지속가능성을 목표로 하는 학문과 그의 적용이 미래의 환경문제와 자연과 인간의 공생이라는 측면에서 매우 중요한 의미를 가진다.

미생물이나 어패류와 같은 생물 그 자체를 이용하는 생물학적인 방법까지 포함하는 생태공학적 기술은 생물과 환경이 포함된 자연생태계 또는 생태계 내의 생물적 구성요소들을 이용하고, 생태계의 가장 중요한 기능 중의 하나인 물질의 순환과 이에 관련된 자연의 정화작용을 이용하는 기술이다. 이러한 기술은 적은 양의 보조에너지를 이용한 인위적인 환경조작으로 시작되나, 중추적인 에너지원은 자연으로부터 온다는 점에서 기존의 공학적 방법과 차이를 보인다. 환경문제를 생물을 이용하여 접근하는 새로운 각도에서의 환경문제를 해결하기 위한 방법이라는 점과, 기존의 공법에 비해 유지관리 비용 및 설치비용이 상대적으로 적게 들고, 인간사회와 생태계가 공존할 수 있는 구조가 모색되고 있다는 장점들은 기존공법들의 문제점들의 대안으로 제시될 수 있을 것이다. 그러나 환경공학적 처리시설에 비해 넓은 부지를 필요하고 설치 지역이 제한적일 수 있으며, 수질개선효율이 낮을 수 있다는 단점과 함께 시스템 내 이용하는 생물의 지속적인 유지와 발생하는 부산물 처리에 대한 관리방안이 수립될 필요가 있다(건, 1997; 황 2002). 국내에서는 1980년대 이후부터 수생식물(변 등, 1985; 이, 1985; 김 등, 1991; 김 등, 1992; 이, 1993; 안, 1993; 공 등, 1996; 심과 한, 1998; 공과 천, 1999)이나 인공습지(안, 1994; 윤 등, 1997a, b; 황과 공, 1999), 저류지(박 등, 1999), 인공식물섬(권, 1999) 그리고 접촉산화수로(환경부, 1997) 등을 이용한 자연정화기법이 도입되고 있다.

수질개선을 위한 생태공학적 방법으로서 적용성이 제시되고 있는 패류는 종에 따라 서식형태나 섭식형태가 다양하여, 담수산 패류 중에 기능적인 연구가 많이 이루어진 얼룩말조개의 경우는 기질에 부착하여 서식하며 먹이원에 대한 비선택적 섭식을 하는 것으로 알려져 있다. 반면, 아시아에 널리 분포하고 있으며 최근 북미의 여러 호수에 도입된 *Corbicula*는 하상을 기어 다니며 서식하는 특성을 가지고 있다. 서식형태나 섭식형태의 차이가 있다 하더라도 이러한 패류가 서식하는 담수생태계에서 나타나는 주요 작용들은 수체로부터 입자들의 제거(Dame et al. 1985; Vaughn and Christine, 2001)와 무기형태의 영양염 배출(James, 1987; Quigley *et al.*, 1993; Yamamuro and Koike, 1993; Gardner *et al.*, 1995; Arnott and Vanni, 1996; Dame, 1996; Davis *et al.*, 2000), 퇴적층에 faeces와 pseudofaeces와 같은 입자형태 배설물의 집적(Dame *et al.*, 1985; Loo and

Rosenberg, 1989; Jack and Throp, 2000) 그리고 서식지 내의 식물플랑크톤과 박테리아(Holland, 1993; Contner *et al.*, 1995; Fahnenstiel *et al.*, 1995; Lavrentyev *et al.*, 1995) 및 작은 동물플랑크톤의 섭식(John. *et al.*, 1991; Maclsaac *et al.*, 1991)과 같은 플랑크톤군집에 대한 1차적인 영향과, 식물플랑크톤의 감소에 따른 동물플랑크톤 군집변화와 같은 2차적인 영향을 야기할 수도 있다(Hwang, 2001).

또한 하상을 기어 다니는 *Corbicula*와 같은 패류들은 퇴적층 내 배설물의 집적이나 퇴적층을 교란시키는 생활상 그리고 퇴적물에 대한 여과섭식을 통해 저서환경에도 직접적인 영향을 줄 수 있으며 이동에 따른 퇴적물의 교란으로 퇴적층 내 산소 공급량을 증가시키고(McCall *et al.*, 1979; Levinton, 1995), 퇴적물로부터의 영양염의 용출을 증가시킬 수 있다 (Matisoff *et al.*, 1985). 캘리포니아의 Deata-Mendota 운하에서는 *Corbicula*의 서식 이후에 퇴적물 내 유기물질의 농도가 25~30% 정도 증가하는 것이 보고되었고(Hakenkamp and Palmer, 1999), 이러한 유기물의 집적은 퇴적층 내 깔따구류와 다른 부식물질을 섭식하는 생물들의 풍부도를 증가시킬 수 있음이 보고된 바 있다(Sephton *et al.*, 1980).

그러나 패류의 밀생하는 서식형태로 인해 수로나 파이프가 막히거나, 외부에서 도입된 종이 먹이원에 대한 경쟁을 통해 토착종의 개체 수를 감소시키고, 퇴적층에 집적되는 유기물질의 증가되고 집단폐사(die-off)하는 경우에는 수질을 악화시키는 부정적인 영향도 보고되고 있다(Kraemer, 1979; Morton, 1979; McMahon, 1983; Gleason, 1984; Doherty *et al.*, 1986; Scheller, 1997). 이러한 부정적인 영향에도 불구하고 얼룩말조개(*Dreissena polymorpha*; Pallas)의 기능적인 역할을(Maclsaac, 1991; Mellina *et al.*, 1995; Strayer *et al.*, 1999) 수질개선에 이용하고자 하는 노력이 최근 유럽에서 시도된 바 있다(Reeder *et al.* 1989; Reeder and Vaate, 1992; Smit *et al.*, 1993). Reeder 등(1989)은 얼룩말조개의 여과섭식 능력을 계산하여 독

일의 두 호수에서 얼룩말조개의 현 생체량으로 한 달에 최소한 한두 번은 호수 전체의 물을 여과할 수 있음을 보고하였으며, 수질개선을 위한 생물학적 처리방법으로서 패류를 적용한 바 있다. Smit 등(1993)은 네덜란드의 댐을 막아 만든 Volkerakmeer 호에서 수질관리를 위한 방법으로 호수의 유입부에 네트를 설치하여 얼룩말조개들이 쉽게 부착하여 서식할 수 있는 공간을 마련함으로써 이들 패류를 생물 filter로 이용하고자 시도하였다. 초기 연구의 결과는 네트에 부착하여 서식하는 패류들이 호수 내의 부영양화를 효과적으로 조절하는 가능성을 보였으며(Reeder et al., 1989), 부영양화 조절 효과의 정도는 네트에 부착하는 패류의 수에 의존하는 것으로 나타났다 (Reeder and Vaate, 1992).

국내에도 재첩(Corbicula) 속의 패류들이 전국 주요 호수와 하천에서 발견되고 있으며(Fig. 1-1), 패류의 분포상(김, 1998b)이나 일부 종에 대한 계통학적 분류(이와 김, 1997) 및 오염물질이 패류의 대사생리에 미치는 영향(정 등, 1998; 최 등, 1998) 등과 같은 분포나 생리적인 측면의 연구가 진행된 바 있다.

본 연구에서는 (1) 국내의 다양한 중소규모 저수지의 유역환경 및 수체 내 육수학적 parameter들의 분석을 통하여 부영양화에 기인한 조류 대발생의 유형과 일반성을 파악하고자 하였으며, (2) 얕은 부영양호에서 연간 육수학적 변화를 분석하여 국내의 전형적인 저수지의 특성과 그에 따른 조류 발생의 기작을 이해하고자 하였고, (3) 조류 제어를 위한 생태공학적 방법으로서 여과성 이매패류의 생태학적 영향을 분석하고 수질개선 기술로서 이매패류의 적용성을 검토하였다.

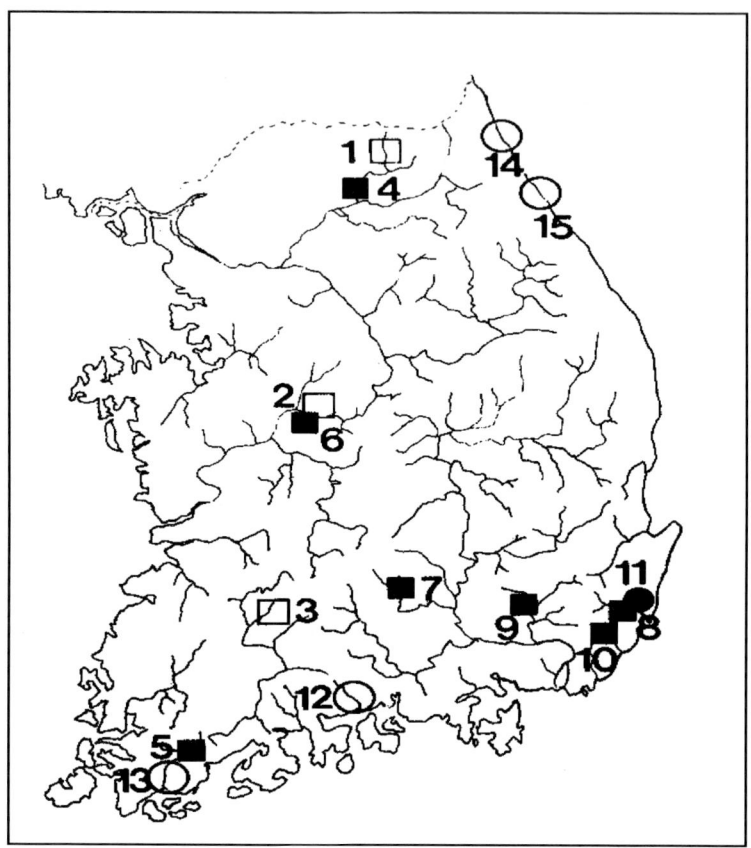

Fig. 1-1. The distribution of Corbicula in South Korea. *Corbicula fluminea*(□), *C. leana*(■), *C. colorata*(●) and *C. japonica*(○). 1. L. Uiam, 2. Musim stream, 3. 12. Somjin river, 4. North han river, 5. 13. Tamjin river, 6. Musim stream, 7. Hwang river, 8. Taehwa river, 9. Miryang river, 10. Hoeya river, 11. Taehwa river, 14. L. Songji, 15. Lake Mae. (이와 김, 1997)

# 제2장 저수지 유형분석 및 특성평가

## 제1절 연구배경 및 목적

저수지의 수질은 지역적인 기후, 유역 내 오염원 현황이나 지형 그리고 호수 규모와 같은 형태학적인 차이(EPA, 1974)뿐만 아니라 유입수량이나 수체의 흐름 그리고 방류되는 양 등과 관련된 수리수문학적 체계에 영향을 받을 수 있다(Carmack et al., 1979). 수심은 외부로부터 유입되는 영양염류의 희석용량과 관련된 저수지의 부피를 결정하는 요인으로 저수지의 생산력을 결정하는 가장 중요한 요인으로(Thienemann, 1927 ; Rawaon, 1952, 1953, 1955 ; Sakamoto, 1966 ; Vollenweider, 1968 ; Ryder et al., 1974 ; Cole, 1979) 수심이 얕을수록 빛과 영양염류에 대한 이용성 증가로 부영양화 가능성이 높게 예측되고 있다. 유역으로부터 유입되는 영양염류의 형태와 양은 오염원 및 토지이용형태 그리고 강우량과 강우빈도에 영향을 받으며(Kernkel and Vladmir, 1980 ; Kennedy et al., 1982 ; William, 1987 ; Tabuchi et al., 1991), 유역에서의 영양염류 발생량과 저수지에서의 체류시간과 관련된 형태학적인 인자로서 유역면적은 수표면적에 비해 넓을수록 퇴적물과 영양염류의 부하에 대한 잠재력이 크기 때문에 저수지의 영양상태를 예측하는 형태학적인 지표로 활용되기도 한다(Fee, 1979).

저수지의 생태학적 특성이 지역적인 기후, 유역 내 오염원현황이나 지형 그리고 저수지 규모와 같은 형태학적 특성으로 인해 부영양화 및 조류 대발생에 각기 다른 측면으로 반응한다 하더라도 각기 다른 호소에서 유사하게 나타나는 일반성이 존재할 수 있다. 국내에는 약 18,800개의 저수지가 분포하고 있으며, 1990년대 이후 인위적으로 야기된 부영양화를 경험하고 있는 숫자가 증가하고 있으며(농업기반공사, 2000), 여름에 남조류(*Microcystis*, *Oscillatoria*)의 출현빈도 또한 증가하고 있다(국립환경연구원, 1999). 대부분의 저수지들은 하천의 흐름을 막거나 소하천이 유입되는 배수구역 하류부에 댐을 건설하여 만들어졌기 때문에(환경처, 1994) 수표면적에 비해 유역면적이 큰 형태학적인 특성을 가지고 있다. 또한 대부분이 저수량 100만 톤 미만이고 평균 수심이 10m 이하로 부영양화 가능성이 높은 구조적인 특징과 여름철에 집중강우가 내리는 몬순기후의 기후적 특성으로 인해 불안정안 수리·수문학적 특성을 가지고 있다(농업기반공사, 2001). 국내 분포하는 저수지의 이러한 일반적인 형태, 기후, 수리수문학적 특성에도 불구하고, 영양상태의 차이가 나타나는 것은 부영양화 및 조류 대발생에 대한 이러한 인자들의 반응이 각기 다른 측면에서 나타남을 의미한다.

　본 연구에서는 국내 분포하고 있는 많은 저수지들에서의 관리적 측면에서의 효율성을 높이기 위해 유사한 조류 발생 특성을 가지는 저수지들 간의 유형을 분류하여 각 유형에서의 조류발생과 관련된 일반성을 찾고자 시도하였다.

## 제2절 연구대상 및 방법

### 1. 연구대상저수지 및 유형분석

　본 연구에서는 2001년 농업기반공사에서 운영하고 있는 수질측정망 중 486개 저수지를 대상으로 하였고 수질은 연 2회 측정된 자료를 활용하였다.

저수지 내 측정망이 여러 개인 경우 댐 앞 자료를 사용하였다. 저수지의 수질은 측정값 중 최댓값을 사용하였다. 수집된 자료는 OECD가 제시한 연중 최대 엽록소 $a$ 농도 $25\mu g\ L^{-1}$를 기준으로 각각 TYPE I($<25$Chl.$a\ \mu g\ L^{-1}$)과 TYPE II($\geq 25$Chl.$a\ \mu g\ L^{-1}$)로 분류하였다. 세부적인 유형분류를 위해 조사대상저수지들의 저수지 조성 시기(Age of reservoir)와 형태학적, 수리ㆍ수문학적인 특징으로서 유효수량(WS: Water storage)과 만수면적(LA: reservoir surface area)의 비($\bar{z}$: Mean depth), 유역면적(DA: Drainage area)과 만수면적의 비(DA/LA) 그리고 체류시간(HRT: Hydraulic residence time)이 비교되었다. 체류시간은 전 등(2002)이 국내 농업용저수지에서 DA/LA와 체류시간과의 관계를 통해 도출해 낸 계산식을 이용하여 산정하였다. 두 유형에 사이에서 가장 큰 차이가 나타나는 인자를 토대로 네 가지 유형으로 세분화하였으며, 엽록소 $a$ 농도를 기초로 각 유형별 특성을 분석하였다.

## 2. 오염부하량 산정

유역에서 발생하는 오염원 중 생활하수, 축산폐수, 산업폐수는 점오염원으로, 토지 및 가두리 양식은 비점오염원으로 구분하였다. 각 오염원에서 발생하는 오염물질 부하량은 원단위를 사용하여 계산하였다(환경부고시, 제1999-143호. 오염총량관리계획수립지침).

## 3. 영양상태 평가

본 연구대상 저수지에서의 영양상태는 연중 최대 엽록소 $a$ 농도에 대한 OECD기준(Anon, 1982)과 (Table 2-1), Carlson(1977)(Chl.$a$ 자료 이용)이 제시한 방법에 따라 영양상태지수(Trophic state index: TSI)를 계산한 후 Kratzer and Brezonik(1981)가 제시한 기준에 따라 평가하였다 (Table 2-2).

$$TSI\ (Chl-a) = 10 \times [6 - (2.04 - 0.68\ln\ Chl-a)/\ln2]$$

Table 2-1. OECD boundary values for trophic categories (Anon, 1982)

| Trophic category | P | Chl. | Max. Chl. | Secchi | Min Secchi |
|---|---|---|---|---|---|
| | $\mu g\ L^{-1}$ | $\mu g\ L^{-1}$ | $\mu g\ L^{-1}$ | m | m |
| Ultra-oligotrophic | ≤4 | ≤1 | ≤2.5 | ≥12 | ≥6 |
| Oligotrophic | ≤10 | ≤2.5 | ≤8 | ≥6 | ≤3 |
| Mesotrophic | 10~30 | 2.5~8 | 8~25 | 6~3 | 3~1.5 |
| Eutrophic | 35~100 | 8~25 | 25~75 | 3~1.5 | 1.5~0.7 |
| Hypertrophic | ≥100 | ≥25 | ≥75 | ≤1.5 | ≤0.7 |

Table 2-2. Trophic category by TSI (Kratzer and Brezonik, 1981)

| TSI value | Trophic category |
|---|---|
| 〉20 | Ultra-oligotrophic |
| 30~40 | Oligotrophic |
| 45~50 | Mesotrophic |
| 53~60 | Eutrophic |
| 〉70 | Hypertrophic |

## 4. 통계분석

본 연구대상 저수지의 수질과 형태학적 특성 그리고 유역 내 오염원과의 상관성 분석은 Pearson's correlation analysis를 이용하였다(SPSS 10.0). 저수지 유형 간의 차이는 $t$-test를 이용하여 비교하였으며, 통계적 유의 수준은 $p<0.05$를 기준으로 하였다.

## 제3절 저수지의 형태학적 특성과 영양상태

본 연구대상저수지 대부분은 규모가 작고 노후된 시설로서, 수표면적에 비해 넓은 유역면적을 가지고 있어 체류시간이 짧은 특성을 보였다(Table 2-3). 조사대상저수지의 67%가 유효수량이 2,000천㎥ 이하이고, 10,000천 ㎥ 이상의 유효저수량을 가지는 저수지는 14%에 불과하다. 저수지의 수 표면적은 대상저수지의 66%가 40ha 이하이며, 100ha 이상인 저수지는 10%에 불과했다. 수표면적에 대한 유역면적(DA/LA)의 비는 1.3~475의 범위였고(평균 45) 대상저수지의 80% 정도는 20 이상이다. 체류시간은 1 2~310일의 범위였으며, 72%에 해당하는 저수지가 70일 이하였고, 53%에 해당하는 저수지들이 1970년 이전에 건설되었다.

OECD와 TSI(Chl.$a$) 기준 적용 시 각각 34.3%, 72.8%에 해당하는 저수 지가 부영양이거나 과영양상태로 분류되었다(Fig. 2-1). OECD가 제시한 연평균 최대 엽록소 $a$ 농도를 기준으로 두 가지 유형으로 분류하였고(Fig. 2-2) 대상저수지의 65%가 연평균 엽록소 $a$ 농도가 $25\mu g$ L$^{-1}$ 이하인 TYPE I에 포함되었고, 그 외 167개 저수지가 TYPE II에 포함되었다.

TYPE I에 포함되는 저수지들은 TYPE II에 포함된 저수지에 비해 수 표면적(LA)에 대한 유역면적(DA)과 저수용량(WS)의 비가 큰 반면 ($p<0.02$, t-test), 체류시간(HRT)이 짧고 상대적으로 조성된 시기가 짧은 저수지들이 포함되었다($p<0.002$, t-test). DA/LA($r=0.22$, $p=0.04$)비가 크고 평균수심이 깊을수록($r=0.47$, $p<0.001$) 엽록소 $a$ 농도는 감소하는 경 향을 보인 반면, 저수지 형성 시기가 오래되고($r=0.32$, $p<0.001$) 체류시간 ($r=0.154$, $p=0.001$)이 길수록 엽록소 $a$ 농도는 증가하는 경향을 보였다 (Figs. 2-3, 4)(Table 2-4).

Table 2-3. Morphometric and hydraulic characteristics in study reservoirs

| | Available Water Storage (WS) | | | Reservoir surface area (LA) | | | Drainage area (DA) | | | Age of reservoir | | | Hydraulic residence time (HRT) | | |
|---|---|---|---|---|---|---|---|---|---|---|---|---|---|---|---|
| | $10^3 m^3$ | no. | % | ha | no. | % | ha | no. | % | yr | no. | % | day | no. | % |
| Range | <500 | 15 | 3.1 | <10 | 42 | 8.6 | <100 | 2 | 0.4 | <1930 | 14 | 2.9 | <30 | 107 | 22.0 |
| | ~1,000 | 114 | 23.5 | ~20 | 133 | 27.4 | ~500 | 102 | 21.3 | ~1940 | 12 | 2.4 | ~50 | 91 | 18.8 |
| | ~2,000 | 195 | 40.1 | ~30 | 97 | 20.0 | ~1,000 | 136 | 28.3 | ~1950 | 69 | 14.2 | ~60 | 78 | 16.1 |
| | ~3,000 | 60 | 12.4 | ~40 | 49 | 10.1 | ~2,000 | 140 | 29.2 | ~1960 | 79 | 16.3 | ~70 | 74 | 15.2 |
| | ~4,000 | 32 | 6.6 | ~50 | 40 | 8.2 | ~5,000 | 68 | 14.2 | ~1970 | 82 | 16.9 | ~80 | 43 | 8.9 |
| | ~10,000 | 39 | 8.0 | ~60 | 26 | 5.3 | ~10,000 | 18 | 3.7 | ~1980 | 84 | 17.3 | ~100 | 46 | 9.5 |
| | ~20,000 | 11 | 2.2 | ~100 | 53 | 10.9 | >10,000 | 14 | 2.9 | ~1990 | 88 | 18.1 | ~200 | 33 | 6.8 |
| | >20,000 | 20 | 4.1 | >100 | 46 | 9.5 | | | | >1990 | 58 | 11.9 | >200 | 13 | 2.7 |
| Total | | 486 | 100 | | 486 | 100 | | 480 | 100 | | 490 | 100 | | 485 | 100 |
| Min | 180 | | | 3.0 | | | 81 | | | 1922 | | | 12.2 | | |
| Max | 82,892 | | | 2,732 | | | 48,800 | | | 1998 | | | 310.4 | | |
| Avg. | 3,247 | | | 85.9 | | | 2,057 | | | 1959 | | | 73.5 | | |
| Median | 1,395 | | | 36 | | | 966 | | | 1958 | | | 65.4 | | |

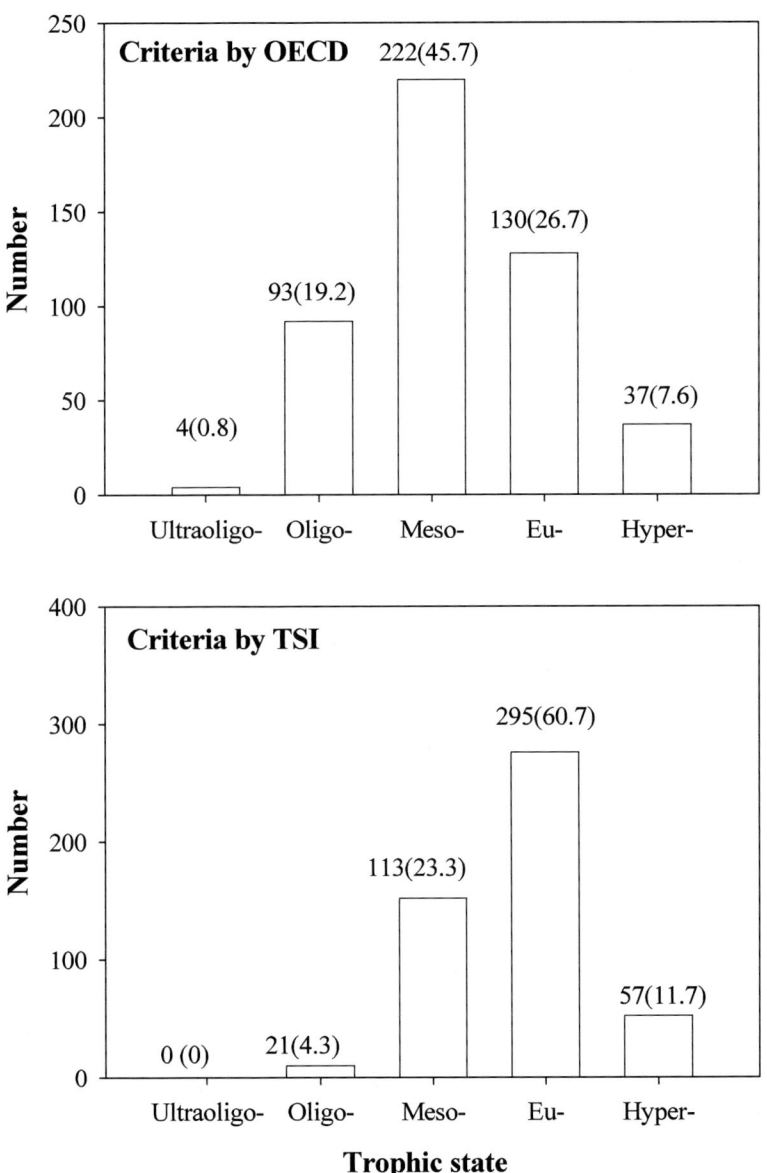

Fig. 2-1. Trophic state of study reservoirs by OECD criteria and TSI based on Chl.$a$ concentration. Numerics in parenthesis indicate relative abundance(%).

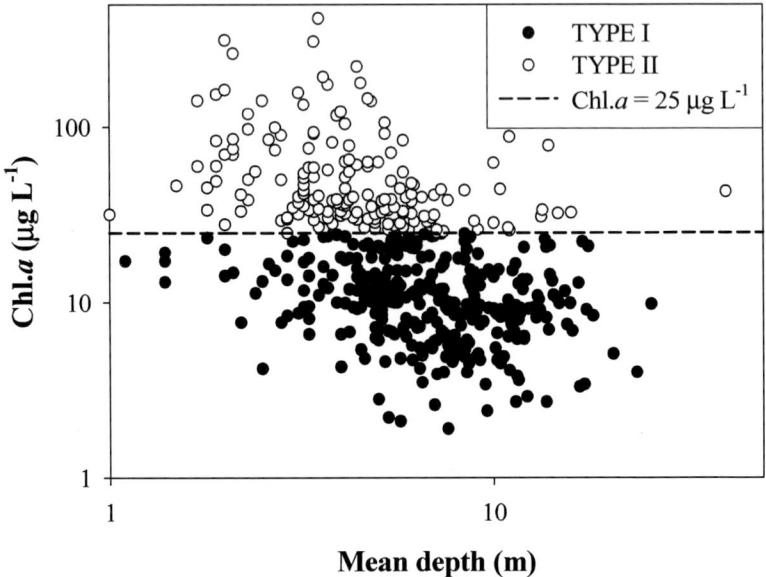

Fig. 2-2. Classification of reservoirs based on OECD criteria of Chl.$a$ concentration(25$\mu$g L$^{-1}$).

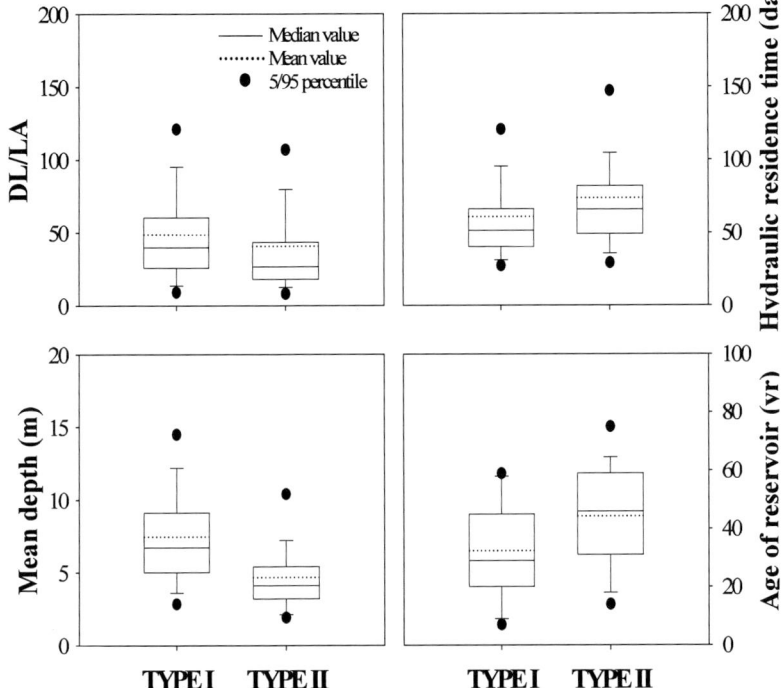

Fig. 2−3. Comparison of morphometric and hydraulic characteristics in classified two types by OECD criteria of Chl.$a$ concentration(25㎍ L$^{-1}$). DA and LA denotes drainage area, reservoir surface area, respectively.

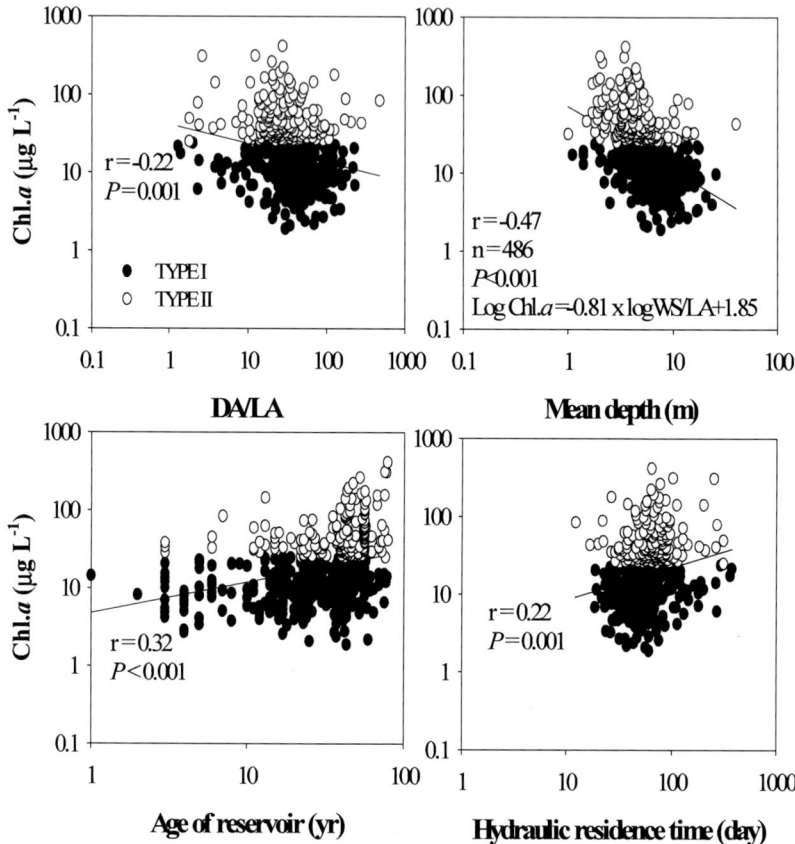

Fig. 2-4. Relationships between Chl.*a* concentration and DA/LA ratio, mean depth, age of reservoir, hydraulic residence time in classified two types by OECD criteria. DA and LA denotes drainage area, reservoir surface area, respectively.

Table 2−4. Comparison of morphometric and hydraulic characteristics in classified two types by OECD criteria. DA, LA, $\bar{z}$, age and HRT denotes drainage area, reservoir surface area, mean depth, age of reservoir and hydraulic residence time, respectively

| | TYPE Ⅰ | | | | TYPE Ⅱ | | | |
|---|---|---|---|---|---|---|---|---|
| | DA/LA | $\bar{z}$ | Age | HRT | DA/LA | $\bar{z}$ | Age | HRT |
| | | m | year | day | | m | year | day |
| Chl.$a$ ($\mu$g L$^{-1}$) | $\langle$ 25 | | | | $\rangle$ 25 | | | |
| no. | 319 | | | | 167 | | | |
| Min | 1.3 | 1.1 | 1923 | 18.7 | 1.8 | 1.0 | 1922 | 12.2 |
| Max | 228.6 | 25.6 | 2000 | 374.9 | 475 | 40.0 | 1998 | 310.4 |
| Avg. | 49.0 | 7.5 | 1971 | 60.8 | 39.6 | 4.9 | 1959 | 73.6 |
| Median | 39.9 | 6.8 | 1975 | 51.5 | 26.4 | 4.1 | 1958 | 65.2 |

## 제4절 저수지 유형분류

저수지의 형태학적 특성과 관련된 인자 중 엽록소 $a$ 농도와 가장 밀접한 상관성을 나타내고(r=0.47, $p\langle0.001$) OECD에서 제시한 연평균 최대 엽록소 $a$ 농도에 의해 분류된 두 유형에서 뚜렷한 차이가 나타난($p\langle0.002$, $t$-test) 평균수심 7.5m를 기준으로 네 가지 유형으로 세분화하였다(Fig. 2-5). TYPE Ⅰ에 포함된 저수지에서의 평균수심은 평균 7.5m이었고, TYPE Ⅱ에 포함된 저수지 중 90% 이상이 수심이 7.5m보다 낮았기 때문에 수심 7.5m를 기준값으로 결정하였다. OECD가 제시한 연평균 최대 엽록소 $a$ 농도를 기준으로 TYPE Ⅰ로 분류된 저수지는 평균수심 7.5m를 기준으로 각각 TYPE Ⅰ과 Ⅳ로, TYPE Ⅱ에 포함된 저수지는 TYPE Ⅱ와 Ⅲ로 분류하였다. TYPE Ⅰ, Ⅱ에 분류된 저수지 유역면적과 수표면적은 다른 두 가지 유형에 비해 넓었다(Fig. 2-6)(Table 2-5). 분류된 네

가지 유형 중 유역면적과 수표면적은 TYPE I에 포함된 저수지들이 가
장 넓었고, TYPE III에 포함된 저수지들이 가장 작았다.

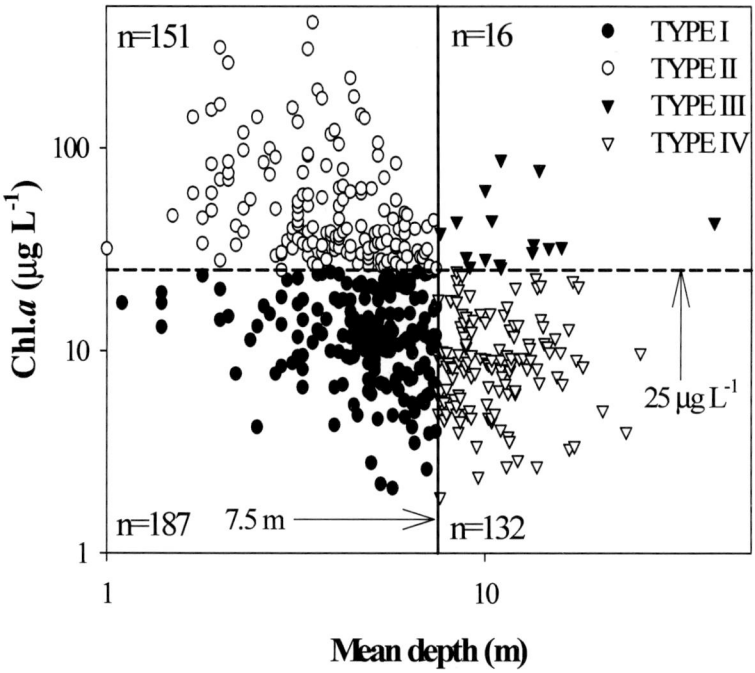

Fig. 2-5. Classification of reservoirs based on OECD criteria of
Chl.$a$ concentration ($25 \mu g$ L$^{-1}$) and mean depth (7.5m).

Table 2-5. Comparison of morphometric and hydraulic characteristics in classified four types by OECD criteria of Chl.$a$ concentration and mean depth($\bar{z}$) of 7.5m, DA, LA, age and HRT denotes drainage area, reservoir surface area, age of reservoir and hydraulic residence time, respectively

| TYPE | I | | | | | II | | | | | III | | | | | IV | | | | |
|---|---|---|---|---|---|---|---|---|---|---|---|---|---|---|---|---|---|---|---|---|
| Chl.$a$ | < 25 | | | | | > 25 | | | | | > 25 | | | | | < 25 | | | | |
| $\bar{z}$ | < 7.5m | | | | | < 7.5m | | | | | > 7.5m | | | | | > 7.5m | | | | |
| | HRT | Age | DA | LA | DA/LA | HRT | Age | DA | LA | DA/LA | HRT | Age | DA | LA | DA/LA | HRT | Age | DA | LA | DA/LA |
| Unit | day | year | ha | ha | ratio | day | year | ha | ha | ratio | day | year | ha | ha | ratio | day | year | ha | ha | ratio |
| Min | 18.7 | 1923 | 156 | 7 | 1.3 | 12.2 | 1922 | 81 | 4 | 1.8 | 16.7 | 1944 | 255 | 3 | 24.2 | 19.3 | 1937 | 125 | 5 | 6.7 |
| Max | 374.9 | 1998 | 336,447 | 3,460 | 228.6 | 310.4 | 1998 | 48,800 | 2,732 | 475.0 | 68.8 | 1998 | 21,880 | 79 | 277.0 | 144.8 | 2000 | 14,960 | 780 | 216.7 |
| Avg. | 55.2 | 1963 | 1,006 | 25 | 65.4 | 68.1 | 1958 | 1,002 | 39 | 24.6 | 43.2 | 1974 | 664 | 14 | 54.3 | 45.6 | 1984 | 1,040 | 19 | 49.1 |
| Median | 68.4 | 1966 | 4,523 | 98 | 44.4 | 76.9 | 1958 | 1,970 | 90 | 35.2 | 42.4 | 1971 | 1,966 | 16 | 84.2 | 50.2 | 1980 | 1,962 | 48 | 55.6 |

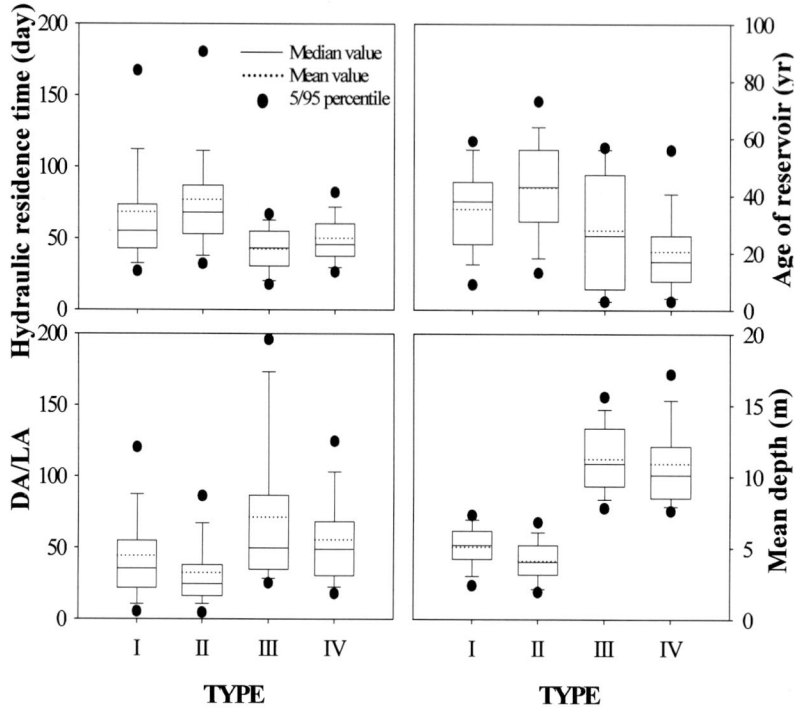

Fig. 2-6. Morphometric and hydraulic characteristics in classified four types by OECD criteria of Chl.$a$ concentration and mean depth of 7.5m. DA and LA denotes drainage area, reservoir surface area, respectively.

## 제5절 형태학적, 수리 · 수문학 인자와 엽록소 $a$ 농도와의 관계

저수지에서의 엽록소 $a$ 농도는 수심과 관계없이 저수지 형성 시기가 오래된 경우에 높게 나타난 반면, 저수지에서의 수표면적에 대한 유역면적의 비가 수질에 미치는 영향은 수심에 따라 차이가 있었다(Fig. 2-6). 엽록소 $a$ 농도와 평균수심으로 구분된 네 가지 유형에 포함된 저수지에서 평균수심 7.5m 이하로 엽록소 $a$ 농도에 있어 차이로 구분된 유형에서

TYPE Ⅰ에 포함된 저수지들은 TYPE Ⅱ에 비해 상대적으로 수표면적에 비해 넓은 유역면적을 가지고 있어 체류시간이 짧고 상대적으로 최근에 건설된 저수지들이었다(Table 2-5). 평균수심이 7.5m 이상인 TYPE Ⅲ와 Ⅳ에 포함된 저수지에서는 조성 시기가 오래되었고, 수표면적에 비해 유역면적이 넓은 저수지일수록 엽록소 $a$ 농도가 높은 경향을 나타냈다.

## 제6절 토지 이용의 차이와 엽록소 $a$ 농도와의 관계

유역 내에서의 논과 밭 이용면적이 상대적으로 넓을수록 엽록소 $a$ 농도가 높은 경향을 보였다(Fig. 2-7). 저수지 수표면적에 대한 논과 밭 그리고 임야가 차지하는 비율은 다른 유형에 포함된 저수지들에 비해 유역면적(DA)과 수표면적(LA)이 작았던 TYPE Ⅲ에서 가장 높았다(Tables 2-5, 6).

토지이용과 엽록소 $a$ 농도와의 관계는 수표면적에 대한 토지이용별 면적비보다는 유역면적에 대한 토지이용별 면적비율에서 높은 상관성이 나타났다(Fig. 2-8). 네 가지 유형 중 가장 높은 상관성은 TYPE Ⅲ에서 관찰되었고, 특히 유역 내 밭의 면적과의 상관성이 높았다(r=0.81, $p<0.001$)(Fig. 2-8)(Table 2-6). 이러한 결과는 네 가지 유형 중에 TYPE Ⅲ에 포함된 저수지들의 평균수심은 가장 깊으나, 수표면적(LA)과 유역면적(DA)이 가장 작기 때문에(Table 2-5) 유역 내 토지이용이 수질과 밀접히 관련되어 있는 것으로 추정된다. 유역 내 임야면적의 비율이 증가할수록 엽록소 $a$ 농도가 감소하는 경향은 네 가지 유형에서 모두 관찰되었다. 반면에, 유역 내 논의 면적(PFA/DA)과 엽록소 $a$ 농도와의 양의 상관성은 TYPE Ⅳ를 제외한 나머지 유형들에서, 밭 면적비율(UFA/DA)과의 양의 상관성은 유형 Ⅱ를 제외한 나머지 유형들에서 관찰되었다.

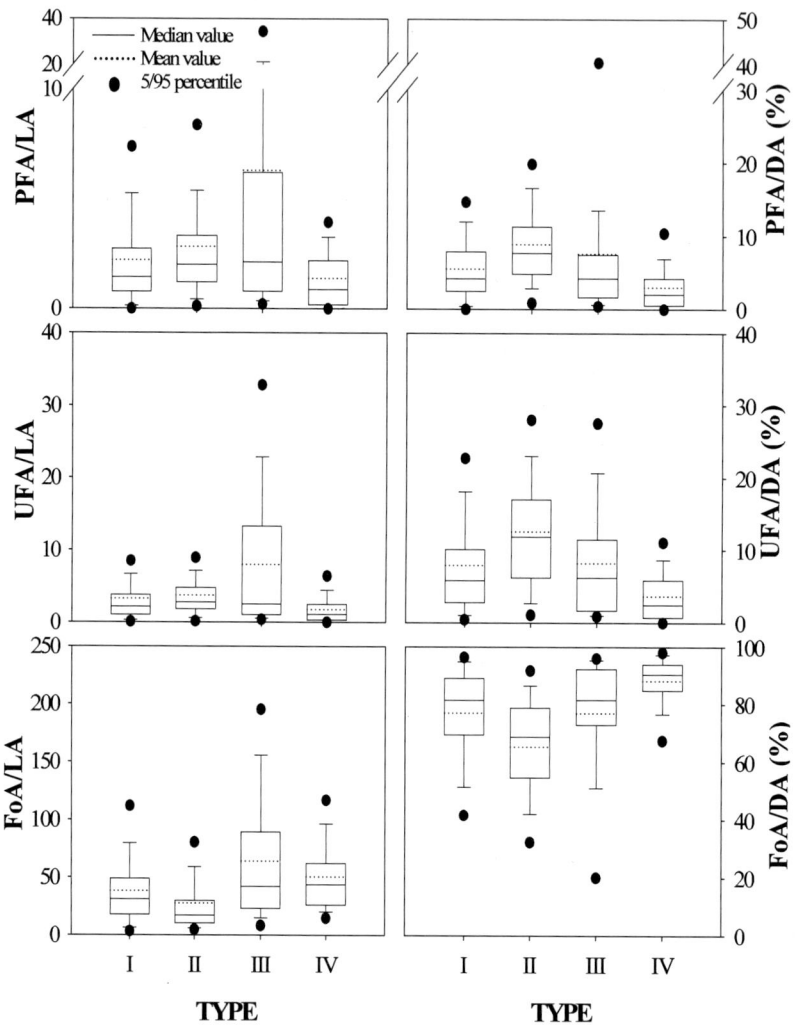

Fig. 2-7. Comparison of land use(PFA/LA, UFA/LA, FOA/LA, PFA/DA, UFA/DA, FOA/DA) in classified four types by OECD criteria of Chl.$a$ concentration and mean depth of 7.5m. PFA, UFA, FOA, LA and DA denotes paddy field area, upland field area, forest area, reservoir surface area and drainage area respectively.

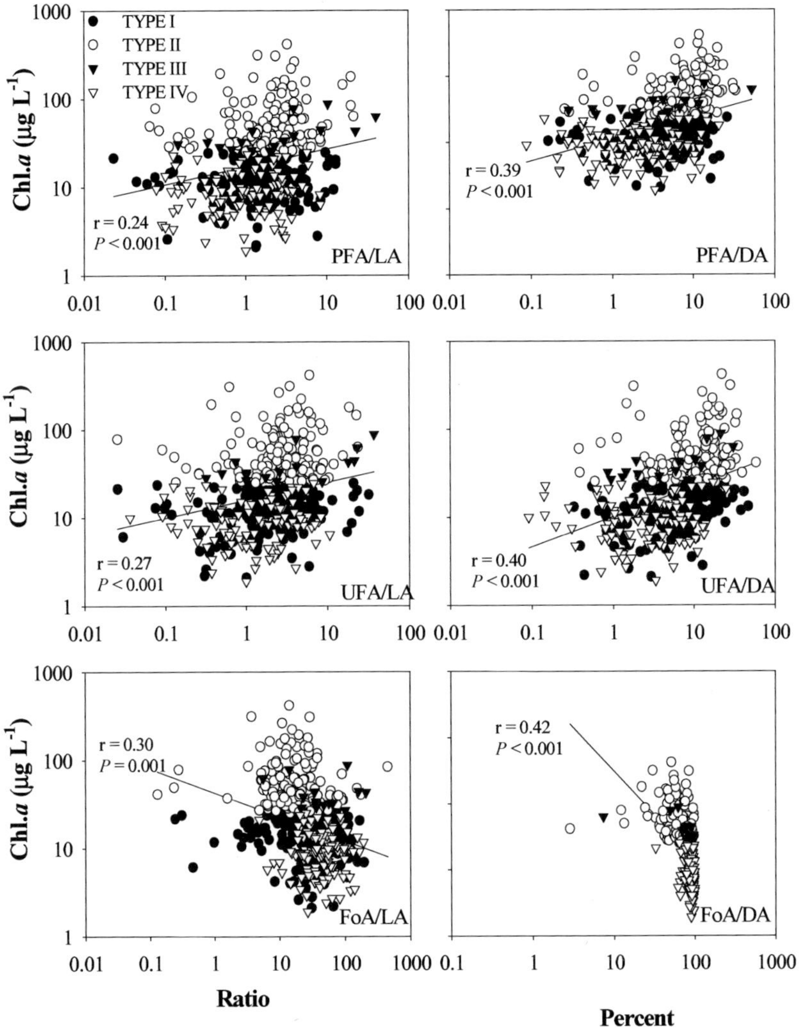

Fig. 2−8. Relationships between Chl.$a$ and land use(PFA/LA, UFA/LA, FOA/LA, PFA/DA, FA/DA, FOA/DA). PFA, UFA, FOA, LA and DA denotes paddy field area, upland field area, forest area, reservoir surface area and drainage area respectively.

Table 2-6. Relationships between Chl.$a$ and land use(PFA/LA, UFA/LA, FOA/LA, PFA/DA, UFA/DA, FOA/DA). PFA, UFA, FOA, LA and DA denotes paddy field area, upland field area, forest area, reservoir surface area and drainage area respectively

| TYPE | | PFA/LA Ratio | UFA/LA Ratio | FOA/LA Ratio | PFA/DA % | UFA/DA % | FOA/DA % |
|------|---|------|------|------|------|------|------|
| I | r | 0.15 | 0.18 | −0.10 | 0.27 | 0.31 | −0.32 |
|   | p | 0.044 | 0.015 | 0.190 | ⟨0.001 | ⟨0.001 | ⟨0.001 |
|   | N | 185 | 185 | 185 | 185 | 185 | 185 |
| II | r | 0.04 | −0.001 | −0.18 | 0.37 | 0.16 | −0.28 |
|   | p | 0.587 | 0.988 | 0.033 | ⟨0.001 | 0.054 | 0.001 |
|   | N | 148 | 148 | 148 | 148 | 148 | 148 |
| III | r | 0.57 | 0.52 | −0.16 | 0.69 | 0.81 | −0.79 |
|   | p | 0.020 | 0.037 | 0.549 | 0.003 | ⟨0.001 | ⟨0.001 |
|   | N | 16 | 16 | 16 | 16 | 16 | 16 |
| IV | r | 0.04 | 0.08 | −0.13 | 0.15 | 0.26 | −0.27 |
|   | p | 0.627 | 0.380 | 0.133 | 0.086 | 0.003 | 0.002 |
|   | N | 131 | 131 | 131 | 131 | 131 | 131 |

## 제7절 유역에서의 오염발생부하량과 수질과의 관계

엽록소 $a$ 농도가 높은 유형의 저수지들에서 유역 내 점, 비점오염원으로 부터 발생하는 BOD, TN 그리고 TP 발생부하밀도는 높았다(Fig. 2-9). 점오염원과 비점오염원에 의한 오염물질 발생부하 밀도는 TYPE II에 포함된 저수지에서 가장 높았고, 유형 간의 오염물질 발생부하밀도는 비점오염원보다는 점오염원에서 뚜렷한 차이가 있었다. 유역에서의 BOD 발생부하 밀도는 TYPE IV에 포함된 저수지를 제외하고는 점오염원에 의한 기여도가 높았다. 반면, TN 발생부하밀도는 비점오염원에 의한 기여도가 높았고, TP 발생부하밀도는 점오염원과 비점오염원 간에 큰 차이가 없었다.

수체 내 BOD, TN, TP농도는 유역 내 점오염원과 비점오염원으로부터 발생하는 BOD(r=0.52, $p<0.001$), TN(r=0.45, $p<0.001$) 그리고 TP(r=0.50, $p<0.001$) 발생부하밀도가 높을수록 증가하는 경향을 나타냈고, 비점오염원보다는 점오염원으로부터 발생하는 오염부하밀도와 높은 상관성을 보였다 (Fig 2-10). 유역 내 오염물질 발생부하밀도와 저수지 수체 내 농도와의 가장 높은 상관성은 점오염원 발생부하 밀도가 가장 높았던 TYPE II에서 관찰되었다(Table 2-7).

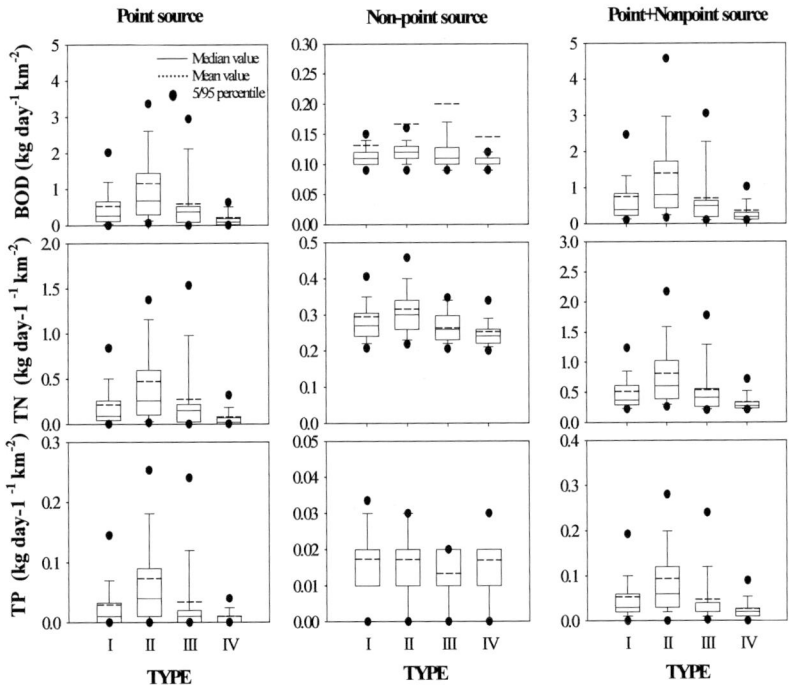

Fig. 2-9. Comparison of BOD, TN, TP generation loads per watershed area in classified four types by OECD criteria of Chl.$a$ concentration and mean depth of 7.5m.

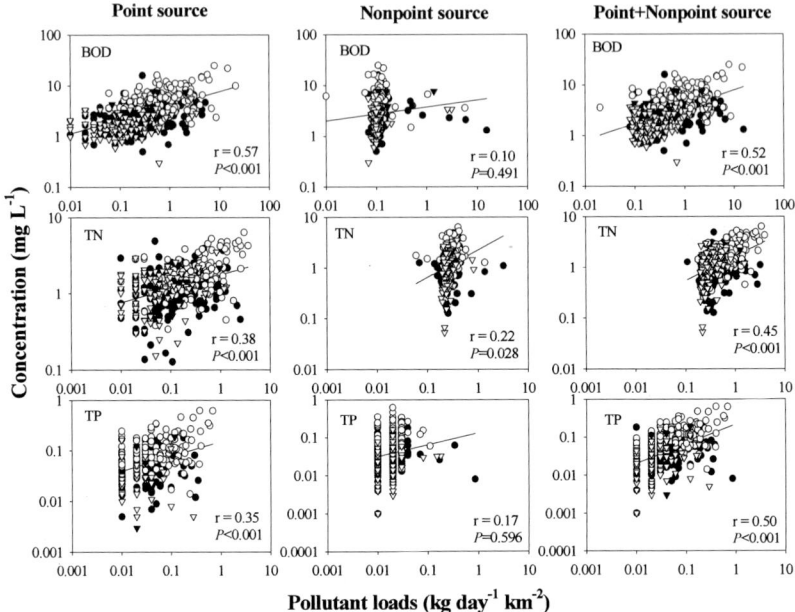

Fig. 2-10. Relationships between generation loads of pollutant per watershed area(BOD, TN and TP) and its concentration in water column.

Table 2-7. Correlation coefficients of relationships between generation loads of pollutant(BOD, TN and TP) per watershed area and its concentration in water column. P, NP, and N+NP denotes point source, nonpoint source and point+nonpoint source, respectively.

| Source | | Unit | TYPE I | | | TYPE II | | | TYPE III | | | TYPE IV | | |
|---|---|---|---|---|---|---|---|---|---|---|---|---|---|---|
| | | | BOD $\text{mg L}^{-1}$ | TN $\text{mg L}^{-1}$ | TP $\text{mg L}^{-1}$ | BOD $\text{mg L}^{-1}$ | TN $\text{mg L}^{-1}$ | TP $\text{mg L}^{-1}$ | BOD $\text{mg L}^{-1}$ | TN $\text{mg L}^{-1}$ | TP $\text{mg L}^{-1}$ | BOD $\text{mg L}^{-1}$ | TN $\text{mg L}^{-1}$ | TP $\text{mg L}^{-1}$ |
| P | BOD | $\text{kg day}^{-1}\text{km}^{-2}$ | 0.22** | | | 0.45** | | | 0.25 | | | 0.34** | | |
| | TN | | | 0.17* | | | 0.56** | | | 0.62** | | | 0.24** | |
| | TP | | | | 0.22** | | | 0.54** | | | 0.28 | | | 0.17 |
| NP | BOD | | -0.07 | | | -0.06 | | | 0.52* | | | 0.20* | | |
| | TN | | | 0.03 | | | 0.11 | | | 0.58* | | | 0.17 | |
| | TP | | | | -0.42 | | | -0.02 | | | -0.11 | | | 0.11 |
| P+NP | BOD | | 0.07 | | | 0.50** | | | 0.26 | | | 0.40** | | |
| | TN | | | 0.15* | | | 0.56** | | | 0.68** | | | 0.27** | |
| | TP | | | | 0.11 | | | 0.54** | | | 0.28 | | | 0.21* |

* $p<0.05$.
** $p<0.01$.

## 제8절 엽록소 $a$ 농도와 수질인자 간의 관계

엽록소 $a$ 농도가 높은 저수지에서 비교된 모든 수질항목의 수체 내 농도가 높았으며, 유형 간의 TN 농도 차이보다는 TP 농도의 차이가 크게 나타났고, TN/TP비가 낮을수록 엽록소 $a$ 농도가 높았다(Fig. 2-11) (Table 2-8).

각 유형에서의 TN농도는 엽록소 $a$ 농도가 가장 높은 TYPE II에 포함된 저수지에서 평균 2.0mg N L$^{-1}$로 TYPE IV에 비해 2배가량 높았다. 반면에 TP 농도는 TYPE II에서 평균 0.09mg P L$^{-1}$(Median 0.122mg P L$^{-1}$)로 TYPE IV에 비해 4배 정도 높은 농도를 유지하였다. 평균수심 7.5m 이하이며 엽록소 $a$ 농도 25$\mu$g L$^{-1}$를 기준으로 분류된 TYPE II에 포함된 저수지에서의 TN/TP비는 4~351의 범위로 평균 24(Median 17)였으나, TYPE I에 포함된 저수지에서는 상대적으로 TN/TP비(6~1,657)가 높았다. TYPE II와 유사한 영양상태의 TYPE III에 포함된 저수지에서는 TN/TP비는 평균 45로 TYPE II에 비해서는 높았으나, 평균수심이 유사한 TYPE IV에 비해서는 2배가량 낮았다.

BOD, COD, SS, TP 농도와 엽록소 $a$ 농도는 매우 유의한 양의 상관성을 나타냈으며(r>0.70, $p$<0.001), TN/TP와는 음의 상관성을 나타냈다(r=0.44, $p$<0.001)(Fig. 2-12)(Table 2-9). TN/TP비가 증가함에 따라 엽록소 $a$ 농도가 감소하는 경향은 엽록소 $a$ 농도가 높은 TYPE II와 III에 포함된 저수지에서 현저히 나타났고(Fig. 2-13), TYPE I과 IV에서 TN/TP비에 따른 엽록소 $a$ 농도가 TN/TP비 50 이하에서 높았던 것과 달리 20 이하에서 높았다(Fig. 2-13). 유형별로는 엽록소 $a$ 농도가 25$\mu$g L$^{-1}$이상인 TYPE II와 III에 포함된 저수지에서 수질항목 간의 상관성이 높았고, TYPE I과 IV에 포함된 저수지는 COD농도와의 상관성이 가장 높았으며, TN보다는 TP농도와의 상관성이 높게 나타났다(Table 2-9).

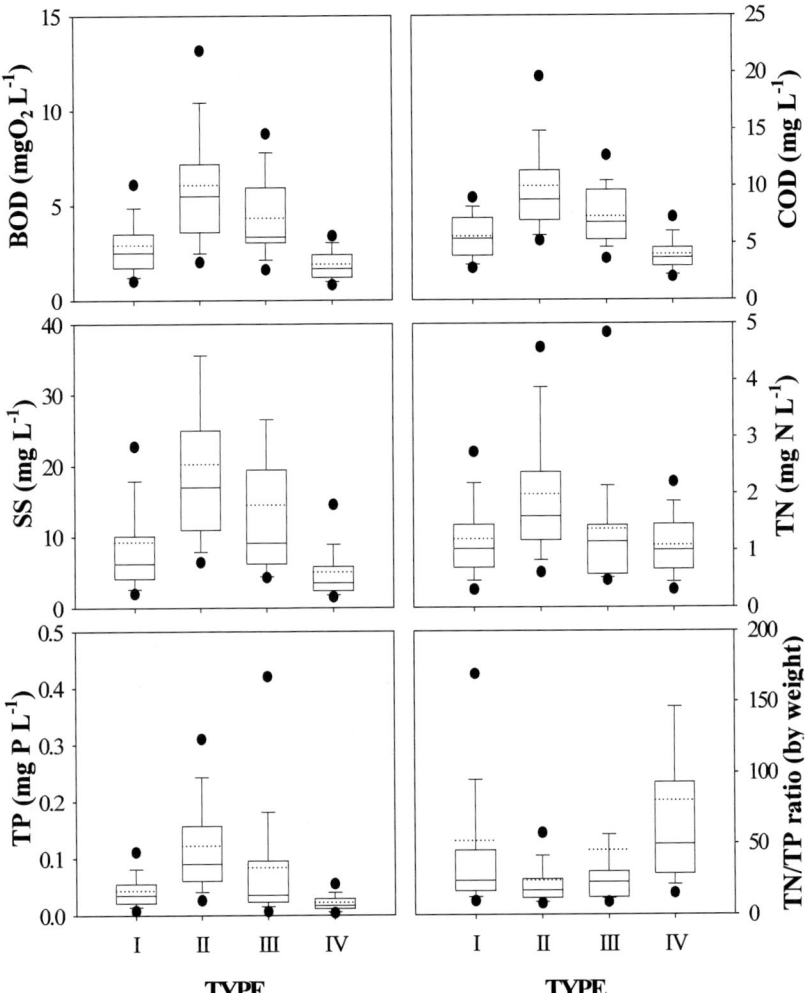

Fig. 2-11. Comparison of BOD, COD, SS, TN, TP concentration and TN/TP ratio (by weight) in classified four types by OECD criteria of Chl.$a$ concentration and mean depth of 7.5m.

Table 2-8. Comparison of water quality parameters in classified four types by OECD criteria of Chl.$a$ concentration and mean depth of 7.5m

| TYPE | | BOD mg O$_2$ L$^{-1}$ | COD mg L$^{-1}$ | SS mg L$^{-1}$ | TN mg P L$^{-1}$ | TP mg P L$^{-1}$ | TN/TP ratio | Chl.$a$ $\mu$g L$^{-1}$ |
|------|--------|------|------|------|------|------|------|------|
| I | Min | 0.5 | 1.0 | 1.1 | 0.13 | 0.001 | 6 | 2.1 |
| | Max | 16.0 | 14.2 | 141.7 | 4.93 | 0.181 | 1,657 | 24.7 |
| | Avg. | 2.9 | 5.6 | 9.2 | 1.20 | 0.043 | 52 | 12.9 |
| | Median | 2.5 | 5.4 | 6.2 | 1.03 | 0.035 | 24 | 11.9 |
| II | Min | 1.5 | 3.0 | 4.1 | 0.25 | 0.001 | 4 | 25.0 |
| | Max | 24.9 | 36.0 | 77.2 | 11.32 | 0.629 | 351 | 417.1 |
| | Avg. | 6.1 | 10.0 | 20.3 | 1.99 | 0.122 | 24 | 63.9 |
| | Median | 5.5 | 8.8 | 17.0 | 1.60 | 0.090 | 17 | 40.7 |
| III | Min | 1.4 | 3.2 | 4.2 | 0.45 | 0.003 | 7 | 25.9 |
| | Max | 9.2 | 13.6 | 63.0 | 5.98 | 0.520 | 364 | 88.2 |
| | Avg. | 4.4 | 7.3 | 14.5 | 1.38 | 0.084 | 45 | 41.6 |
| | Median | 3.4 | 6.8 | 9.1 | 1.15 | 0.036 | 23 | 33.2 |
| IV | Min | 0.3 | 1.1 | 0.9 | 0.05 | 0.001 | 2 | 1.9 |
| | Max | 6.5 | 10.2 | 28.7 | 3.54 | 0.162 | 1,046 | 24.7 |
| | Avg. | 1.9 | 4.0 | 5.0 | 1.09 | 0.023 | 80 | 9.7 |
| | Median | 1.7 | 3.7 | 3.5 | 1.00 | 0.017 | 49 | 8.9 |

Table 2-9. Correlation coefficients of relationships between Chl.$a$ concentration, type of land use, morphometric characteristics and water quality parameters in classified four types by OECD criteria of Chl.$a$ concentration and mean depth($\bar{z}$) of 7.5m. DA, LA, age, PFA, UFA, and FOA denotes drainage area, reservoir surface area, age of reservoir, paddy field area, upland field area and forest area, respectively. Parenthesis indicates numbers of reservoirs.

| TYPE | | BOD | COD | SS | TN | TN/TP | TP | Chl.$a$ |
|---|---|---|---|---|---|---|---|---|
| I (187) | Chl.$a$ | 0.28** | 0.46** | 0.23** | 0.25** | 0.435** | −0.09 | |
| | Age | 0.17* | 0.22** | 0.03 | −0.02 | −0.024 | 0.14 | 0.15* |
| | DA/DL | −0.19** | −0.28** | −0.09 | 0.14 | 0.166** | −0.19** | −0.05 |
| | $\bar{z}$ | −0.15* | −0.27** | −0.20** | −0.09 | 0.079 | −0.30** | −0.16* |
| | PFA/DA | 0.21** | 0.31** | 0.26** | 0.36** | −0.069 | 0.40** | 0.27** |
| | UFA/DA | 0.23** | 0.40** | 0.27** | 0.12 | −0.137 | 0.32** | 0.18* |
| | FOA/DA | −0.33** | −0.47** | −0.29** | −0.20** | 0.140 | −0.44** | 0.31** |
| II (151) | Chl.$a$ | 0.60** | 0.62** | 0.61** | 0.46** | 0.69** | −0.11 | |
| | Age | 0.25** | 0.22** | 0.29** | 0.05 | −0.23** | 0.22** | 0.32** |
| | DA/DL | −0.17* | −0.15 | −0.11 | 0.06 | 0.10 | −0.06 | −0.03 |
| | $\bar{z}$ | −0.38** | −0.33** | −0.28** | −0.27** | 0.10 | −0.28** | −0.28** |
| | PFA/DA | 0.37** | 0.30** | 0.24** | 0.39** | −0.18* | 0.36** | 0.23** |
| | UFA/DA | 0.17* | 0.13 | 0.26** | 0.20* | −0.20* | 0.24** | 0.15 |
| | FOA/DA | −0.28** | −0.23** | −0.26** | −0.31** | 0.23** | −0.35** | −0.24** |
| III (16) | Chl.$a$ | 0.75** | 0.64** | 0.66** | 0.50* | 0.56* | −0.26 | |
| | Age | 0.35 | 0.61* | 0.58* | 0.58* | −0.05 | 0.50* | 0.51* |
| | DA/DL | 0.06 | 0.39 | 0.20 | 0.09 | −0.18 | 0.04 | 0.26 |
| | $\bar{z}$ | −0.07 | 0.22 | 0.11 | −0.06 | −0.08 | −0.14 | 0.04 |
| | PFA/DA | 0.69** | 0.72** | 0.93** | 0.96** | −0.12 | 0.94** | 0.45 |
| | UFA/DA | 0.81** | 0.75** | 0.86** | 0.81** | −0.07 | 0.83** | 0.77** |
| | FOA/DA | −0.79** | −0.78** | −0.94** | −0.92** | 0.10 | −0.92** | −0.67** |
| IV (132) | Chl.$a$ | 0.38** | 0.39** | 0.33** | 0.18 | 0.33** | −0.15 | |
| | Age | 0.20* | 0.16 | 0.30** | 0.34** | −0.03 | 0.30** | −0.07 |
| | DA/DL | −0.13 | −0.13 | −0.06 | −0.07 | −0.03 | −0.08 | −0.02 |
| | $\bar{z}$ | −0.02 | −0.11 | −0.14 | 0.04 | −0.06 | 0.01 | 0.02 |
| | PFA/DA | 0.15 | 0.23** | 0.28** | 0.33** | −0.11 | 0.36** | 0.21* |
| | UFA/DA | 0.26** | 0.32** | 0.27** | 0.28** | −0.15 | 0.39** | 0.23** |
| | FOA/DA | −0.27** | −0.29** | −0.23** | −0.31** | 0.14 | −0.34** | −0.22** |

* $p<0.05$, ** $p<0.01$.

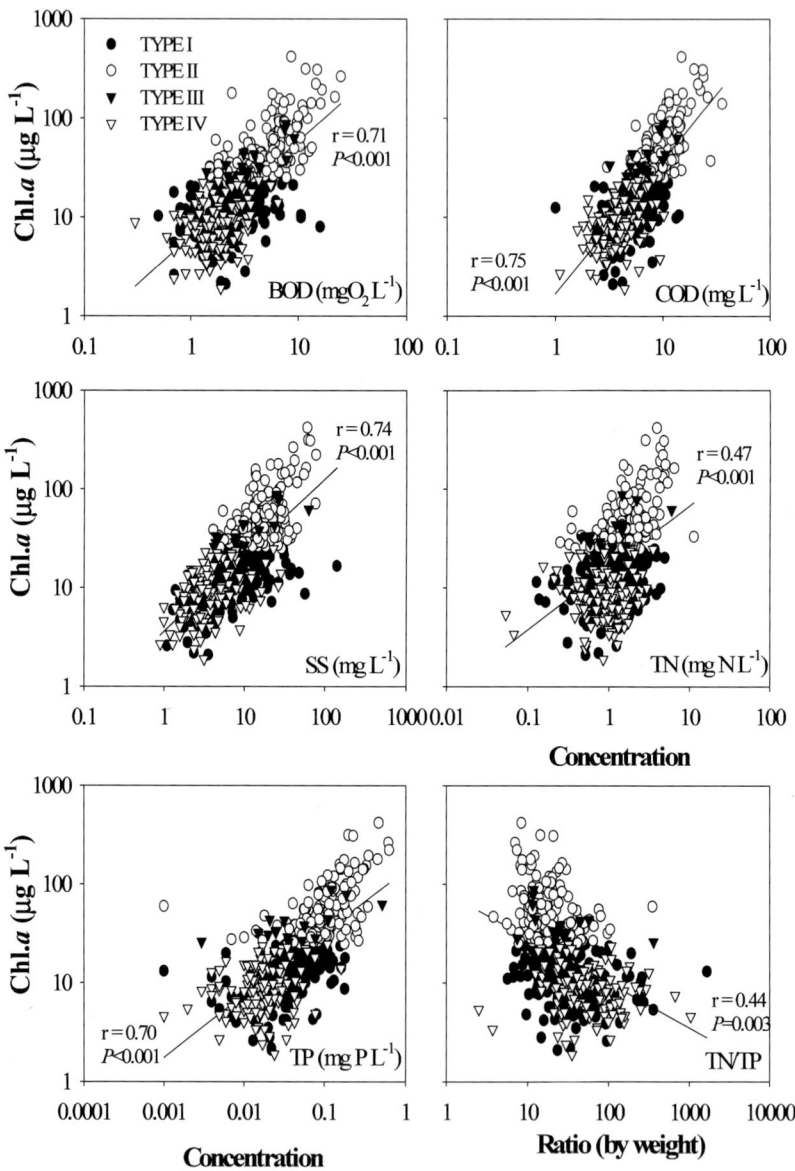

Fig. 2-12. Relationships between Chl.*a* concentration and water quality parameters(BOD, COD, SS, TN, TP and TN/TP ratio) in study reservoirs.

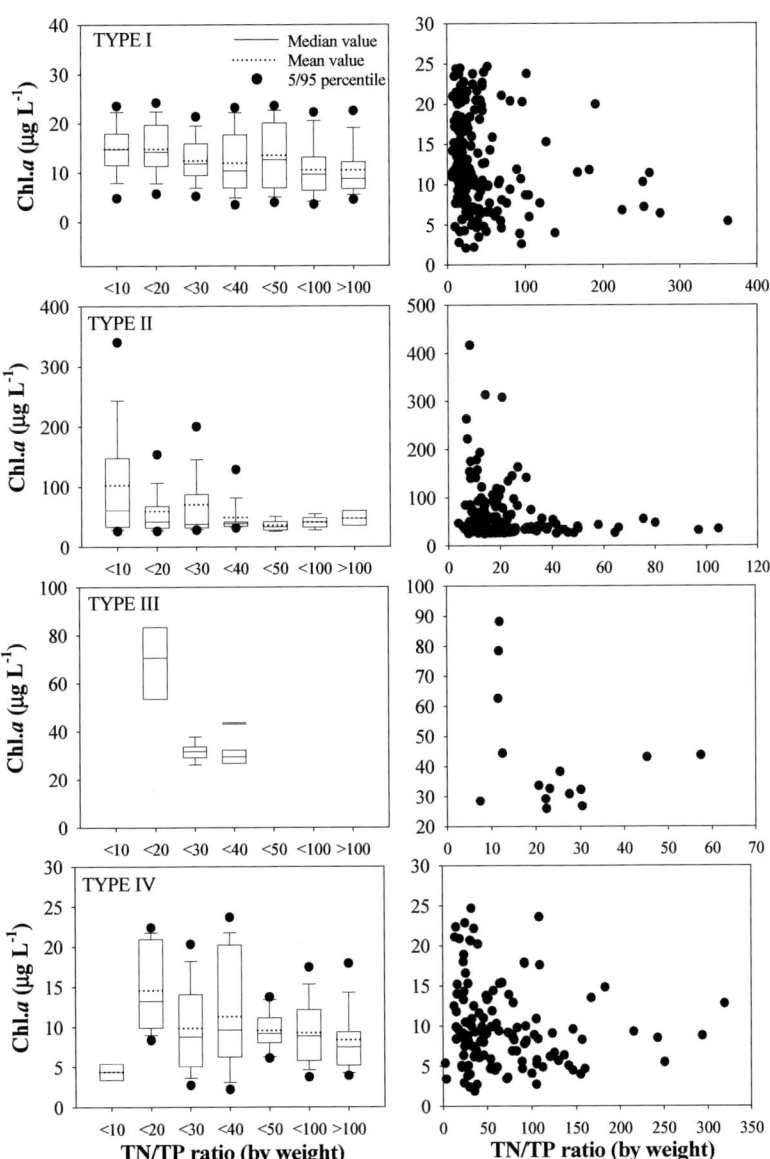

Fig. 2-13. Relationships between Chl.$a$ concentration and TN/TP ratio (by weight) in classified four types by OECD criteria of Chl.$a$ concentration and mean depth of 7.5m.

## 제9절 고  찰

본 연구에서 대상으로 한 농업용저수지를 OECD에서 제시한 부영양화 기준인 연평균 최대 엽록소 $a$ 농도에 $25\mu g$ $L^{-1}$를 기준으로 2개의 유형으로 분류하였다. 저수지의 형태학적 특성과 관련된 인자 중 분류된 두 유형 간의 차이가 크고($p\langle0.002$, $t$-test) 엽록소 $a$ 농도와 가장 밀접한 상관성을 보였으며(r=0.47, $p\langle0.001$), 엽록소 $a$ 농도가 $25\mu g$ $L^{-1}$ 이상인 저수지의 90% 이상이 포함되는 평균수심 7.5m를 기준으로 네 가지 유형으로 세분화하여 각 유형별 수질 특성을 분석하였다. 저수지의 수질은 지역적인 기후, 유역 내 오염원 현황이나 지형 그리고 호수 규모와 같은 형태학적특성 그리고 유입수량이나 수체의 흐름 그리고 방류되는 양 등과 관련된 수리수문학적 특성에 따라 이해될 필요가 있다(Carmack *et al.*, 1979; EPA, 1974). 이러한 목적을 위해서는 수집된 자료를 각 대상저수지의 특성을 잘 반영할 수 있는 요인을 통해 분류할 필요가 있으며, 엽록소 $a$ 농도와 TP 농도에 의해 구분된 영양상태(Forsberg and Ryding, 1980; Jones *et al.*, 2003)나 혹은 저수지의 수질과 밀접한 상관성을 나타내는 것으로 알려진 지형적인 차이(Jones *et al.*, 1993), 수심(Thienemann, 1927; Rawaon, 1952, 1953, 1955; Sakamoto, 1966; Vollenweider, 1968; Ryder *et al.*, 1974; Cole, 1979) 그리고 유역면적에 대한 수표면적의 비 (Fee, 1979) 등이 분류기준으로 고려될 수 있다.

본 연구 대상 저수지들은 저수용량이나 수표면적이 작고 평균수심은 1~40m 범위로(Mean: 6.6m, Median 5.6m)로 얕으며 53%에 해당하는 저수지들이 40년 전에 건설되었고, 80% 이상의 저수지가 수표면적에 비해 20배 넓은 유역면적을 가지고 있어 부영양화의 가능성이 높은 구조적인 특성을 보였다. 얕은 수심은 조류에 의한 유기물생산이 가능한 수층이 상대적으로 넓고, 수표면적에 비해 넓은 유역면적은 유역으로부터의 오염물질이 저수지로 유입되는 양이 증가하여 부영양화 가능성이 높다(Fee, 1979; 김과 홍, 1992; 류 등, 2000; 박 2003). 또한 상대적으로 노후된 저수지는 외부기원생성유기물뿐만 아니라 내부생성유기물이 상대적으로 오랜 기간 축적되었을 가능성이 높기 때문에 수체에 대한 퇴적물의 영향이 상대적으로 중요할 수 있다. 본 연구에서도 엽록소 $a$ 농도가 $25\mu g$ $L^{-1}$를 상회하는 저수지들은 평균수심이 상대적으로 얕았고($p<0.001$, $t$-test), 체류시간이 길었으며 상대적으로 노후된 저수지들이 많이 포함되어 있었다. 그러나 유역으로부터 유입되는 퇴적물과 영양염류의 부하의 잠재력에 대한 형태학적인 지표로 활용되는(Fee, 1979) 수표면적에 대한 유역면적(DA/LA)의 비는 엽록소 $a$ 농도가 $25\mu g$ $L^{-1}$ 이하인 저수지들에 비해 작았다($p<0.02$, $t$-test). 또한 엽록소 $a$ 농도 $25\mu g$ $L^{-1}$와 평균 수심 7.5m를 기준으로 분류된 네 가지 유형에서의 형태학적, 수리수문학적 특징과 엽록소 $a$ 농도와의 관계는 평균수심 7.5m를 기준으로 각기 다른 경향을 보였다. TYPE Ⅰ과 Ⅱ에서의 엽록소 농도는 체류시간이 길고, DA/LA비가 작고 수심이 얕은 저수지에서 높았으나, 수심이 7.5m 이상인 저수지들 포함된 TYPE Ⅲ와 Ⅳ에서는 이와 상반된 결과가 나타났다.

저수지의 지리적인 위치는 저수지의 수질을 결정함에 있어 매우 중요한 요인으로 작용한다. 하천 상류보다는 하류지역에 위치한 저수지는 인간에 의해 이용되는 유역면적이 넓고 그로 인해 발생하는 오염부하량이 산림이 많은 유역에 비해 높기 때문에 부영양화 가능성이 높은 것으로 평가되고 있다(김과 홍, 1992; 환경처, 1994; 박 2003). 그러나 본 연구에서는 DA/LA비가 클수록 엽록소 $a$ 농도가 감소하는 경향을 나타냈다. 이는 대부분의 저수지가 배수구역 하류부에 형성되는 경우가 많고 이로 인해 유사한 유역환경 특성을 가질 수 있기 때문에 저수지의 형태학적, 수리·수문학적인 인자들과 함께 유역 내에서의 토지이용이나 오염물질 발생량 등과 같은 요소들까지 복합적으로 고려될 필요성을 제시한다.

저수지의 구조적인 특성과 더불어 유역 내 오염원 및 토지 이용형태는 엽록소 $a$ 농도와 수심에 의해 구분된 네 가지 유형 내 저수지들의 수질과 밀접한 관련이 있었다. TYPE Ⅱ에 포함된 저수지에서의 높은 엽록소 $a$ 농도는 유역면적이 유사한 크기의 TYPE Ⅳ를 포함한 다른 유형의 모든 저수지에 비해 얕은 수심과 긴 체류시간 그리고 노후된 시설이 많은 구조적인 특성과 유역 내 발생부하량이 점오염원에 기인하며 유역 내 논과 밭으로의 이용면적이 넓은 유역환경 특성과 관련된 것으로 나타났다. 유역면적과 수표면적이 작은 TYPE Ⅲ에 포함된 저수지들은 수심이 얕고 유역면적이 가장 넓은 TYPE Ⅰ에 포함된 저수지들에 비해 유역에서 발생하는 오염물질 발생량이 적고 수심이 깊음에도 불구하고 엽록소 $a$ 농도가 높았다. 이러한 결과는 유역에서 발생한 오염물질이 저수지로 유입되는 실제 유입부하량이 비교되지 않아 해석함에 어려움이 있으나, TYPE Ⅲ에 포함된 저수지들은 유역과 저수지 사이의 배출수로가 짧거나 유출되는 동안 화학적인 변화가 적은 특성 등으로 발생부하량에 대한 유입부하량의 비가 높을 가능성이 고려될 수 있다. 비점오염원에 기인된 오염물질의 배출부하량은 작물의 종류, 강우량(Krenkel et al., 1980; Tanaka, 1990; Toshio et al., 1991; 김 등, 1996; 김 등, 1997), 시비량(Cooke and Williams, 1973; Anon, 1983; 김과 유, 1995) 그리고 지리적인 차이(Dillon and Kirkner, 1974) 등에 따라 계절적인 양상뿐만 아니라 지역적으로 큰 차이를 나타낼 수 있다. 또한 유역으로부터의 유출수 내 농도는 저수지로 유입되기 전 경지, 습지 혹은 하천과 같은 완충지대를 거치면서 감소될 수 있다(Peterjohn and Correll, 1984). 따라서 저수지로 유입되는 유입부하량은 실측이나 혹은 모델을 통한 계산에 많은 시간이 소요된다 하더라도 수질에 대한 유역 내 오염원의 영향을 평가하기 위해서는 이에 대한 장기적인 연구가 수행될 필요가 있다. 그러나 본 연구에서는 대상저수지가 많아 유역에서 발생한 오염물질의 이동이나 처리과정 파악과 토양특성이나 경작형태 등에 따라 배출특성을 고려하여 평가하는 것은 검토하지 않았다.

본 연구에서 조사된 모든 수질항목의 농도는 유역 내 논과 밭으로 이용되는 면적의 비가 높을수록 증가하였고, 수체 내 질소 농도의 유형별 차이보다는 인 농도의 차이가 크게 나타났다. 농경지로부터의 유출구조는 지표면으로 유출되거나 토양 속으로 침투되어 하류로 이동하게 되며, 강우량과 강우강도에 따라 그 형태와 양이 달라질 수 있다(Tabuchi $et$ $al.$, 1991). 유역으로부터의 인과 질소의 유출은 토양입자와의 결합력의 차이로(Cooke and Williams, 1973), 질소는 표면유출이 있는 경우에는 쉽게 유출되나(Happer, 1992) 인은 일반적으로 강우강도가 높은 시기에 토양입자와 더불어 입자형태로 많이 유입된다(Kernkel and Vladmir, 1980). 소양호 유역에서 유역으로부터의 연간 인부하량의 대부분이 하절기 집중강우 시기에 수일간에 유입됨이 보고된 바 있다(김 등, 1996; 김 등, 1997). 이러한 결과는 유역 내 비점오염원이 산재한 경우 농경지의 이용면적과 강우강도에 따른 인과 질소의 유출특성이 수체 내 질소와 인 농도를 결정하는 중요한 인자로 고려될 수 있음을 제시한다.

연평균 최대 엽록소 $a$ 농도가 $25\mu g$ $L^{-1}$ 이상인 TYPE II와 III에 포함된 저수지들에서의 수체 내 질소와 인 농도는 엽록소 $a$ 농도가 $25\mu g$ $L^{-1}$ 이하인 TYPE IV에 포함된 저수지에 비해 각각 2배, 4배 정도 높은 농도를 유지하였고, TN/TP비는 상대적으로 낮았다. 수체 내 N/P는 영양상태와 밀접하게 관련되어 있어, 본 연구에서 TYPE II와 III에서 낮은 N/P비를 나타낸 것과 같이 영양상태가 높을수록 비율이 감소하고 영양상태가 낮을수록 증가하는 경향을 보인다(Forberg $et$ $al.$, 1978; Welch and Lindell, 1992; Downing and McCauley, 1992). 국내 분포하고 있는 저수지를 체류시간(60일)과, 순환기와 성층 시기의 엽록소 $a$ 농도를 토대로 하천형과 호소형으로 구분하여(공, 1997) 유형별 영양상태와 TN/TP비를

비교한 연구에서 유역면적이 넓은 하천형의 저수지들이 유역에 산재해 있
는 비점오염원으로부터 유입된 많은 양의 인 부하에 기인하여 호소형에
비해 N/P비가 낮은 것으로 제기된 바 있다(김 등, 2003). 이러한 결과는
유역 내에서 인과 질소 배출원의 형태와 크기가 수체의 영양상태와 수체
내 N/P비를 결정하는 중요한 요인 중의 하나임을 시사한다.

수체 내 TN/TP비에 따른 엽록소 $a$ 농도의 변화는 TYPE Ⅱ와 Ⅲ에
포함된 저수지의 수체 내 N/P비 20 이상에서, 엽록소 $a$ 농도가 $25\mu g$ $L^{-1}$
이하인 저수지에서는 100 이상에서 엽록소 $a$ 농도가 현저히 감소하였다.
이는 식물플랑크톤의 인에 대한 제한 정도가 부영양한 수체일수록 심각하
며, 부영양 정도에 따라 적정 N/P비가 달라질 수 있음을 제시한다. 저수지
의 영양상태에 따른 적정 N/P비의 차이는 해당수체에 서식하는 식물플랑
크톤의 종이나 질소와 인의 존재 형태, 섭식자의 존재 여부 등과 같은 생
물학적 요인과 체류시간이나 수심 등과 같은 형태학적 특성 등과 관련되
어 있을 수 있다. 식물플랑크톤 종마다 성장을 위해서 요구되는 영양염 농
도는 종마다 특이성을 가지고 있으며(Caperon, 1968; Droop, 1968; Fuhs,
1969; Davis, 1970; Rhee, 1973), 많은 조류 종들이 인과 질소를 성장에 필
요한 양 이상으로 저장하여 3번 이상 세포분열을 하는 데 이용할 수 있는
능력가지고 있다(Goldman $et\ al.$, 1987). 또한 수체 내 N, P가 대부분이
입자형태로 존재하는 경우에는 TN/TP비에서 예측과는 달리 각 영양염에
대한 제한 정도는 달라질 수 있다(김과 황, 2004). Forsberg and
Ryding(1980)은 부영양한 호수에서 엽록소 $a$ 농도와 TP, TN농도가 양의
상관성으로 나타남을 보여주었고 이는 수체 내 존재하는 인과 질소 대부
분이 입자성 형태로 존재함을 의미할 수 있다. 본 연구에서도 엽록소 $a$ 농
도와 TN, TP농도는 양의 상관성을 나타냈으나, TN(r=0.47, $p$〈0.001)보다
는 TP(r=0.70, $p$〈0.001)에서 높은 상관성이 나타났다. 영양상태로 구분된
각 유형에서의 상관성도 영양상태가 높은 TYPE Ⅱ와 Ⅲ에서 엽록소 $a$

농도와 TN, TP농도와의 상관성이 높았고 TN보다는 TP농도와의 상관성이 높게 나타났다(Table 2-9). 이러한 결과는 영양상태가 높을수록 수체 내 입자형태의 질소와 인 존재비율이 증가하고 질소보다는 인이 입자형태로 존재할 가능성이 더 높은 것으로 예측된다.

본 연구에서는 부영양화에 원인 영양염의 거동을 다양한 수계에서의 구조적인 특징과 유역환경 그리고 수리수문학적 특성을 통해 분석하였다. 엽록소 $a$ 농도와 수심에 의해 분류된 유형 중 엽록소 $a$ 농도가 가장 높았던 TYPE Ⅱ에 포함된 저수지들의 일반적인 특성은 상대적으로 노후되었고, 체류시간이 길며 유역 내 논과 밭으로 이용되는 면적이 넓고 유역에서 발생하는 오염부하가 많았으며, DA/LA비가 작은 것이 그 특징으로 나타났다. 그러나 유역면적이 넓고 수심이 얕다고(TYPE Ⅰ) 해서 부영양화 가능성이 높고, 유역면적이 작고 유역에서의 오염발생부하량이 작으며, 수심이 깊다고(TYPE Ⅲ) 해서 부영양화 가능성이 적은 것은 아니었다. 이러한 결과는 부영양화에 대한 이러한 요소들의 영향이 수계에 따라 각기 다른 측면으로 반응함을 제시한다(Table 2-10). 본 연구에서 분류된 유형별 수질에 영향을 주는 인자에 대해 제시된 일반성이 수질관리를 위한 기초 자료로 활용되기 위해서는 수체로의 유입부하량이나 수체 영양물질의 존재형태 그리고 부영양화결과 발생되는 조류의 생리·생태학적 특징과 포식자와의 섭식관계 등과 관련된 연구가 진행될 필요성이 있다.

Table 2-10. Summary of relationship among trophic state, morphometric characteristics, type of land use, pollutant loading and water quality in classified four types by OECD criteria of Chl.$a$ concentration and mean depth($\bar{z}$) of 7.5m. DA, LA, age, HRT, PFA, UFA, FOA, P, NP and N+NP denotes drainage area, reservoir surface area, age of reservoir, hydraulic residence time, paddy field area, upland field area, forest area, point source, nonpoint source and point+nonpoint source, respectively

| Characteristics | Parameters | TYPE | | | |
|---|---|---|---|---|---|
| | | I | II | III | IV |
| Trophic state | | | High | | Low |
| Morphometric factors | LA | Large | | Small | |
| | DA | Large | | Small | |
| | Age | | Old | | Young |
| | $\bar{z}$ | Shallow | | Deep | |
| | DA/LA | | Small | Large | |
| | HRT | | Long | Short | |
| Type of land use in watershed | PFA/DA | | Large | | Small |
| | UFA/DA | | Large | | Small |
| | FOA/DA | | Small | | Large |
| Contribution on generation loads per watershed area | P | | High | | Low |
| | NP | | High | | Low |
| | P+NP | | High | | Low |
| Water Quality | Chl.$a$ | | High | | Low |
| | TP/TN | | Low | | High |

# 제3장 부영양 저수지의 육수학적 특성

## 제1절 연구배경 및 목적

정수생태계에서의 생산력은 계절에 따른 광주기와 일사량, 수온 그리고 수체 내 유입과 유출, 체류시간, 수층혼합, 영양염 분포 등에 의해 영향을 받으며(Legendre and Le Fevre, 1989; Prezelin, 1992; Vincent, 1992; Frenette *et al.*, 1996), 이를 근간으로 하는 먹이연쇄, 물질순환의 변화는 생태계의 수질과 퇴적물 그리고 생물군집 변화를 초래하게 된다. 수온과 빛은 수생태계 먹이망의 근간이 되는 식물플랑크톤의 천이를 일으키는 가장 기본적인 요소이며 제한 영양염류 농도와 섭식 압 그리고 수층의 혼합 등은 생물량의 정도와 증가시기를 결정하는 주 요인으로 알려져 있다 (Hutchinson, 1957; Reynolds *et al*, 1987; Lathrop and Carpenter, 1990; Carpenter and Kitchell, 1993; Sterner and Grover, 1998).

이러한 여러 가지 요인들 중에 영양염 특히 생물체의 요구에 비하여 생태계 내에서 가장 결핍된 원소의 양은 식물플랑크톤의 종 조성 및 생물량을 결정하는 가장 중요한 요인이다(Hutchinson, 1973; Reynolds, 1980; Edmondson and Lehman, 1981; Reynolds, 1982). 부영양화된 담수생태계에서는 주로 인(phosphorus)이 조류의 성장에 제한 영양염으로 작용한다 (Schindler, 1974; Edmondson and Lehman, 1981; 한 등, 1993). 이들 중 상당 부분이 유역으로부터 공급되는 것으로 알려져 있으며, 오랜 기간 유기물이 퇴적층에 축척된 생태계에서는 퇴적층이 인 공급원으로 작용한다 (Jeppesen *et al.*, 1991; Williams and Barko, 1991; Cooke *et al.*, 1993; Van der Molen and Boers, 1994; Kalff 2002). 유역으로부터 공급되는 인 부하량은 강우강도나 유역 내 오염원의 분포 등에 의해 결정되며, 인 공급원으로서 퇴적층은 깊은 저수지에서는 수층 혼합 시기에 식물플랑크톤 성장을 유도할 수 있다(Jeppesen *et al.*, 1991; Cooke *et al.*, 1993; Van der Molen and Boers, 1994; Kalff, 2001). 반면에 수심이 얕은 수체에서 는 수온성층이 바람이 없는 시기에 형성되기 때문에, 바람에 의한 수체의 불규칙적인 교란으로 퇴적층으로부터 인 용출은 수시로 나타날 뿐만 아니 라(Williams and Barko, 1991) 교란 시 수층으로 부유된 입자가 빛 제한 등을 야기하여 낮은 광도에 적응력을 가진 식물플랑크톤으로의 종 변화 나 생물량의 감소를 야기하게 된다(Hoyer and Jones, 1983; Phlips *et al.*, 1997).

그러나 식물플랑크톤 대량 발생의 대부분이 유역으로부터의 영양염의 과잉공급으로 야기된 결과라 할지라도, 식물플랑크톤성장에 영향을 야기 하는 여러 가지 요인이 복잡하게 연계되어 나타난 결과로서 이해되어야 한다. Reynolds(1984)는 온대호수에서 식물플랑크톤의 종이나 생물량의 변화를 야기하는 요인들이 봄 성장기에는 수온, 유광층과 혼합층의 깊이 등과 같은 물리적인 요인들이 중요하게 작용하며, 여름에는 영양물질의 농도나 비율과 같은 화학적 요인이, 그리고 늦여름에는 포식과 기생 등과 같은 생물학적 요인이 중요하게 나타남을 제시한 바 있다. 또한 이러한 요인들의 중요도는 수체가 가지는 유역의 지형학적, 구조적인 특성 그리 고 유역환경이나 계절에 따라 달라질 수 있기 때문에 이러한 요인들이 언 제 어떻게 작용하는지 그리고 유역으로부터 유입되는 유입수나 영양염이 수생태계 내에서의 어떠한 물리적, 생물학적, 화학적 변화를 야기하는지에 대한 연구는 수질관리에 있어 매우 중요하다.

　본 연구는 수심이 얕은 부영양상태의 저수지에서 물리, 화학, 생물학적 특성뿐만 아니라 침전율과 퇴적층의 오염 정도 그리고 유역으로부터 유입되는 물질부하에 대한 조사를 통해 국내 저수지의 대부분을 차지하는 전형적인 얕은 부영양호의 육수학적 특성을 이해하고자 하였다.

## 제2절 연구대상 및 방법

### 1. 조사대상 저수지 개요

　신구저수지는 충청남도 보령시 주안면에 위치하는 소규모(수표면적 0.1 ㎢, 최대 수심이 7.0m) 농업용저수지이다(Fig. 3-1)(Table 3-1). 유역면적은 2.55㎢이며 유로연장이 각각 1.3㎞와 3.4㎞인 2개의 유입수로를 가지고 있다. 유역에서 발생하는 주 오염원은 축산폐수로 총오염 발생부하량의 75.6%를 차지하고 있다(농업기반공사, 2001). 평균수심이 3.9m이며 연평균 엽록소 $a$ 농도가 25$\mu$g L$^{-1}$를 상회하는 부영양 상태의 저수지이다. 조사기간 동안 2002년 12월 말부터 2월 중순까지, 그리고 2004년 1월 중순부터 2월 초까지 약 2주간 결빙되었고 5월 중순부터 약 2주일 동안 관개용수로의 이용으로 수위 감소가 있었다.

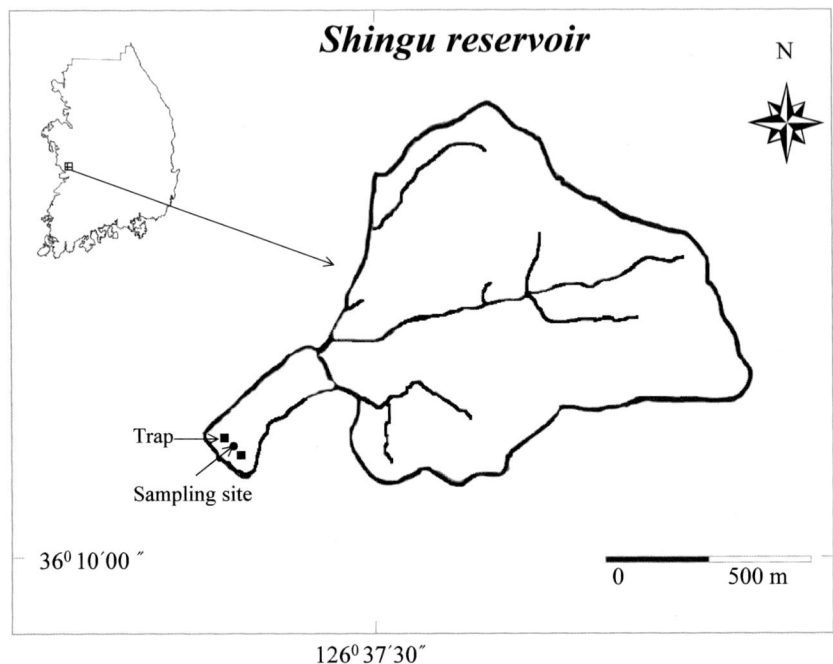

Fig. 3-1. Map showing the study area.

Table 3-1. Geographic, morphometric characteristics and generation loads of pollutant in Shingu reservoir (농업기반공사, 2001)

| Parameters | Value (%) |
|---|---|
| Dam Elevation (m) | 13 |
| Mean depth (m) | 4 |
| Reservoir surface area (m$^2$) | 100,000 |
| Water storage (×10$^3$ m$^3$) | 388 |
| Drainage area (km$^2$) | 2.55 |
| Paddy field area (km$^2$) | 0.28 (11.0) |
| Upland field area (km$^2$) | 0.82 (32.2) |
| Forest area (km$^2$) | 1.25 (49.0) |
| Other area (km$^2$) | 0.20 (7.8) |

| Parameters | Value (%) | |
|---|---|---|
| Generation loads of pollutant | | |
| Point source | | |
| BOD (kg day$^{-1}$) | 34 (91.8) | |
| TN (kg day$^{-1}$) | 17 (60.7) | |
| TP (kg day$^{-1}$) | 2 (66.7) | |
| Non-point source | | |
| BOD (kg day$^{-1}$) | 3 (8.2) | |
| TN (kg day$^{-1}$) | 11 (39.3) | |
| TP (kg day$^{-1}$) | 1 (33.3) | |
| Inflow | Inflow 1 | Inflow 2 |
| Subbasin area (km$^2$) | 0.26 | 1.47 |
| Subbasin slope (%) | 11.8 | 11.8 |
| Stream length (km) | 1.3 | 3.4 |
| Hydraulic residence time (hr) | 0.65 | 1.03 |

## 2. 조사항목 및 방법

### 2.1 수 질

수질조사는 만수위시 수심이 7m를 유지하는 제방 부근에서 2003년 3월부터 2004년 2월까지 월 2회 실시하였다. 수심이 가장 깊은 제방 부근에서 0(표층), 3m(중층) 그리고 바닥으로부터 1m(심층) 상층부의 물을 채수하였다. 유입수는 저수지로 합류되기 전 지점에서 채수하였으며 유입수량은 유속계(Swoffer, Model 2100)로 측정된 유속과 수로 단면적을 곱해 계산하였다. 유광대층($Z_{eu}$)은 광도계(Li-core photometer, Model LI-250)로 0.1m 간격으로 측정된 광도를 수심과 Ln(광도)와의 일차선형관계식을 통해 표층광도를 계산한 후 표층광도의 1%에 해당하는 수심으로 결정하였다. 혼합층($Z_m$)은 수심 간의 수온 차이가 $0.4℃$ m$^{-1}$ 이상인 수심으로 결정하였으며, 그 이하는 전 수층이 혼합되는 것으로 간주하였다. 본 연구에서는 수심 간의 수온 차이가 $1℃ m^{-1}$ 이상인 경우는 안정한 성층으로(Horne and Goldman, 1994), $0.4 \sim 1℃ m^{-1}$인 경우에는 바람에 의해 교란될 수 있는 상대적으로 불안정한 성층으로 고려하였다.

시료는 GF/F여과지로 여과한 후 엽록소 $a$ 농도 측정에 이용하였으며, GF/F 여과지로 여과한 물과 원수를 각각 폴리에틸렌 병에 담은 후 영양염 분석 전까지 $-10℃$에서 냉동 보관하였다. 인은 용존무기인(Dissolved Inorganic Phosphorus: DIP)과 용존총인(Dissolved Total Phosphorus: DTP) 그리고 총인(Total Phosphorus: TP)을 각각 측정하였다. 입자성 유기인 농도(Particulate Organic Phosphorus: POP)는 총인 중에 용존 총인을 제외한 나머지로서 입자성인의 대부분이 입자성유기인으로 존재하는 것으로 간주하였다. 질소는 질산성 질소($NO_3-N$), 아질산성 질소($NO_2-N$), 암모니아성 질소($NH_3-N$) 그리고 총질소(Total Nitrogen: TN)를 각각 측정하였으며, 질산성 질소와 아질산성 질소 그리고 암모니아성 질소의 합을 용존무기질소(Dissolved Inorganic Nitrogen: DIN)로 하였다.

엽록소 농도는 엽록소 $a$를 메탄올로 24시간 냉암소에서 추출한 후 흡광도를 측정하여 계산하였다(Maker, 1972; Maker $et\ al.$, 1980). 용존무기인은 ascorbic acid법으로 분석하였으며(APHA, 1995), 용존총인과 총인은 GF/F여과지를 통과한 물과 원수를 각각 persulfate로 전 처리한 후 용존무기인과 동일한 방법으로 측정하였다. 암모니아성 질소는 인도페놀법으로 측정하였으며, 아질산성 질소 그리고 질산성 질소는 카드뮴환원법으로 측정하였다(APHA, 1995). 총질소는 persulfate로 전 처리한 후 카드뮴환원법으로 측정하였다(APHA, 1995).

## 2.2 유입수량 및 부하량 예측

신구저수지로의 유입수량과 수질은 한 달에 2회 측정된 실측 자료를 사용하였으며, 실측에서 제외된 시기 동안의 부하량은 수리수문모델인 HEC-HMS(Hydrologic Modeling System)을 이용하여 일일 유입수량을 예측한 후, 실측된 자료를 토대로 도출된 유입수량과 인부하량과의 관계식을 이용하여 계산하였다. 신구저수지의 유역은 2개의 유입수에 따라 1 : 25,000 축척의 지도를 이용하여 2개의 소구역으로 구분하여 유역도(Basin)를 작성하였고(Fig. 1) 구적기를 이용하여 각 소유역(subbasin)의 면적을 계산하였다(Table 2).

실측과 예측된 인 유입부하량을 토대로 저수지 수질에 대한 유입부하량의 영향은 Vollenweider(1976)가 제시한 다음 식으로부터 인의 임계부하량($mg\ m^{-2}\ yr^{-1}$)를 산정하여 평가하였다.

허용임계부하량(Permissible critical loading) $=10 \times Q_s \{1 + \bar{z}/Q_s) 0.5\}$

과잉임계부하량(Excessive critical loading) $=20 \times Q_s \{1 + \bar{z}/Q_s) 0.5\}$

여기서 $Q_s$는 수리적 수표면 부하량(surface hydraulic loading, $m\ yr^{-1}$)이고, $\bar{z}$는 평균수심(m)이다.

## 2.3 침강량 및 성분분석

수질 조사 지점과 동일한 횡방향의 두 지점에 내부직경이 7.5 : 1(30 cm : 4cm)의 비율로 제작된 trap을 2개씩 총 4개를 퇴적층으로부터 1m 상층부에 설치하였다(Fig 3-2). 설치 당시 각 Trap에는 증류수를 채웠고, 수질조사를 위한 시료채취 기간 동안(2주일 간격) 회수하여 상등 수를 제거한 후 일정량의 증류수를 넣어 침전물 세척하여 산 세척된 폴리에틸렌 병에 담아 운반하였다. 일정량의 시료를 GF/F여과지로 여과하여 침전물의 건중량과 엽록소 $a$ 농도를 측정하였고, 수질분석과 동일한 방법으로 총인, 총질소 농도를 측정하여 침강량을 계산하였다.

$$\text{침강량(Settling flux of a material: } S_f) = \frac{Constituent \times V}{A \times T}$$

Constituent: SS, VSS, Chl.$a$, TP and TN(e.g., units of g m$^{-2}$ day$^{-1}$ for SS
and VSS, mg m$^{-2}$ day$^{-1}$ for TP and TN)

V (L): Volume of the constituent collected in trap

T (day): Exposed period for the sediment trap

A (㎡): The area of the trap opening(0.0013㎡)

Trap으로 측정된 엽록소 $a$ 농도에 대한 침강량($S_f$)과 수중의 농도(C)를 곱하여 부유물질의 침강속도(Settling velocity: $S_v$)를 계산하였다. 수중 내 농도는 Trap이 퇴적층으로부터 1m 상부에 설치되었기 때문에 Trap 설치 전후 시기의 표층과 중층에서의 평균값을 사용하였다.

$$\text{침전속도(m day}^{-1}) = \frac{S_f}{C}$$

침전율(Settling rate: $S_r$)은 침전속도를 조사 당시의 평균수심($\bar{z}$)으로 나누어 계산하였다.

$$\text{침전율(day}^{-1}) = \frac{S_v}{\bar{z}}$$

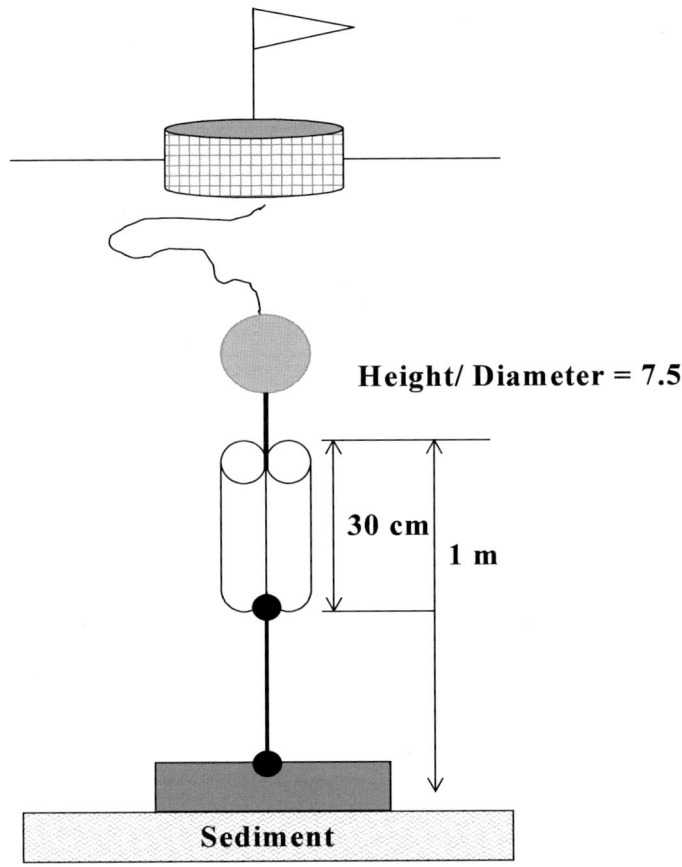

Fig. 3-2. The schematic diagram of suspended sediment trap.

## 2.4 플랑크톤 분석

식물플랑크톤 종 조성 및 현존량을 분석하기 위해 수심별로 채수된 일정량의 시료를 Whirl-Pak bags에 담아 Lugol 용액으로 고정한 후 실험실로 운반하였다. 식물플랑크톤의 정량분석은 Sedgwick-Rafter 계수판을 이용하여 광학현미경하(×200)에서 규조류(Bacillariophyceae), 남조류(Cyanophyceae), 녹조류(Chlorophyceae)로 구분하여 동정하고 계수하였으며 와편모조류(Dinophyceae)와 은편모조류(Cryptophyceae)는 출현종과 밀도가 작아 두 분류군 모두를 편모조류(flagellate algae)로 취급하였다. 식물플랑크톤은 동정 시 출현종의 가로, 세로 길이를 측정하여 Kellar et al.(1980)이 제시한 공식으로 체적(V: $\mu m^3$)을 계산하였고, 규조류는 $10^{(-0.427+0.784(\log\ V\mu m3))}\ \mu gC$, 녹조류와 남조류는 $10^{(-0.460+0.866(\log\ V\mu m3))}\ \mu g$ C(Mullin et al., 1966) 그리고 편모조류는 200fg C $\mu m^{-3}$(Starthmann, 1967) 부피당 탄소 환산계수를 이용하여 계산하였다.

동물플랑크톤은 망목의 크기가 64$\mu m$인 네트를 이용하여 수심 1m에서 수직예인 한 후 Whirl-pack에 담았다. 현장에서 sucrose-formaline을 최종 농도가 5%가 되도록 첨가한 후 실험실로 운반하여 관찰 전까지 실온 보관하였다. 동물플랑크톤의 정량·정성 분석은 Sedgwick-Rafter 계수판에 넣어 광학현미경하에서 윤충류, 지각류, 요각류로 분류하여 실시되었다 (Stemberger, 1979; Balcer et al., 1984; 조, 1993). 관찰 시 출현 종에 대한 가로, 세로 길이를 모두 측정하였으며, 평균값을 생물량 계산에 이용하였다. 윤충류 체적은 Downing and Rigler(1984)가 제시한 식에 따라 계산하였고, 동물플랑크톤의 비중을 1.025로 가정하여 습중량을 구하고, 습중량의 10%를 건중량으로 계산하였다(Hall et al., 1976; Pace and Orcutt, 1981). 예외적으로 윤충류의 두 속(genus) Asplanchna와 Synchaeta는 몸체가 매우 약해서 약간의 충격에도 쉽게 파괴되고 다른 종에 비해 수분함량이 많기 때문에 건중량은 습중량의 4%로 하였다(Dumont et al., 1975). 지각류와 요각류의 건중량은 Length-Dry weight 관계식을 이용하여 계산하였고(Culver et al., 1985), 동물플랑크톤의 생물량($\mu g$ C $L^{-1}$)은 건중량의 48%를 탄소량으로 고려하여(Andersen and Hessen, 1991) 산출하였다.

## 2.5 퇴적물

퇴적물은 저수지 수질 측정지점에서 중력식 채니기(gravity corer)를 이용하여 채집하였고, 냉장 보관하여 실험실로 운반하였다. 시료의 함수율은 습중량과 105℃ dry oven에서 24시간 이상 건조한 후의 무게차로 계산하였고, 강열감량은 함수율이 측정된 시료를 500℃에서 2시간 동안 건조시킨 후의 잔유물의 무게와 건중량과의 무게 차이로부터 계산하였다. 퇴적물 내 간극수는 원심분리를 통해 분류하였으며 용존총인(DTP)과 용존무기인(DIP)의 농도를 측정하였다. 퇴적물의 인, 질소 그리고 탄소 함량 측정을 위해 건조된 시료를 막자사발로 마쇄하였다. 총인 농도는 마쇄된 토양시료 일부를 perchloric acid로 분해한 후 Vanadomolybdophosphoric acid colorimetric 법으로 분석하였다. 총질소와 탄소함량을 측정하기 위해서 토양 건조시료 일부에 1N HCl를 넣어 hot plate에서 가열하여 건조한 후 다시 마쇄하여 CHN analyzer를 이용해 분석하였다.

## 2.6 성장역학

성장실험에 이용하는 조류는 현장에서 망목의 크기가 30㎛인 네트를 이용하여 표층에서 채집하였고 대형동물플랑크톤을 제거하기 위해 망목의 크기가 200㎛인 네트로 여과하였다. 실험은 수질 조사 당시의 현장수온이 유지하고 광도가 $120\mu$ E m$^{-2}$ s$^{-1}$, 14 : 10의 L/D(Light : Dark)주기로 조사되는 배양기에서, 무처리구를 포함하며 각 처리당 3반복되었고 회분식 배양으로 이루어졌다. 조류의 인 농도에 따른 성장률($\mu$)을 인 농도 조건에서 지수적으로 생물량이 증가하는 단계에서 계산하였고(APHA, 1995), 최대 성장률($\mu_{max}$)과 반포화 농도($K_s$)는 Monod가 제시한 식에 적용하여 Sigma plot(Version 7.0, SPSS Inc)을 이용하여 산출하였다.

$$\mu \ (/\text{day}) = \text{Ln}(X_2/X_1)/T$$

$X_2$: Chl.$a$ concentration at end of selected time interval

$X_1$: Chl.$a$ concentration at beginning of selected time interval

T: elapsed time between selected intervals, day

인 흡수율(P uptake rate)은 배양 초기 접종된 엽록소 $a$ 농도와 배양 하루 동안의 배양액 내의 인 농도의 차이로부터 계산하였다.

### 2.7 제한 요인 평가

2003년 12월부터 2004년 2월까지 4회에 걸쳐 제한 영양염과 수온 그리고 광도에 따른 식물플랑크톤의 성장량 비교 실험을 수행하였다. 실험에 사용된 식물플랑크톤은 성장역학 실험에서와 동일한 방법으로 채집하였다. 250㎖ 삼각플라스크에 50㎖를 넣은 후에 영양염으로 $KNO_3$(10㎎ N $L^{-1}$)와 $KH_2PO_4$(10㎎ P $L^{-1}$)를 일정량씩 첨가하였다. 그리고 GF/F 여과지로 여과한 저수지물로 최종 부피 100㎖를 만들었다. 실험 조건은 영양염이 첨가되지 않은 대조구(Control), 인(+P)과 질소(+N)가 각각 1㎎ $L^{-1}$로 조절된 처리구 그리고 질소와 인 모두가 각각 1㎎ N $L^{-1}$로 조절된 처리구(N+P)로 구분하였으며 3반복으로 이루어졌다.

### 3. 통계분석

수질항목 간의 상관성 분석은 수심별 평균값을, 침전율과 수질과의 상관성 분석은 Trap 설치 시와 회수 시의 표층과 중층에서의 수질평균값을 사용하여 Pearson's correlation analysis를 통해 분석하였다(SPSS 10.0). 수온과 광도가 상이한 조건에서의 영양염 첨가에 따른 성장률의 차이와 동질성 검정은 one-way ANOVA를 이용해 분석하였고, 통계적 유의 수준은 $p < 0.05$를 기준으로 하였다.

## 제3절 수  질

강우사상과 관개용수 이용에 따른 수위변화가 야기되는 시기를 전후로 수질의 뚜렷한 차이가 나타났다. 조사 기간 동안 강우사상은 연중 강우량 (1,359mm)의 56.8%(774mm)가 6월과 8월 사이에 집중되었고, 이로 인해 5월 말에 관개용수 이용으로 6월 중순경에 5.0m까지 감소했던 수위는 7월 중순경에 관개용수 이전(7.1m)과 유사한 7.1m까지 재상승하였다(Fig. 3-3). 수온상승과 더불어 3월 표층으로부터 4.5m 수심에서 수심 간의 수온 차이가 0.4~1.0℃ $m^{-1}$인 수온약층이 관찰되었고, 5월에는 비교적 강한 수온약층이 (> 1.3℃ $m^{-1}$)에 표층으로부터 3m 수심에서 관찰되었다(Fig. 3-3). 관개용수로의 이용에 따른 수위가 감소한 5월 말부터 표층으로부터 6m 수심에서 수심 간의 수온 차이가 <1.0℃ $m^{-1}$인 수온약층이 형성되었고, 강우에 의해 저수지의 수위가 상승한 7월에는 표층으로부터 3m까지 상승하였다. 심층에서의 2mg $L^{-1}$ 이하의 낮은 용존산소농도는 5월부터 9월까지 지속되었으며 심층에서의 저산소상태는 강우에 의한 수위 증가 이후 7월에 표층으로부터 3m까지 확대되었다(Fig 3-4).

투명도는 0.5~1.2m의 범위로 5월에 가장 높았고, 수소이온농도는 6.1~9.9의 범위로 성층 형성 기간 동안에 표층과 심층 간의 큰 차이를 보였다. 전기전도도는 수심에 따른 차이보다는 계절에 따른 큰 차이를 보였다(Fig 3-5). 관개용수로의 이용에 따른 수위감소 전 5월 16일에 심층에서 251.4 $\mu$ S $cm^{-1}$로 가장 높았고, 7월 수위가 상승하는 시기에 급격히 감소하여 8월 8일에 중층에서 96.0$\mu$ S $cm^{-1}$로 가장 낮았다. 부유물질 농도는 4.5~45.0mg $L^{-1}$의 범위였고, 10월과 11월에 높았으며 투명도와 음의 상관성을 보였다 (r=0.65, p=0.001). 생화학적 산소요구량은 8월에 표층에서 6.6mg $L^{-1}$로 가장 높았고, 수심 간의 큰 차이는 9월 19일에 관찰되었고, 표층에서의 농도가 중층에 비해 3배 정도 높았다. 화학적 산소요구량은 1.3~13.5mg $L^{-1}$의 범위로 부유물질 농도와 유사한 계절적인 변화를 보였다($r=0.61$, $p=0.003$). 수심에 따른 변화는 7월에 수심 간의 평균이 $5.5\pm0.2\text{mg L}^{-1}$로 가장 낮았던 반면, 8월 8일에는 표층($13.4\text{mg L}^{-1}$)과 심층($1.3\text{mg L}^{-1}$)의 농도 차가 10배 이상으로 크게 나타났다.

유광층($Z_{eu}$)의 깊이는 1.3~4.3m의 범위였으나 3m 이상이었던 5월과 1월을 제외하고는 평균 $2.0\pm0.4$m로 큰 차이가 없었다(Fig 3-6). $Z_{eu}/Z_m$은 0.2~1.1의 범위로 수온약층 형성으로 혼합층이 수심 4m 근처이고 유광대층이 수심 4.3m이었던 5월을 제외하고는 대부분의 기간 동안에 유광대층에 비해 혼합층의 수심이 깊은 것으로 나타났다.

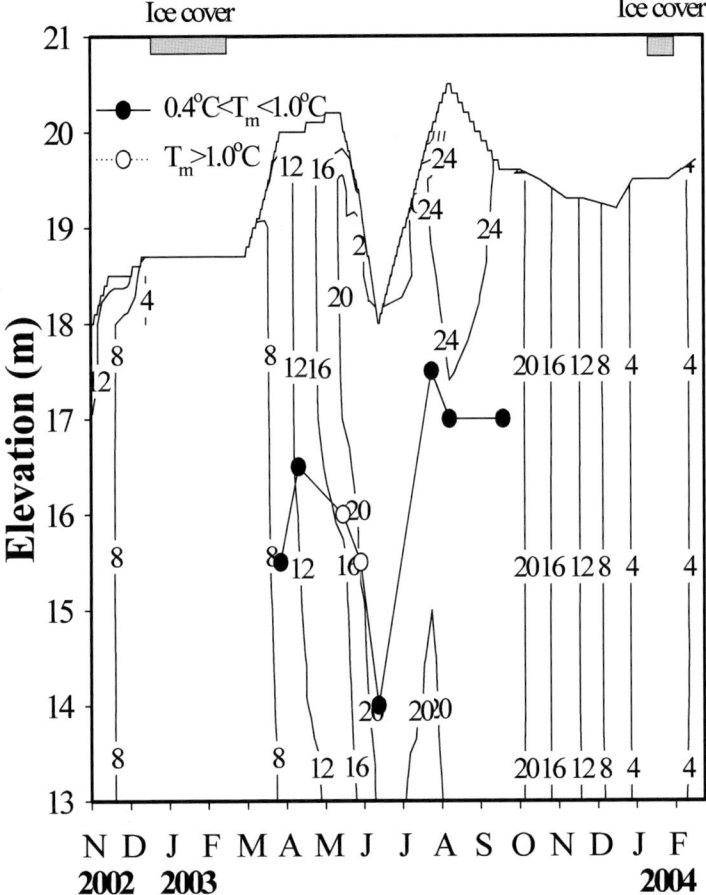

Fig. 3-3. Temporal and vertical variation of temperature in Shingu reservoir from November 2002 to February 2004. Tm indicate the difference of temperature per meter of depth.

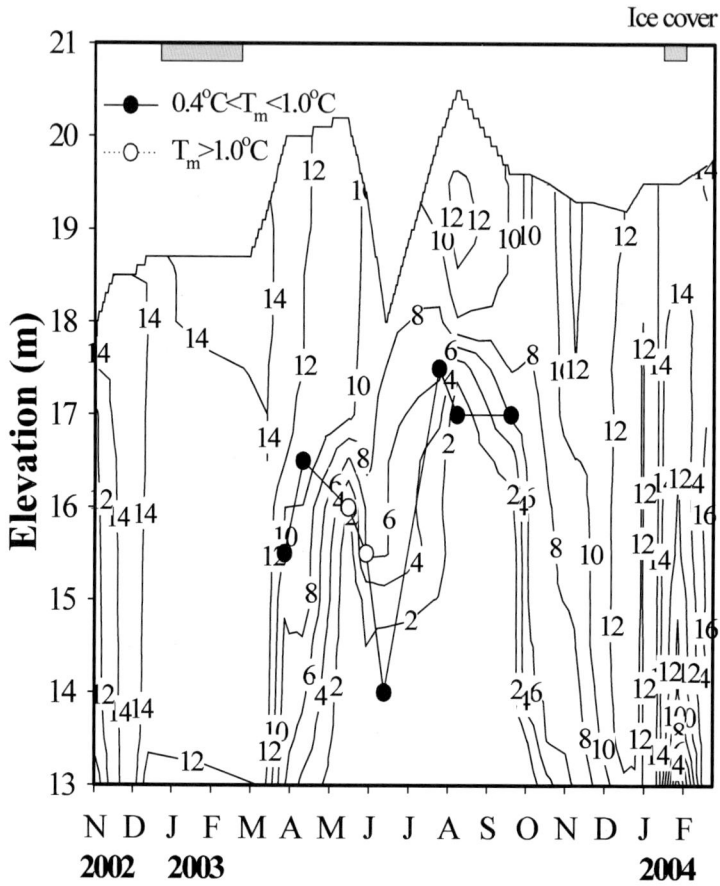

Fig. 3－4. Temporal and vertical variation of dissolved oxygen concentration in Shingu reservoir from November 2002 to February 2004. $T_m$ indicate the difference of temperature per meter of depth.

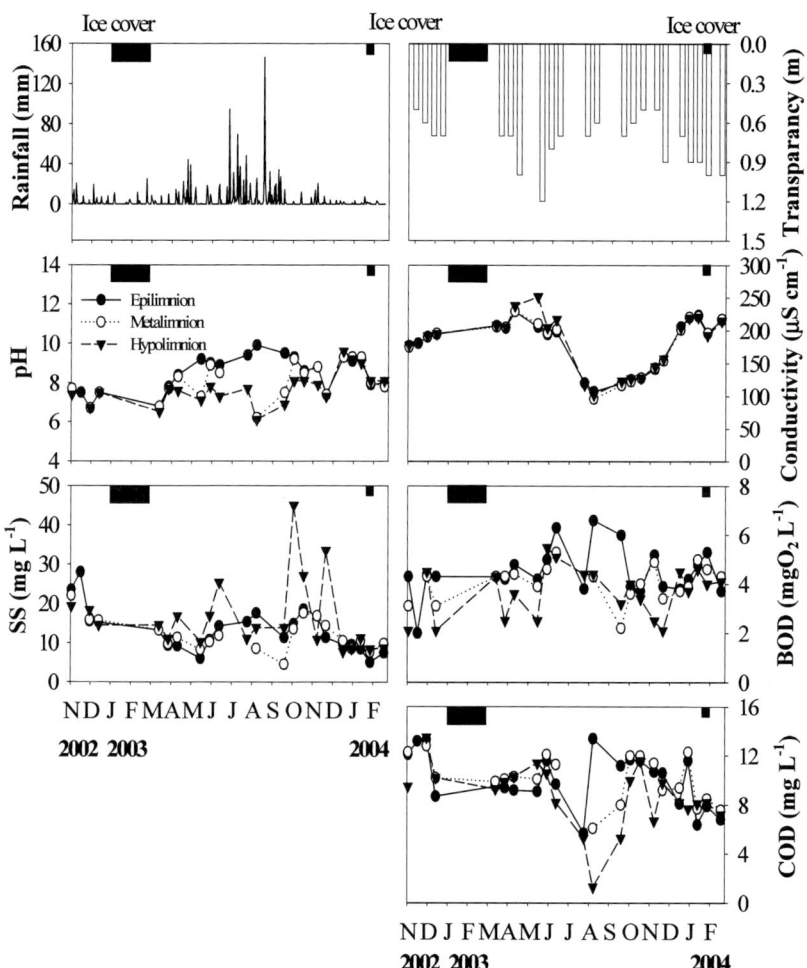

Fig. 3-5. Temporal and vertical variation of rainfall, transparency, pH, Electric conductivity, suspended solids, biochemical oxygen demand and chemical oxygen demand in Shingu reservoir from November 2002 to February 2004.

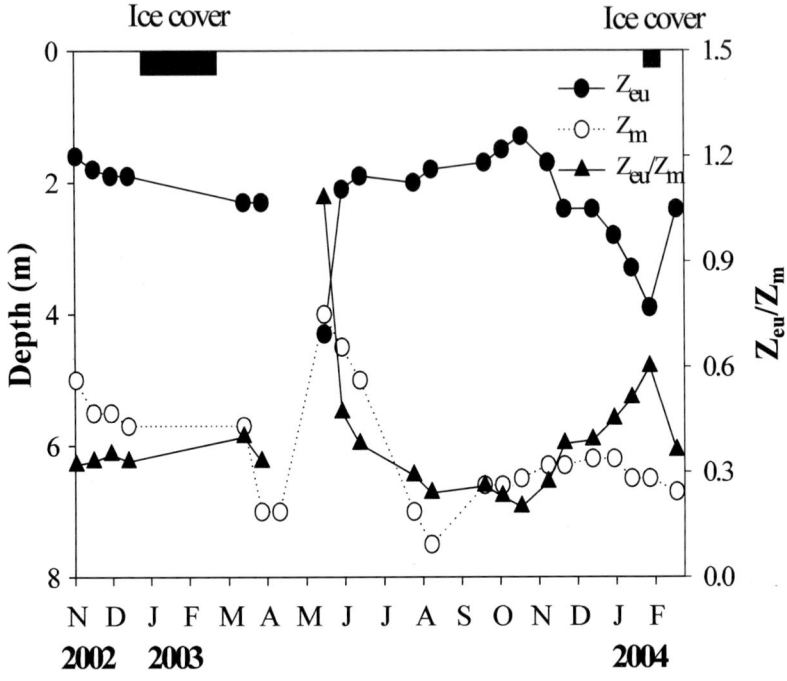

Fig. 3-6. Temporal variation of euphotic depth($Z_{eu}$), mixing depth($Z_m$) and $Z_{eu}/Z_m$ ratio in Shingu reservoir from November 2002 to February 2004.

수체 내 질소 농도는 시기적인 차이는 있으나 계절에 따른 뚜렷한 차이가 나타났으며, 강한 수온약층이 형성된 5월부터 심층에서의 암모니아성 질소의 농도 증가와 더불어 수층 간의 큰 차이가 관찰되었다(Fig 3-7). 암모니아성 질소 농도는 0~2.5mg N L$^{-1}$의 범위로 수층 간의 평균 암모니아 농도는 3월부터 6월까지 높게 유지되었고, 표층(0.004~0.68mg N L$^{-1}$)과 심층(0.97~2.53mg N L$^{-1}$) 간의 큰 농도 차이가 4월부터 8월까지 관찰되었다. 강우로 수위가 재상승한 7월부터 암모니아 농도는 다시 감소하였으며, 7월부터 11월 초까지 10월 18일을 제외하고는 표층에서의 농도가 0.021mg N L$^{-1}$ 이하였다. 아질산성 질소(NO$_2$-N) 농도는 0.006~0.242mg N L$^{-1}$의 범위로 4월부터 증가하여 8월($0.182 \pm 0.082$mg N $L^{-1}$)에 가장 높게 나타났으며, 이후 다시 감소하는 경향을 보였다. 질산성 질소 농도는 $0.3 \sim 1.9$mg N $L^{-1}$범위로 3월부터 증가하여 7월까지 높은 수준을 유지하였고 이후 감소하여 10월에 가장 낮은 수층 간의 평균농도($0.4 \pm 0.0$mg N $L^{-1}$)를 보였다. 총질소 농도는 $1.1 \sim 4.5$mg N $L^{-1}$ 범위로 질산성 질소 농도($r = 0.77$, $p \langle 0.001$)와 암모니아성 질소($r = 0.73$, $p \langle 0.001$)의 변화와 유사한 경향을 보였으며, 총질소 중 무기형태의 질소가 평균 58.7%였다.

인 농도 또한 계절에 따른 큰 차이가 나타났으며, 심층에서의 산소 농도감소가 가장 크게 나타났던 7월에 심층에서의 용존 형태 인의 일시적인 증가가 관찰되었다(Fig 3-7). 용존무기인 농도는 $0.1 \sim 56.7$㎍ P $L^{-1}$ 범위로 총인 중 6.6%에 불과했다. 용존무기인은 7월과 8월에 심층에서 각각 22.3, 56.7㎍ P $L^{-1}$의 농도를 보인 것을 제외하고는 $10$㎍ P $L^{-1}$ 이하의 농도분포였고, 10월 3일에는 전 수층에서 $0.6$㎍ P $L^{-1}$ 이하의 농도를 보였다. 용존 총인의 농도는 $7.1 \sim 66.4$㎍ P $L^{-1}$의 범위였고 용존무기인의 농도와 유사한 계절적인 변화를 보였다($r = 0.90$, $p \langle 0.001$). 총인 중 용존 총인의 형태는 연평균 20%로 대부분이 입자성 인 형태로 존재하였으며 총인과 입자성인의 계절에 따른 변화는 일치하였다($r = 0.90$, $p \langle 0.001$). 총인은 43.9$\sim$126.6㎍ P $L^{-1}$의 범위였고 5월 말부터 증가하여 7월에 수층 간의 평균이 $108.7 \pm 0.8$㎍ P $L^{-1}$로 가장 높은 농도를 보인 후 12월부터 감소하여 2004년 2월 해빙 시에 $46.1 \pm 1.8$㎍ P $L^{-1}$로 가장 낮은 농도를 보였다.

수체 내 질소와 인 농도가 각각 봄과 여름철에 증가함에 따라 N/P비의 뚜렷한 계절에 따른 변화가 관찰되었다(Fig. 3-8). DIN/DTP는 $18 \sim 278$의 범위로 7월부터 11월까지를 제외하고는 100 이상으로 높았다. TN/TP비는 $13 \sim 60$의 범위로 DIN/DTP의 계절적인 변화와 유사하게 7월과 11월에 평균 $26 \pm 6$으로 낮았다.

엽록소 $a$ 농도는 계절에 따른 변화와 더불어 수심 간의 큰 차이를 보였다(Fig 3-9). 수층 간의 평균 엽록소 $a$는 강우에 의해 수위가 재상승한 7월에 증가 이후 8, 9월에 감소하였다가 11월에 다시 증가하여 84.5±29.0$\mu$g $L^{-1}$로 가장 높은 농도를 보였으며 겨울철 해빙된 직후인 2월에 13.5±1.0$\mu$g $L^{-1}$로 가장 낮았다. 수심 간의 큰 차이는 7월부터 11월 초까지 관찰되었으며, 9월 심층에서 8.1$\mu$g $L^{-1}$로 가장 낮았고 11월에 표층에서 109.7$\mu$g $L^{-1}$로 가장 높았다. 엽록소 $a$ 농도는 투명도(r= -0.63, $p$=0.002, n=22)와 음의 상관성을 보였고 엽록소 $a$ 농도가 증가함에 따라 $Z_{eu}/Z_m$이 감소하는 경향을 나타냈으나 뚜렷한 상관성은 없었다($p$=0.129)(Fig 3-10). 영양염과의 상관관계에서는 총인(r=0.55, $p$=0.008, n=22) 중 특히 입자성인(r=0.56, $p$=0.006, n=22)과의 높은 양의 상관성을 나타낸 반면, 총질소 농도와는 뚜렷한 상관성이 없었다(r= -0.38, $p$=0.081, n=22).

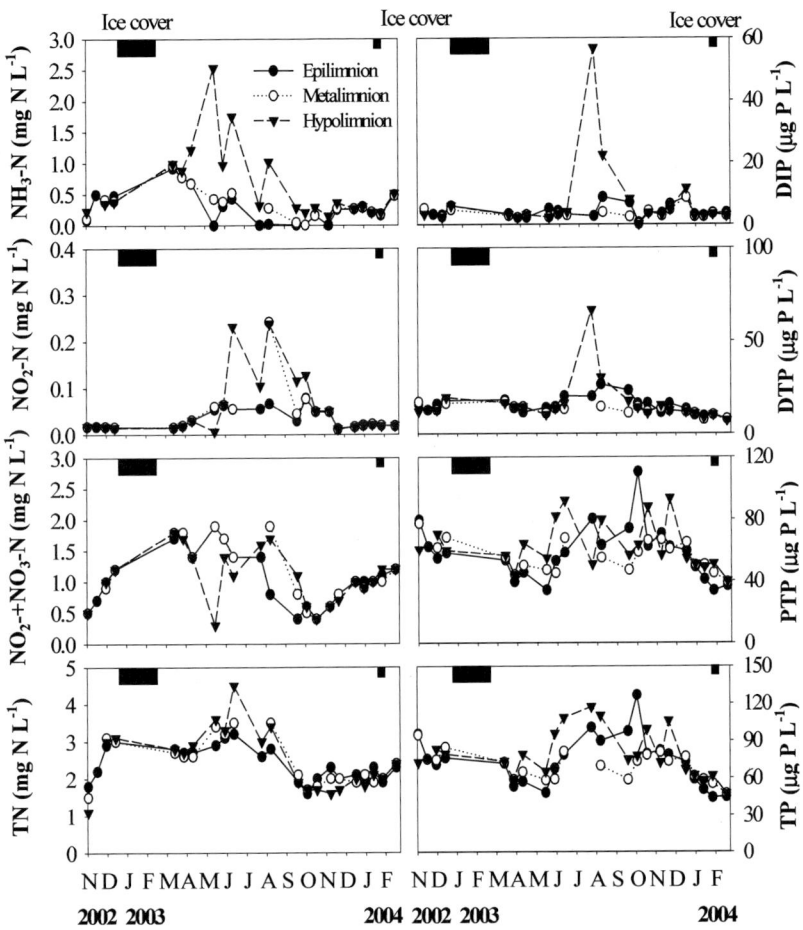

Fig. 3-7. Temporal and vertical variation of nitrogen(NH₃-N, NO₂-N, NO₂-N+NO₃-N, TN) and phosphorus(DIP, DTP, PTP, TP) concentration in Shingu reservoir from November 2002 to February 2004.

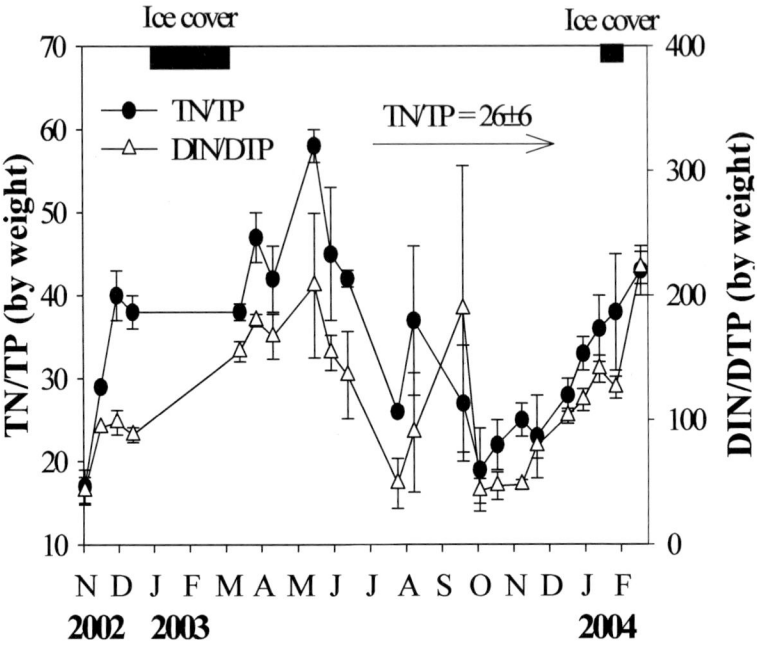

Fig. 3-8. Temporal and vertical variation of N/P ratio (by weight) in Shingu reservoir from November 2002 to February 2004.

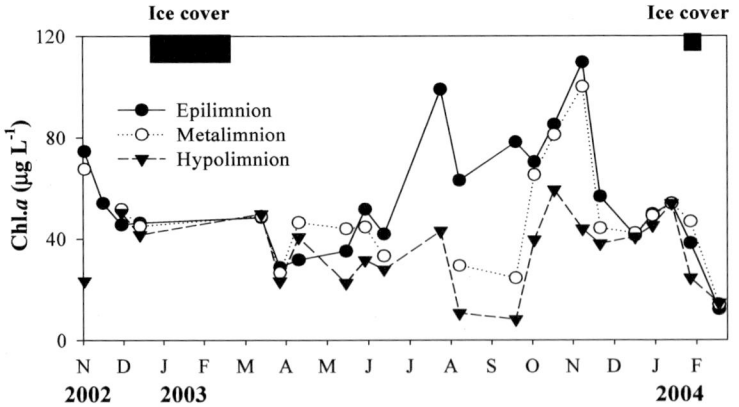

Fig. 3-9. Temporal and vertical variation of Chl.$a$ concentration in Shingu reservoir from November 2002 to February 2004.

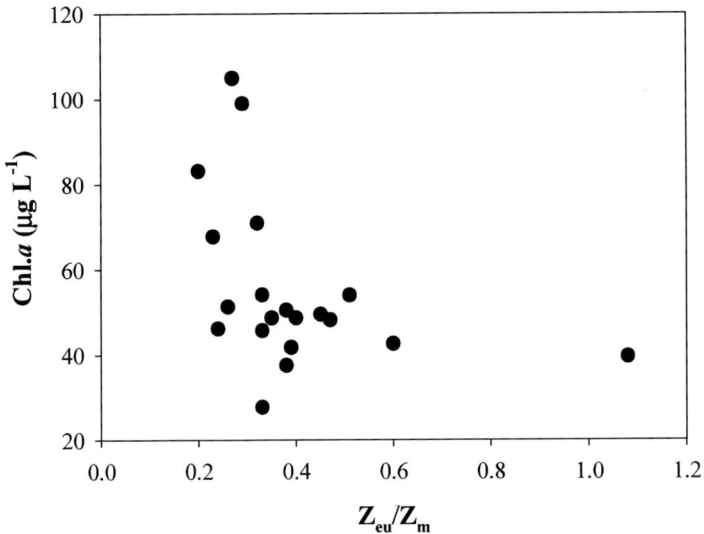

Fig. 3-10. Relationships between $Z_{eu}/Z_m$ ratio and Chl.$a$ concentration in Shingu reservoir from November 2002 to February 2004.

## 제4절 동·식물플랑크톤

계절에 따른 식물플랑크톤의 종 조성 및 현존량 변화가 관찰되었고 엽록소 $a$ 농도의 변화와 유사하였다($r=0.60$, $p=0.003$, $n=22$)(Fig 3-11, 12). 3월에 $Melosira$ $varians$, $Aulacoseira$ $ambigua$와 같은 규조류가 먼저 증가한 이후에 $Rhyodomonas$ sp.와 같은 편모조류가 4월에 일시적으로 증가하였다. 이후 $Dictyosphaerium$ $puchellum$, $Monoraphidium$ $contortum$, $Scenedesmus$ spp.와 같은 녹조류 증가하였고 5월부터는 $Oscillatoria$ spp., $Aphanizomenon$ sp. 그리고 $Microcystis$ spp.와 같은 남조류로의 우점종 변화가 관찰되었다. 남조류 군집의 우점종 변화는 5월에 $Oscillatoria$ spp. 에서 수위감소 이후 6월에 $Aphanizomenon$ sp.이 그리고 7월부터 12월 초

까지는 *Microcystis aeruginosa*가 우점하였으며, 12월 말부터 봄철 녹조류
와 규조류의 현존량 증가 전까지는 다시 *Oscillatoria* spp., *Aphanizomenon*
sp.의 개체 수가 증가하였다. 조사 기간 중 가장 많은 식물플랑크톤 개체
수는 *Microcystis aeruginosa* 우점 시기인 7월(2.5±0.06×10⁵cells mL⁻¹)과
11월(2.5±0.02×10⁵cells mL⁻¹) 표층에서 관찰되었다.

생물량(carbon biomass)에 의한 식물플랑크톤 군집변화는 군집별로 현존
량에서 나타난 변화와 시기적인 차이가 있었다(Fig 3-11). 녹조류는 현존
량의 증가가 3월부터 7월에 관찰된 것과는 다르게 생물량은 11월부터
*Scenedesmus* spp.와 *Chlamydomonas* sp. 우점과 더불어 증가하였고, 편모조
류의 생물량은 크기가 큰 *Cryptomonas* spp.의 개체 수가 증가한 12월에 가
장 높았다. 반면에, 규조류의 생물량은 11월부터 증가하여 12월에 가장 높
았으며 현존량이 가장 높았던 3월 이후에 감소하는 경향을 보였으나 계절
에 따른 현존량과 생물량의 변화는 유사하였고(r=0.82, p⟨0.001, n=22)(Fig
3-11), 남조류 생물량의 계절에 따른 변화도 현존량과 유사하였다(r=0.88,
p⟨0.001, n=22).

동물플랑크톤 군집 중 윤충류가 개체 수로서의 점유율이 평균 67.8%로
가장 높았으며, 동물플랑크톤 군집의 계절에 따른 현존량(r=0.998, p⟨0.001,
n=22)과 생물량(r=0.95, p⟨0.001, n=22)의 계절에 따른 변화 또한 윤충
류의 변화와 유사하였다(Fig. 3-12, 13). 11월부터 4월까지는 *Keratella*
*cochlearis*, *Polyarthra* spp.와 같은 소형 윤충류가 우점하였고 5월 16일에는
본 연구에서 관찰된 윤충류 중 비교적 크기가 큰 *Conochilus unicornis*가 일
시적으로 증가하였으며 동물플랑크톤 군집의 생물량(1,048±28㎍ C L⁻¹)도
가장 높았다. 이후 5월 말에 *Brachionus diversicornis*로, 수위가 감소한 6월
에는 *Pompholyx complanata*로의 우점종 변화와 더불어 가장 높은 현존량
(12,388ind L⁻¹)을 보였으며 강우에 의해 수위가 재상승한 7월과 8월에
*Keratella cochlearis*와 *Keratella valga*가 우점한 시기를 제외하고는 10월까

지 우점하였다. 요각류와 지각류의 최대 현존량은 각각 요각류의 유생(Nauplius)과 *Bosmina longirostris*의 개체 수가 증가한 수위감소 직전인 5월 말에 관찰되었으며, 이 시기에 지각류는 최대 생물량을 보였다. 반면, 요각류의 최대 생물량은 크기가 큰(평균 1,328mm) *Thermocyclops thomasi*가 출현한 1월 결빙되었던 시기에 관찰되었다.

동물플랑크톤 생물량은 투명도(r=0.45, *p*=0.034, n=22) 및 $Z_{eu}/Z_m$비(r=0.83, *p*〈0.001, n=21)와 양의 상관성을 나타냈으며 특히 5월에 동물플랑크톤 군집 중 윤충류인 *Conochilus unicornis*의 생물량이 최대를 나타낸 시기에 $Z_{eu}/Z_m$비가 1.1로 가장 높았다(Fig 3-14).

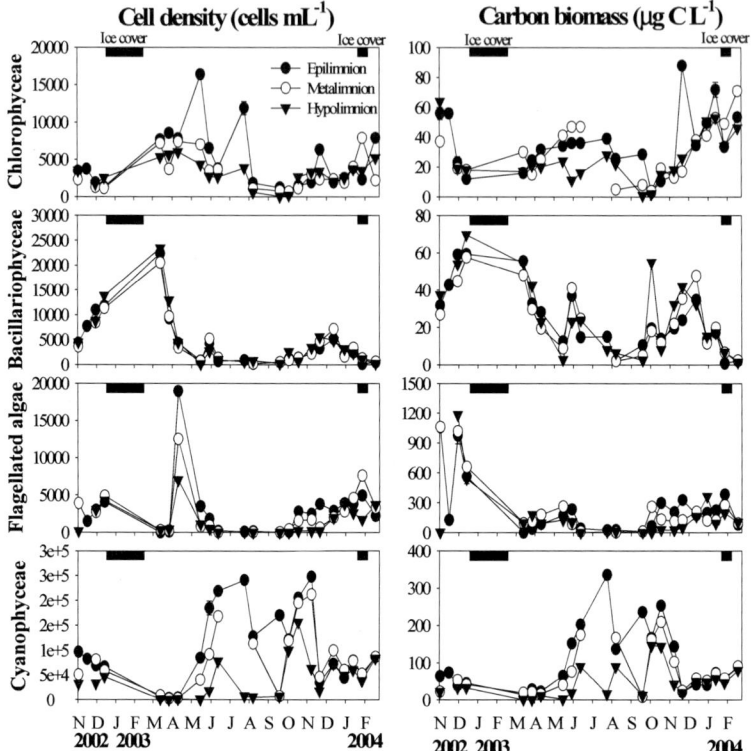

Fig. 3−11. Temporal change of density and biomass of major phytoplankton community in Shingu reservoir from November 2002 to February 2004.

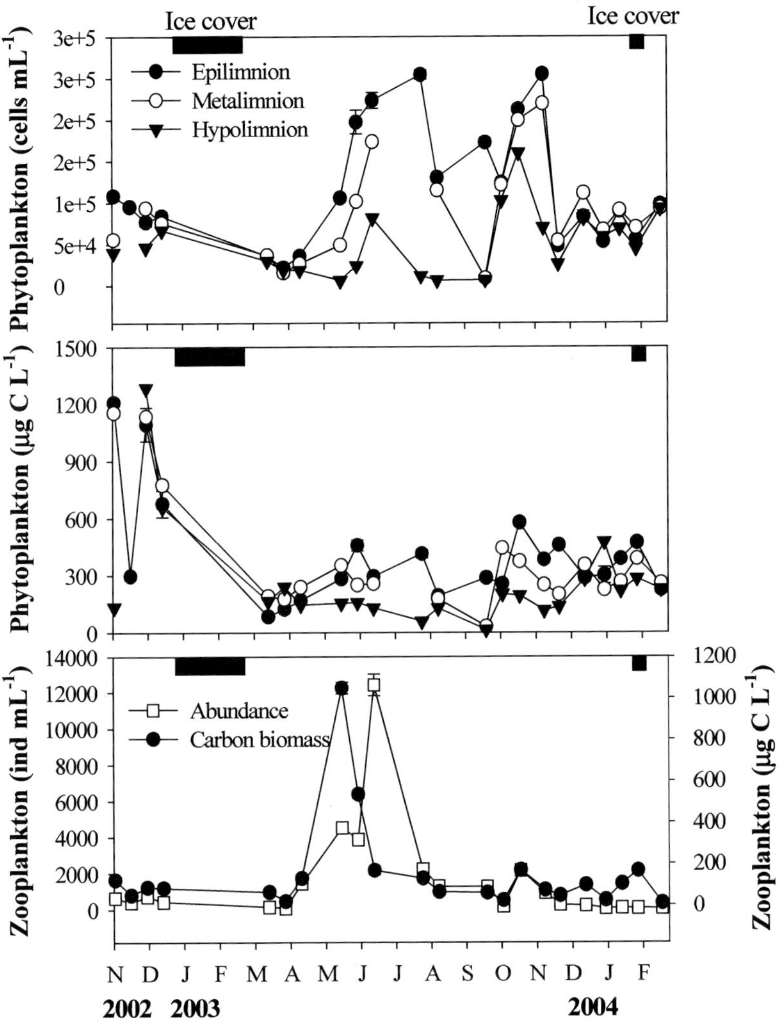

Fig. 3-12. Temporal changes of total density and biomass of plankton community in Shingu reservoir from November 2002 to February 2004.

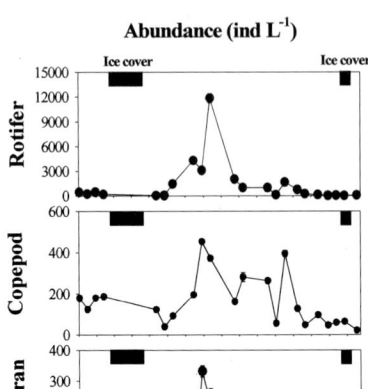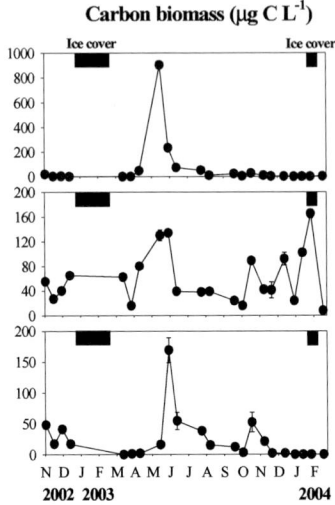

Fig. 3-13. Temporal changes of abundance and biomass of zooplankton community in Shingu reservoir from November 2002 to February 2004.

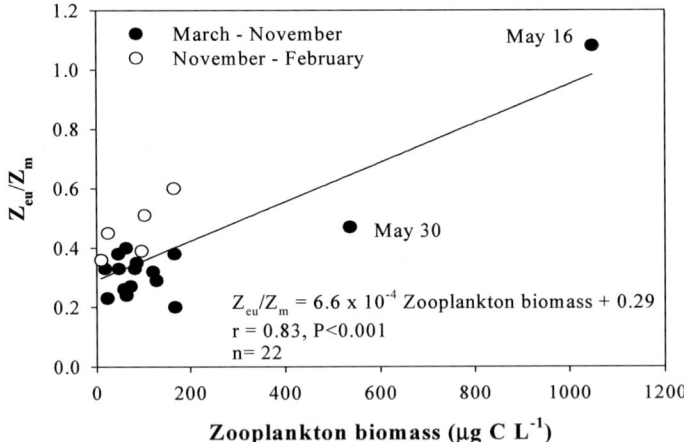

Fig. 3-14. Relationships between zooplankton biomass and $Z_{eu}/Z_m$ ratio in Shingu reservoir from November 2002 to February 2004.

## 제5절 퇴적물

　조사 기간 동안 퇴적물 내 함수율은 59.2~68.3%의 범위로 평균 64.6%이였고, 강열감량은 25.9~35.1(6.3~10.4%)mg w.w. $g^{-1}$의 범위로 시기별로는 3월에 9.1%(34.2mg w.w. $g^{-1}$)와 11월에 10.4%(35.1mg w.w. $g^{-1}$)로 비교적 높았다(Fig 3-15). 간극수 내 가장 높은 인 농도는 성층이 형성되었고 관개수 이용에 따른 수위 감소 직전인 5월 말에 가장 높았고, 2002년과 2003년 모두 12월 말에 높았다. 간극수 내 존재하는 용존무기인은 용존 총인 농도와 양의 상관성을 보였고(r=0.94, $p<0.001$)(Fig 3-16), 7월 말부터 11월까지 간극수 내 용존무기인 농도뿐만 아니라 용존 총인에 대한 용존무기인의 비 또한 13.6~24.5%로 다른 시기에 비해 30~85.7%로 비해 낮았다.

　조사 기간 동안 퇴적물 내 탄소와 인 함량은 각각 27.6~30.5mg C d.w.$g^{-1}$, 0.8~1.1mg P d.w.$g^{-1}$의 범위로 계절에 따른 큰 변화가 없었던 반면에 질소 함량은 3.4~4.9mg N d.w.$g^{-1}$의 범위로 10월~12월 조사 기간 동안에 높았다(Table 3-2). 퇴적물 내 탄소 : 질소 : 인 평균 무게비는 28 : 4 : 1이였으며, C/P와 C/N비는 각각 26~35, 6~8의 범위였다.

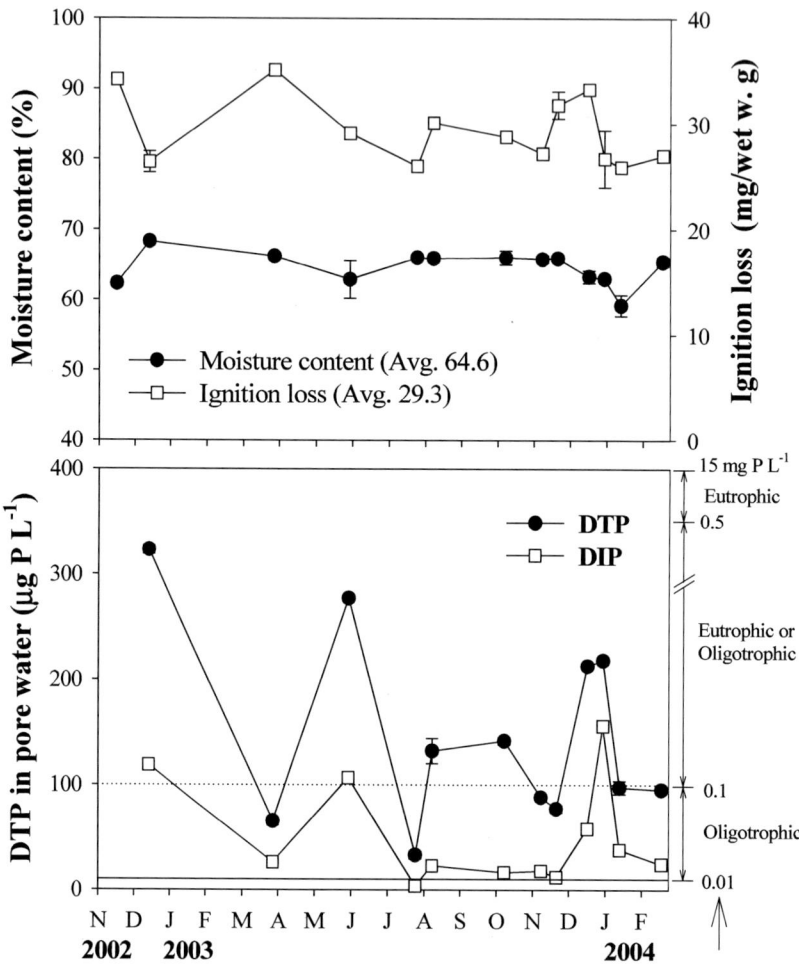

Fig. 3-15. Moisture content, ignition loss in the sediment, and DTP, DIP concentration in pore water in sediment of Shingu reservoir from November 2002 to February 2004. Arrow is criteria on phosphorus in porewater(Enell and L fgren, 1988).

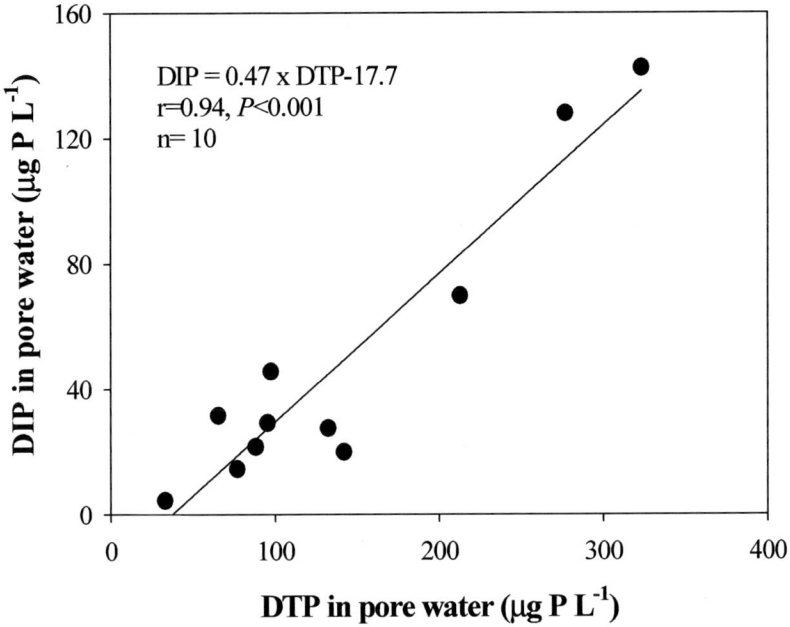

Fig. 3-16. Relationships between DTP and DIP concentration in pore water in sediment of Shingu reservoir from November 2002 to February 2004.

Table 3-2. C, N and P content in the sediment in Shingu reservoir from Nov. 2002 to Oct. 2003

| Date Day/Mon/Yr | C mg C D.Wg$^{-1}$ | N mg P D.Wg$^{-1}$ | P mg P D.Wg$^{-1}$ | C/N | C/P | N/P |
|---|---|---|---|---|---|---|
| 15/11/02 | 28.7 | 4.9 | 0.91±0.09 | 6 | 32 | 5 |
| 13/12/02 | 27.7 | 4.1 | 1.07±0.01 | 7 | 26 | 4 |
| 28/03/03 | 29.0 | 3.6 | 0.82±0.11 | 8 | 35 | 4 |
| 30/05/03 | 29.9 | 3.8 | 1.07±0.06 | 8 | 28 | 4 |
| 25/07/03 | 27.7 | 3.4 | 1.07±0.01 | 8 | 26 | 3 |
| 08/08/03 | 27.6 | 3.5 | 1.06±0.03 | 8 | 26 | 3 |
| 03/10/03 | 30.5 | 4.0 | 1.14±0.00 | 8 | 27 | 3 |

## 제6절 침강량과 침강속도

엽록소 $a$ 농도 침강량은 $11.1 \sim 27.1$mg Chl.$a$ m$^{-2}$ day$^{-1}$의 범위로 10월 말에 가장 높았으며 8월에 가장 낮았다(Fig 3-17, Table 3-3). 엽록소 $a$ 농도의 침강속도($S_v$)는 4월 11일에 0.55m day$^{-1}$로 가장 높았고 8월 8일에 0.2m day$^{-1}$로 가장 낮았으며, 남조류 기간 중에서는 5월에 0.4m day$^{-1}$로 가장 높았다.

부유물질과 휘발성고형물 침전율의 계절적인 변화는 엽록소 $a$ 침전율과 유사하였으며(r>0.90, $p$<0.01), 침강속도는 $0.8 \sim 3.6$m day$^{-1}$이였다. 부유물질 중 휘발성고형물은 평균 17%였고, 수층 내 부유물질 농도에 비해 침강량이 작았던 8월을 제외하고는 수층 내 부유물질 농도와 침강량은 양의 상관성을 보였다(r=0.82, $p$=0.024, n=7).

TP 침강량은 $16.0 \sim 44.8$mg P m$^{-2}$ day$^{-1}$의 범위로 10월에 가장 높았고 6월에 가장 낮았다. 8월을 제외하고는 TP 침강량은 표층과 중층의 평균 엽록소 $a$ 농도(r=0.81, $p$=0.027, n=7)와, 총인 농도(r=0.76, $p$=0.05, n=7) 특히 입자성 인(r=0.78, $p$=0.038, n=7) 농도와 양의 상관성을 보였다.

반면에 TN 침강량은 수위감소 직전인 5월 말에 222.4mg N m$^{-2}$ day$^{-1}$로 가장 높았고 3월에 101.8mg N m$^{-2}$ day$^{-1}$로 가장 낮았으며, 침강율($S_r$)은 계절에 따른 변화 없이 다른 항목에 비해 매우 낮은 수준이었다(Table 3-3).

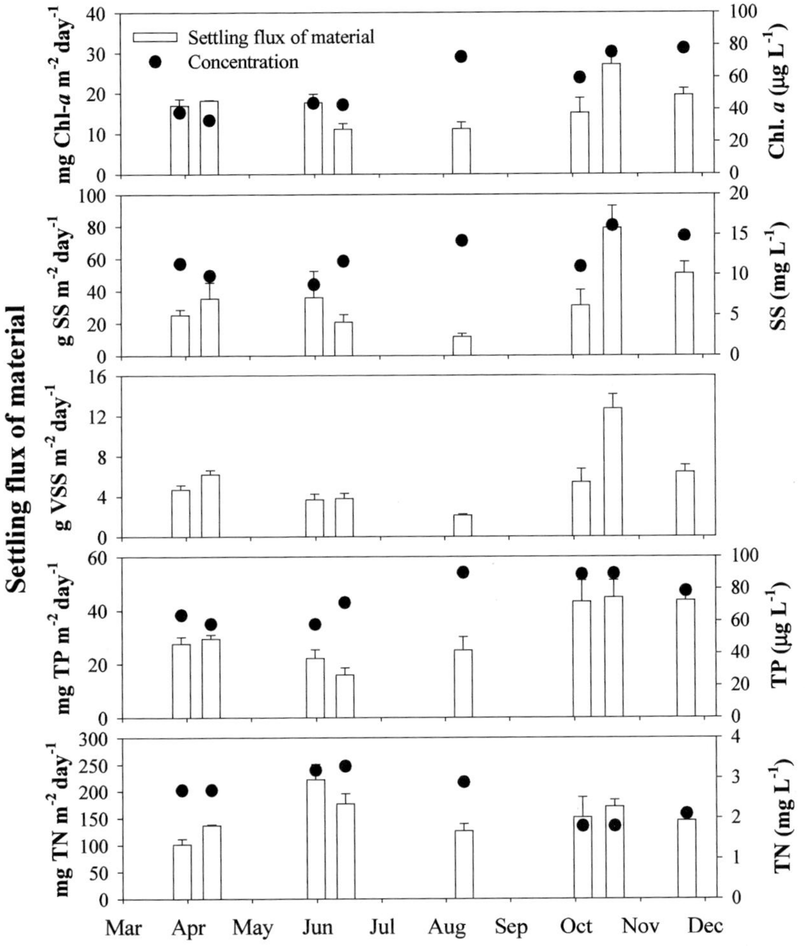

Fig. 3-17. Settling flux of Chl.*a*, SS, VSS, TP and TN, and average concentration of Chl.*a*, SS, TP and TN in water column (epilimnion and metalimnion) before and after trap establishment from March to November, 2003.

Table. 3-3. Settling flux of material(Sf), settling velocity(Sv) and settling rate(Sr) in shingu reservoir from March to November. 2003

| Date | Chl.a | | | | SS | | | | TP | | | | TN | | | |
|---|---|---|---|---|---|---|---|---|---|---|---|---|---|---|---|---|
| | Conc. | Sf | Sv | Sr | Conc. | Sf | Sv | Sr | Conc. | Sf | Sv | Sr | Conc. | Sf | Sv | Sr |
| | μg L⁻¹ | mg m⁻²day⁻¹ | m day⁻¹ | day⁻¹ | mg L⁻¹ | g m⁻²day⁻¹ | m day⁻¹ | day⁻¹ | μg L⁻¹ | mg m⁻²day⁻¹ | m day⁻¹ | day⁻¹ | mg L⁻¹ | mg m⁻²day⁻¹ | m day⁻¹ | day⁻¹ |
| Mar. 28 | 38.2±10.5 | 17.0±1.6 | 0.45 | 0.07 | 11.4±1.9 | 25.1±3.5 | 2.2 | 0.33 | 63.9±8.1 | 27.5±2.6 | 0.43 | 0.07 | 2.7±0.1 | 101.8±9.7 | 0.04 | 0.01 |
| Apr. 11 | 33.4±5.7 | 18.2±0.1 | 0.55 | 0.08 | 9.9±0.4 | 35.4±9.9 | 3.6 | 0.51 | 58.3±2.5 | 29.5±1.5 | 0.51 | 0.07 | 2.7±0.0 | 136.5±2.3 | 0.05 | 0.01 |
| May 30 | 43.9±4.3 | 17.7±2.1 | 0.40 | 0.06 | 8.8±1.7 | 22.3±3.5 | 2.5 | 0.38 | 58.1±5.1 | 22.1±3.2 | 0.38 | 0.06 | 3.2±0.0 | 222.4±28.9 | 0.07 | 0.01 |
| Jun 13 | 42.9±5.3 | 11.1±1.4 | 0.26 | 0.05 | 11.7±1.3 | 20.7±4.6 | 1.8 | 0.31 | 71.5±8.4 | 16.0±2.6 | 0.22 | 0.04 | 3.3±0.1 | 176.9±18.9 | 0.05 | 0.01 |
| Aug. 8 | 72.6±26.4 | 11.2±1.6 | 0.15 | 0.02 | 14.2±1.2 | 11.7±1.9 | 0.8 | 0.11 | 90.0±10.4 | 25.1±5.1 | 0.28 | 0.04 | 2.9±0.3 | 126.2±13.3 | 0.04 | 0.01 |
| Oct. 3 | 59.5±8.3 | 15.1±3.7 | 0.25 | 0.04 | 11.0±3.1 | 30.8±9.8 | 2.8 | 0.43 | 88.9±11.0 | 43.2±7.9 | 0.49 | 0.07 | 1.8±0.2 | 151.3±36.9 | 0.08 | 0.01 |
| Oct. 18 | 75.4±7.7 | 27.1±2.2 | 0.36 | 0.06 | 16.1±1.9 | 79.0±13.7 | 4.9 | 0.76 | 89.3±10.7 | 44.8±6.4 | 0.50 | 0.08 | 1.8±0.1 | 170.9±12.8 | 0.10 | 0.01 |
| Nov. 21 | 77.7±27.2 | 19.6±1.6 | 0.25 | 0.04 | 14.8±2.0 | 43.9±6.1 | 3.0 | 0.47 | 78.5±2.8 | 43.6±2.8 | 0.55 | 0.09 | 2.1±0.1 | 145.1±17.0 | 0.07 | 0.01 |

Conc.: concentration of Chl.a, SS, TP and TN in water column (epilimnion and metalimnion) before and after trap establishment.

## 제7절 유입부하량

유역에서 두 유입수로로 유입되는 인의 대부분은 용존형태였으며, 인 유입부하량은 유입수량과 양의 상관성을 나타냈다(r=0.97, $p<0.001$)(Fig 3 -18). 유역으로부터 유입되는 총인 부하량은 159.0kgP yr$^{-1}$였고, 이 중 용존형태의 인 부하량은 총인의 86.8%에 해당하는 138.0kg P yr$^{-1}$였고, 식물 플랑크톤에 의해 직접 이용될 수 있는 용존무기인 부하량은 126.3kg P yr$^{-1}$으로 총인의 77.7%에 해당하였다(Table 3-3). 수표면적당 인 부하량 은 조사 기간 실측된 자료를 통해 계산된 수표면적당 인 부하량은 1.6g m$^{-2}$ yr$^{-1}$이였다. 강우량이 많았던 시기가 현장 조사에서 제외되었기 때문 에 HEC-HMS로 예측된 일일 유입수량을 실측된 유입수량과 인유입부하 량과의 관계식을(Fig 3-18) 이용해 유입부하량 산출한 결과를 토대로 계 산된 수표면적당 인 부하량은 4.1g m$^{-2}$ yr$^{-1}$로 실측된 값에 비해 3배 정도 높았다(Fig 3-19). 저수지로 유입되는 수표면적당 인부하량은 비록 실측 치와 예측치 사이에 3배 정도의 차이가 있었으나 모두 과잉임계부하량을 상회하였다(Fig 3-20). 유입수량이 많을수록 유입수 내 총인 농도 또한 증가하는 경향을 나타냈으며(r=0.69, $p<0.001$)(Fig 3-21) 1년 중 강우량 이 많았던 7월 25일 하루 동안에는 연간 총인 유입부하량 중 40.5%가 유 입되었고, 11월 8일에도 17.1%가 유입되었다(Table 3-3).

총질소 부하량은 5.0ton yr$^{-1}$로 총인 부하량에 비해 30배 정도 많았으며, 총질소 부하 중 무기질소 부하량은 3.9ton yr$^{-1}$로 총질소의 78%였다. 유입 수량 증가에 따른 총인 농도와 유사하게 총질소 농도 또한 유입수량이 많 을수록 증가하는 경향을 나타냈으며(r=0.48, $p<0.001$)(Fig 3-21) 총인 유 입부하량이 많았던 7월에 질소 또한 연간 총질소 유입부하량의 45.7%가 유입되었다(Table 3-4).

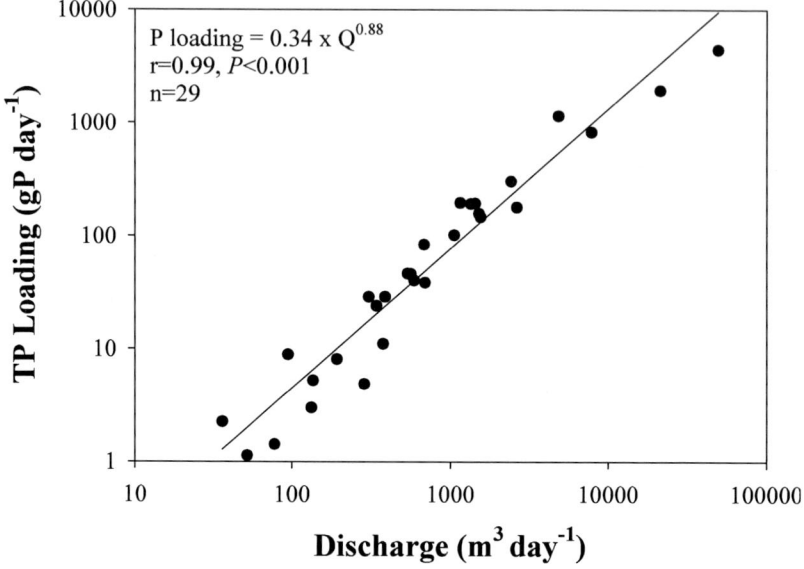

Fig. 3-18. Relationships between discharge and TP loading from two inflows of Shingu reservoir from November 2002 to January 2004.

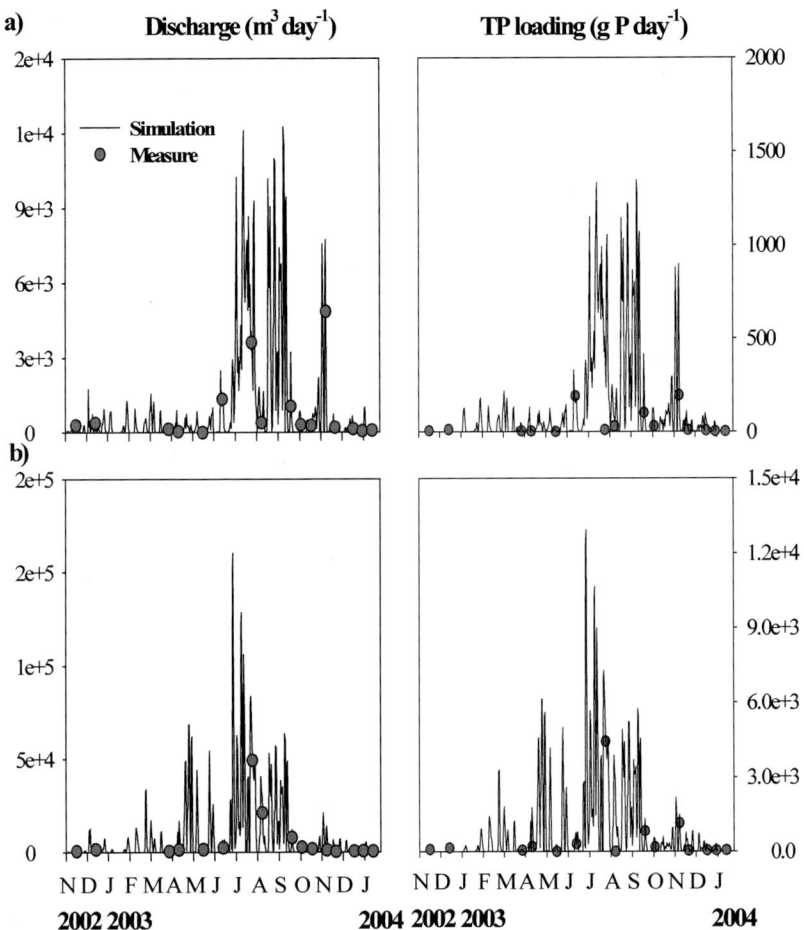

Fig. 3-19. Temporal variation of discharge and TP loading from two inflows(a: Inflow 1, b: Inflow 2) of Shingu reservoir from November 2002 to January 2004.

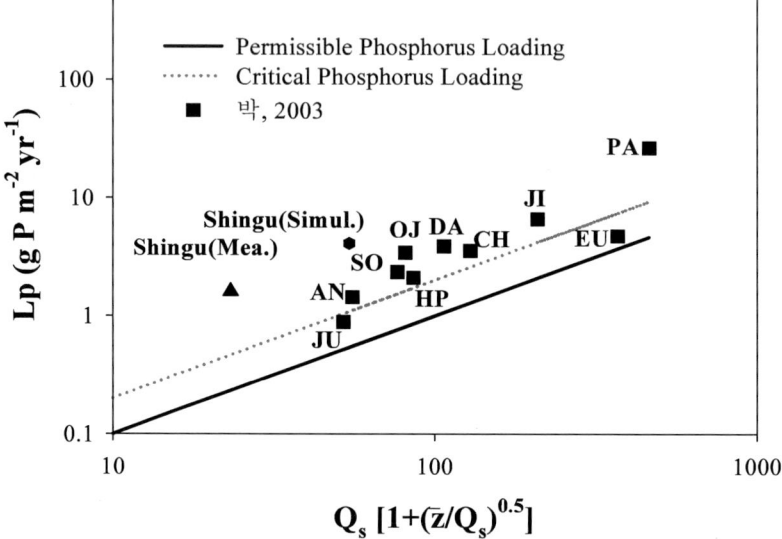

Fig. 3-20. Plot of phosphorus loading and critical loading of Vollen-weider-OECD model in Shingu reservoir and several Korean reservoirs. AN, JU, SO, HP, OJ, DA, CH, JI, EU, PA denotes L. Andong, L. Juam, L. Soyang, L. Hapchon, L. Okjong, L. Daechong, L. Choongju, L Jinyang, L. Euiam and L. Paldang, respectively.

Table 3-4. Discharge, SS, TN, DIN, TP and DTP in inflow of Shingu reservoir from November 2002 to February 2004

| Date Day/Mon/Yr | Discharge m³ day⁻¹ | TN mg L⁻¹ | TN kg day⁻¹ | DIN mg L⁻¹ | DIN kg day⁻¹ | TP μg L⁻¹ | TP g day⁻¹ | DTP μg L⁻¹ | DTP g day⁻¹ | DIP μg L⁻¹ | DIP g day⁻¹ |
|---|---|---|---|---|---|---|---|---|---|---|---|
| 15/11/02 | 960.6 | 4.7 | 4.6 | 4.0 | 3.8 | 92.0 | 88.4 | 71.7 | 68.8 | 60.5 | 58.1 |
| 13/12/02 | 1,922.1 | 2.3 | 4.4 | 4.9 | 9.4 | 82.1 | 157.7 | 69.9 | 134.4 | 63.4 | 121.9 |
| 28/03/03 | 665.6 | 2.6 | 1.7 | 1.7 | 1.1 | 73.9 | 49.2 | 65.3 | 43.5 | 55.6 | 37.0 |
| 11/04/03 | 1,464.9 | 2.6 | 3.9 | 2.7 | 3.9 | 133.7 | 195.8 | 127.8 | 187.2 | 100.4 | 147.1 |
| 16/05/03 | 1,512.2 | 5.1 | 7.7 | 4.1 | 6.2 | 104.3 | 157.7 | 90.4 | 136.7 | 78.7 | 119.0 |
| 13/06/03 | 3,761.0 | 7.1 | 26.7 | 5.4 | 20.2 | 131.7 | 495.3 | 87.5 | 329.2 | 66.9 | 251.6 |
| 25/07/03 | 35,155.7 | 3.2 | 112.4 | 2.3 | 81.0 | 90.3 | 3,173.6 | 80.9 | 2,842.8 | 76.1 | 2,676.8 |
| 08/08/03 | 6,535.6 | 2.4 | 15.4 | 1.8 | 11.5 | 90.2 | 589.8 | 81.8 | 534.7 | 73.9 | 482.7 |
| 19/09/03 | 8,885.1 | 2.4 | 21.4 | 1.9 | 17.3 | 104.3 | 926.6 | 86.6 | 769.1 | 74.5 | 662.3 |
| 03/10/03 | 2,682.2 | 2.4 | 6.4 | 1.9 | 5.2 | 71.2 | 191.0 | 58.8 | 157.8 | 50.4 | 135.3 |
| 18/10/03 | 2,599.8 | 2.4 | 6.2 | 2.1 | 5.5 | 76.3 | 198.5 | 75.4 | 196.0 | 70.8 | 184.1 |
| 08/11/03 | 5,996.8 | 3.4 | 20.6 | 2.7 | 16.4 | 224.1 | 1,343.8 | 201.3 | 1,207.1 | 196.2 | 1,176.3 |
| 21/11/03 | 531.2 | 3.4 | 1.8 | 3.2 | 1.7 | 60.3 | 32.1 | 54.0 | 28.7 | 52.7 | 28.0 |
| 17/12/03 | 720.6 | 3.7 | 2.7 | 3.5 | 2.5 | 63.0 | 45.4 | 58.8 | 42.3 | 55.6 | 40.0 |
| 30/12/03 | 738.7 | 4.9 | 3.6 | 3.8 | 2.8 | 53.6 | 39.6 | 52.1 | 38.5 | 43.2 | 31.9 |
| 13/01/04 | 635.0 | 3.4 | 2.1 | 2.7 | 1.7 | 74.5 | 47.3 | 51.4 | 32.6 | 45.0 | 28.6 |
| 27/01/04 | 1,316.7 | 2.7 | 3.6 | 2.3 | 3.0 | 74.1 | 97.6 | 36.8 | 48.4 | 31.8 | 41.9 |
| 17/02/04 | 191.3 | 3.3 | 0.6 | 3.0 | 0.6 | 62.3 | 11.9 | 41.5 | 7.9 | 39.8 | 7.6 |

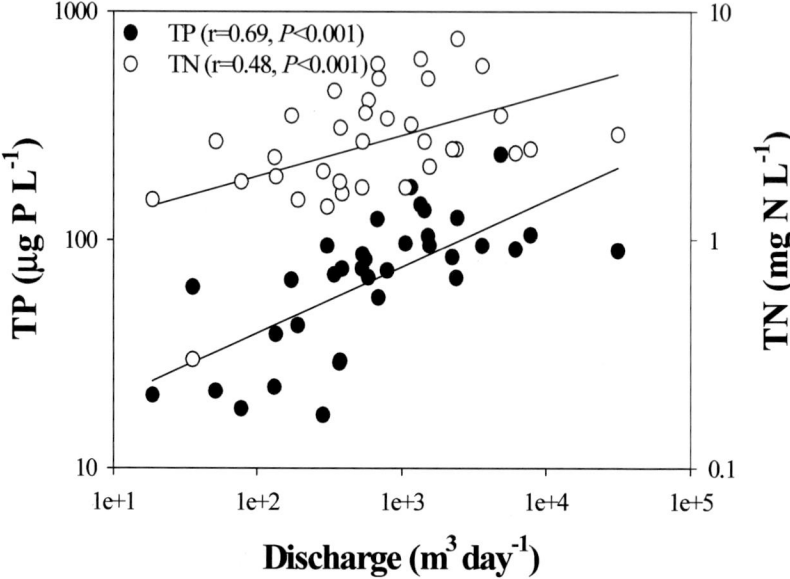

Fig. 3 - 21. Relationships between discharge and TP, TN concentration from two inflows of Shingu reservoir from November 2002 to January 2004.

## 제8절 조류 성장역학

단일 제한 영양염으로 인 농도에 따른 성장반응에 사용된 현장에서 채집된 식물플랑크톤 군집 내 우점종은 3월과 4월에 *Aulacoseira* spp.를 제외하고는 *Microcystis* spp.이었다. 유역으로부터의 인, 질소 유입부하량이 많았고 수온도 높았던 2003년 7월과 8월의 낮은 최대 성장률($\mu_{max}$)을 제외하고는 10~25℃의 수온 범위에서는 수온과 양의 상관성(r=0.95, p<0.001)을 나타냈고 수온 10℃ 증가 시 성장률은 2배 증가하였다($Q_{10}$≒2)(Fig 3-22). 최대 성장률은 9월에 1.09로 가장 높게 나타난 반면, 7월에 0.40day$^{-1}$로 가

장 낮았다(Table 3-5). 계절별로는 5월과 6월 그리고 9월과 10월에 성장률이 수온이 낮은 11월과 12월 그리고 많은 강우량으로 유역으로부터 인과 질소 유입부하량이 많았던 7월과 8월에 비해 높았다. $\mu_{max}/k_s$비는 5.13∼0.51의 범위로 5월 16일에 가장 높았다(Table 3-5).

인이 첨가되지 않은 배양액에서의 식물플랑크톤 성장률은 초기 접종된 엽록소 $a$ 농도와 하루 동안에 감소된 배양액 내 무기인 농도로부터 계산된 인 흡수율이 높을수록 감소하는 것으로 나타났다(r=0.91, p<0.001)(Fig 3-23). 저수지 내 엽록소 $a$ 농도 또한 남조류가 우점한 일부 몇몇 시기를 제외하고 인 흡수율과 역의 상관성이 있었다(r=0.76, p=0.01)(Fig. 3-24, 25).

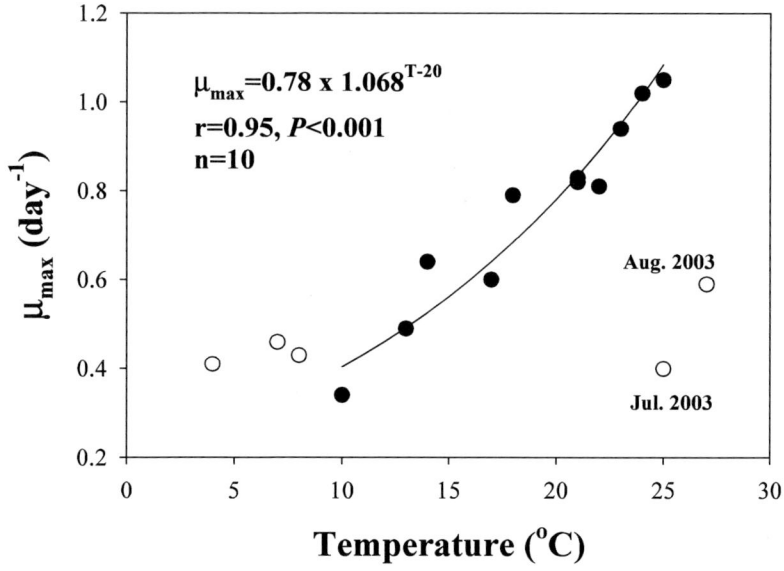

Fig. 3-22. Relationships between temperature and maximum growth rate ($\mu_{max}$) for phytoplankton assemblages in Shingu reservoir from November 2002 to November 2003. Open circles are excluded data from linear regression.

Table. 3-5. Growth kinetic parameters for phytoplankton assemblages in Shingu reservoir from November 2002 to November 2003

| Date (Day/Mon/Yr) | Dominant species | DIP μg L⁻¹ | Temp. In Situ | Temp. Culture | Chl.$a$[1] μg L⁻¹ | Cells[2] ×10³ | Growth kinetic | | | | |
|---|---|---|---|---|---|---|---|---|---|---|---|
| | | | | | | | $\mu_{max}$ | $k_s$ | $\mu_{max}/k_s$ | Uptake rate (μg P μg Chl.$a$⁻¹ day⁻¹) | growth rate in control (day⁻¹) |
| 1/11/02 | Microcystis spp. | 4.3 | 11.8 | 17 | 5.2 | 8.1 | 0.60 | 0.60 | 1.00 | 0.77 | 0.05 |
| 13/12/03 | Microcystis spp. | 5.6 | 4.0 | 4 | 1.4 | 10.5 | 0.41 | 0.69 | 0.59 | 1.40 | 0.14 |
| 14/03/03 | Aulacoseira spp. | 3.1 | 7.0 | 7 | 4.4 | 4.4 | 0.46 | 0.72 | 0.64 | 4.52 | 0.06 |
| 28/03/03 | Aulacoseira spp. | 2.2 | 10.1 | 10 | 2.8 | 5.1 | 0.34 | 0.67 | 0.51 | 4.52 | 0.10 |
| 11/04/03 | Aulacoseira spp. | 2.8 | 12.6 | 13 | 7.8 | 9.9 | 0.49 | 0.63 | 0.78 | 7.11 | 0.25 |
| 16/05/03 | Microcystis spp. | 3.2 | 20.8 | 21 | 7.8 | 6.4 | 0.82 | 0.16 | 5.13 | 5.65 | 0.49 |
| 30/05/03 | Aphanocapsa sp. | 3.7 | 21.6 | 22 | 4.5 | 9.2 | 0.81 | 0.40 | 2.03 | 21.30 | 0.03 |
| 13/06/03 | Microcystis spp | 3.3 | 22.6 | 23 | 18.4 | 18.6 | 0.94 | 0.55 | 1.72 | 2.29 | 0.37 |
| 25/07/03 | Microcystis spp | 2.7 | 24.6 | 25 | 61.1 | 30.1 | 0.40 | 0.66 | 0.60 | 0.38 | 0.15 |
| 08/08/03 | Microcystis spp | 8.8 | 26.4 | 27 | 12.6 | 10.0 | 0.59 | 0.31 | 1.93 | 2.64 | 0.28 |
| 19/09/03 | Microcystis spp | 7.0 | 23.6 | 24 | 7.1 | 13.7 | 1.02 | 1.05 | 0.97 | 4.32 | 0.09 |
| 03/10/03 | Microcystis spp | 0.6 | 21.1 | 21 | 11.3 | 29.2 | 0.83 | 1.32 | 0.63 | 4.66 | 0.01 |
| 18/10/03 | Microcystis spp | 3.8 | 17.9 | 18 | 8.1 | 22.3 | 0.79 | 1.52 | 0.52 | 4.91 | 0.10 |
| 08/11/03 | Microcystis spp | 3.6 | 14.0 | 14 | 11 | 17.9 | 0.64 | 0.89 | 0.72 | 3.88 | 0.00 |

1: Chl.$a$ concentration of inoculum at the start of experiment.

2: Cells number of inoculum at the start of experiment.

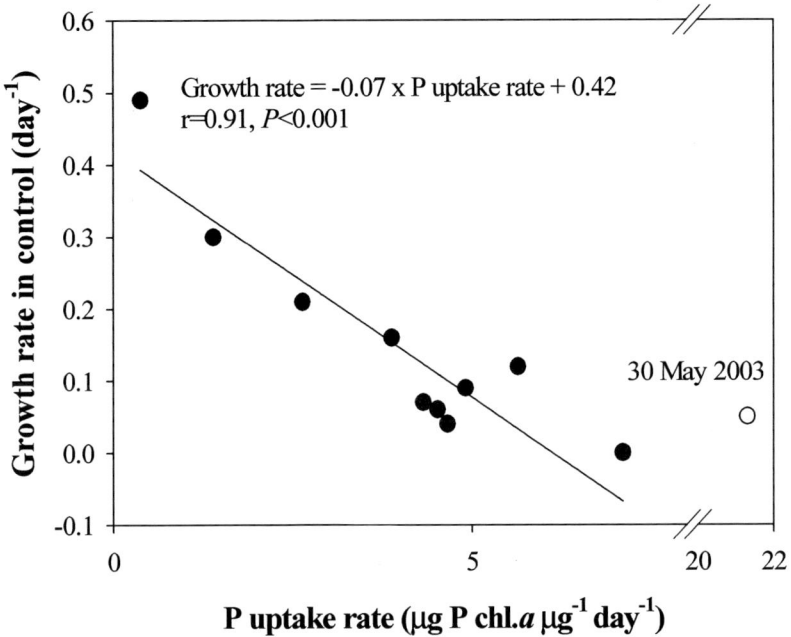

Fig. 3－23. Relationships between P uptake rate and growth rate in control without P for phytoplankton assemblages in Shingu reservoir from November 2002 to November 2003. Open circle is excluded data from linear regression.

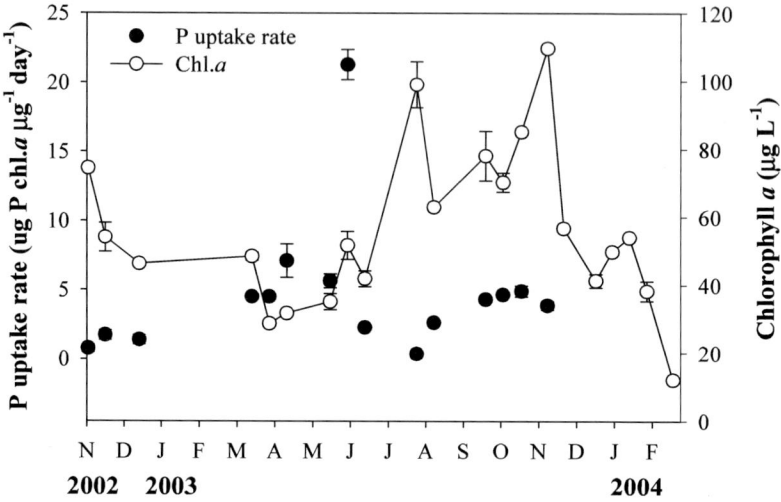

Fig. 3-24. Temporal variation of P uptake rate and Chl.$a$ concentration in Shingu reservoir from November 2002 to January 2004.

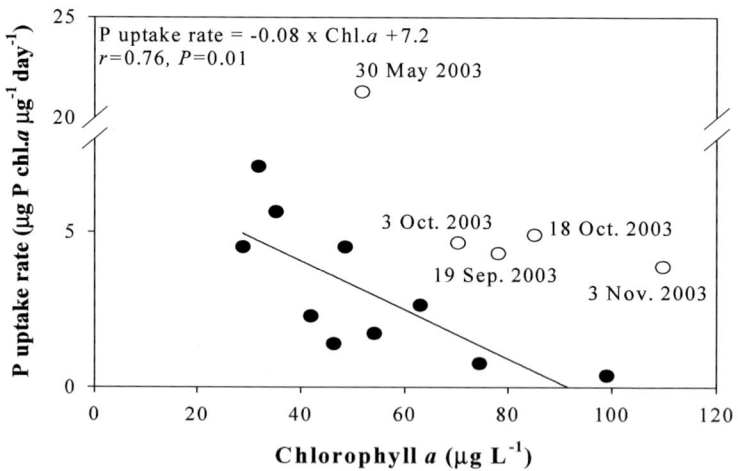

Fig. 3-25. Relationships between P uptake rate and Chl.$a$ concentration in water column of Shingu reservoir from November 2002 to November 2003. Open circles are excluded data from linear regression.

## 제9절 수온, 영양염, 광도에 따른 식물플랑크톤 성장반응

겨울철 식물플랑크톤 성장은 인에 의해 제한되었고, 본 실험에서 조성된 조건의 광도에 비해 수온에 따른 성장률의 큰 차이가 있었다(Fig 3-26). 2003년 12월부터 2004년 2월까지 4회에 걸쳐 수행된 NEB(Nutrient Enrichment Bioassay) 실험 모두에서 인이 첨가된 경우에 식물플랑크톤의 성장반응이 크게 나타난 반면 질소가 처리된 곳에서의 성장은 영양염이 첨가되지 않은 대조구와 유사하였다($p > 0.05$, ANOVA). 2003년 12월 30일과 2004년 1월 13일 수행된 20℃ 수온과 85±5$\mu$ E m$^{-2}$ s$^{-1}$광도조건의 인 그리고 인과 질소가 모두 첨가된 처리구에서의 성장률이 50±5$\mu$ E m$^{-2}$ s$^{-1}$광도와 4, 3℃의 수온조건의 처리구에 비해 각각 평균 2.3, 4.9배 높았고, 동일한 광도(50±5$\mu$ E m$^{-2}$ s$^{-1}$) 조건에서의 1℃ 수온 차이는 약 2배의 성장률 차이를 보였다. 2004년 1월 27일에 광도는 동일하나 수온이 2℃인 조건에서 인 그리고 인과 질소가 모두 첨가된 처리구에서의 성장률은 수온이 20℃로 조절된 처리구에 비해 평균 9.8배 낮았다.

2004년 2월 17일에는 식물플랑크톤 성장에 대한 수온과 광도의 영향 정도를 평가하기 위해 수온은 동일하나 광도가 상이한 조건, 그리고 광도는 동일하나 수온이 다른 조건에서의 성장률을 비교하였다. 수온은 20℃로 동일하나 광도가 85±5$\mu$ E m$^{-2}$ s$^{-1}$와 20±2$\mu$ E m$^{-2}$ s$^{-1}$로 상이한 조건의 인 그리고 인과 질소가 첨가된 처리구에서 약 4배의 광도 차이는 평균 1.8배의 성장률의 차이를 보였다. 광도가 85±5$\mu$ E m$^{-2}$ s$^{-1}$로 동일한 인과 질소가 첨가된 처리구에서 수온이 20℃인 처리구에서의 성장률이 5℃인 처리구에 비해 평균 5배 정도 높았다. 수온과 광도가 상이한 조건의 성장률 비교에서는 20℃, 광도 20±2$\mu$ E m$^{-2}$ s$^{-1}$ 조건에서의 성장률은 수온 5℃, 광도 85±5$\mu$ E m$^{-2}$ s$^{-1}$의 처리구에 비해 평균 2.6배 높았다.

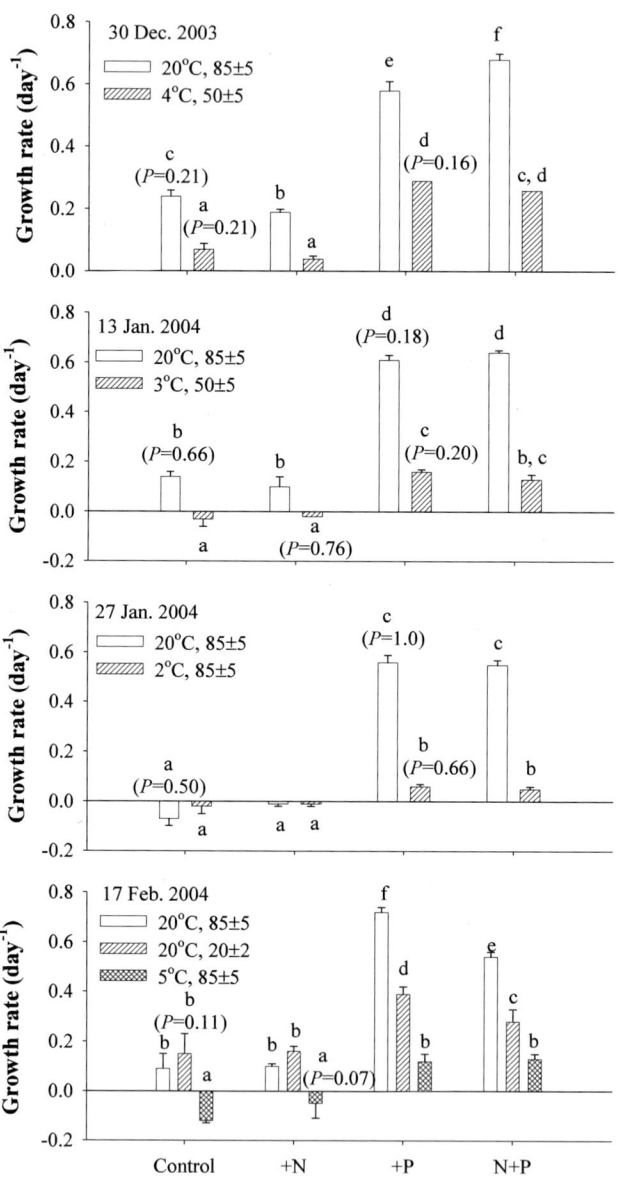

Fig. 3-26. Growth rate of phytoplankton in the addition of nutrients in Shingu reservoir from December 2003 to February 2004.

# 제10절 고 찰

결빙된 수표면의 해빙과 얕은 수심에도 불구하고 수온상승에 따라 형성된 성층 그리고 강우에 따른 유입 부하량의 계절에 따른 차이는 저수지 내 수질의 계절적, 수직적 변화의 원인이었다. 결빙된 수표면의 해빙 시에 암모니아성 질소와 질산성 질소의 뚜렷한 증가(Agbeti and Smol, 1995; 조와 신, 1997, 1998; 신 등, 2000)는 결빙 기간 동안에 미생물 활동으로 생성된 암모니아의 축척과 이를 이용하는 식물플랑크톤의 낮은 수온에서의 성장억제에 따른 영양염 이용률 감소 등에 의해 야기될 수 있다(Odum, 1959; Talling, 1962; LØvatad and BjØrndalen, 1990). 본 연구에서도 암모니아성 질소와 질산성 질소의 뚜렷한 증가가 관찰되었으며, 수체 내 무기질소의 증가는 총질소 농도의 증가의 직접적인 원인이었다($r=0.93$, $p<0.001$). 총인 농도는 유역으로부터의 인 유입부하량이 많았던 7월과 8월에 봄철에 높은 농도를 나타낸 질소 농도가 감소한 것과 달리 증가하는 경향을 보였다. 유입수량 증가에 따른 유입수 내 농도 증가는 질소($r=0.48$, $p<0.001$)보다는 인($r=0.69$, $p<0.001$)에서 뚜렷하게 나타났으며, 총인 농도는 인 유입부하량이 많았던 7월과 8월에 증가한 반면, 질소 농도는 감소하는 경향을 보였다. 이와 유사하게 박(2003)은 국내 12개 저수지에서 총질소가 춘계에 무기질소의 증가로 인해 높은 농도를 나타낸 반면 총인 농도는 유입유량이 증가한 하계에 증가함을 제시한 바 있다.

유역으로부터 저수지로 유입되는 수표면적당 인 부하량에 대한 실측과 예측 값은 각각 1.6과 $4.1g \ m^{-2} \ yr^{-1}$로 과잉 임계부하량을 초과하는 것으로 나타났으며 이를 토대로 할 때 본 연구대상 저수지의 부영양화는 유역으로부터의 인 과다유입에 기인된 것으로 판단된다. Vollenweider(1976)의 인 부하모델 크기가 다른 호수들에서 유입되는 인 부하량이 호수수질에 대한 영향을 비교하기 위해 평균수심과 체류시간을 고려하여 개발된 것으로, 수질을 예측하고 환경용량을 산정하는 데 사용되고 있다(김 등, 1995a; 김 등, 1995c). 임계부하량 모델을 토대로 할 때, 신구저수지를 중영양호의 수질로 유지하기 위해서는 실측된 총인 수표면적당 인 부하량의 경우 0.47g m$^{-2}$ yr$^{-1}$ 이하가 되어야 하며, 이는 총인 유입부하량(159kg yr$^{-1}$)의 71% 감소가 요구된다. 이러한 목표 수질을 위해 요구되는 실측된 유입수 연평균 농도 92.8$\mu$g L$^{-1}$는 총인 부하량과 연간유입수량으로부터 환산하면 29.8$\mu$g L$^{-1}$를 유지해야 한다. 그러나 몬순기후의 기후적 특성을 가지는 국내 저수지에서 집중 강우 시에 대량으로 유입되는 인이 그대로 방류되거나(박 2003), 유역으로부터 유입된 무기입자에 의한 빛 제한 때문에 유입 인 부하로 예측되는 저수지 생산력에는 차이가 있을 수 있다. 따라서 Vollenweider(1976)의 인 부하모델은 서로 다른 크기의 저수지 비교는 가능하나 이를 통해 예측되는 환경용량이 어느 정도 부합되는지를 확인하는 연구가 필요하다.

식물플랑크톤 성장에 이용 가능한 총질소와 총인 중 용존형태의 비율은 질소는 용존무기 형태(58.7%)가, 인은 입자형태(79.9%)로의 존재비율이 높아 질소에 비해 인의 잠재적 제한 가능성이 높은 것으로 나타났다. 이러한 결과는 영양염 첨가에 따른 식물플랑크톤의 성장반응에 대한 앞선 실험에서 확인된 바 있다(김과 황, 2004). 박(2003)은 국내 12개 주요 대형저수지의 수체 내 총질소 중 무기질소가 본 연구 대상저수지에서와 유사하게 평균 63%임을 보고하였다. 용존 총인과 용존무기인은 각각 54%와 24%로 본 연구에서 나타난 총인 중 용존 총인(20.1%)과 용존무기인(6.6%)의 비율과는 높은 차이가 있었다. 자연호에 비해 인공호에서 짧은 체류시간과 빛 제한에 따른 식물플랑크톤의 무기인 이용률의 감소로(박, 2003) 용존인이 높은 비율로 존재하는 것으로 알려져 있다(Lillie and Mason, 1983; Prepas and Rigler, 1982; Tarapchak et al., 1982). 그러나 본 연구 대상저수지가 인공호임에도 불구하고 외국의 자연호에서 보고되고 있는 수체 내 무기인의 비율(5% 이하)과 유사하였다. 이러한 결과는 비록 구조적으로 인공호이나 비교된 국내 12개 인공호에 비해 식물플랑크톤 성장에 대한 체류시간이나 빛 제한의 영향이 상대적으로 적음을 시사한다. 본 연구대상 저수지가 유입수량이 적은 배수구역의 말단부에 위치해 있고 관개용수 이용에 따른 저수지 물의 인위적인 배제나 집중 강우 시 유입수량 증가에 따라 자연적으로 방류되는 시기 외에는 유출이 증발산이나 지하수로의 침투에 한정되기 때문에 식물플랑크톤의 성장을 위한 수리학적 체류시간은 충분할 것으로 생각할 수 있다. 식물플랑크톤 성장과 관련된 빛 조건은 연구 기간 동안에 $Z_{eu}/Z_m$이 평균 0.4로 하루 중 낮 시간을 12시간으로 가정 시 유광대층에 머무르는 시간은 4.8시간으로, $Z_{eu}/Z_m$이 1인 조건에 비해 단위면적당 식물플랑크톤 생산력은 빛 제한에 의해 감소될 수 있는 환경이었다(Kimmel and White, 1979). 그러나 여름철 높은 수온에도 불구하고 수심 간의 수온 차($0.4 \sim 1℃\ m^{-1}$)가 작았기 때문에 바람에 의한 교란으로 유광대층 속으로 재순환하는 빈도는 깊은 호수에 비해 빈번할 수 있기 때문에 하루 중 계산된 4.8시간보다 더 오랜 시간 동안 유광층에 머물렀을 것으로 생각된다. Reynolds(1989a)는 평균 풍속이 $2.5 \sim 5.0m\ s^{-1}$로 일정하게 유지되는 경우 10m 혼합층이 교란되는 데 소요되는 시간이 10~20분 정도이며, Ibelings 등(1991)과 Denman and Gargett (1983)는 동일한 조건에서 3m 혼합층이 불과 4~8분 안에 교란됨을 보고하였다. 또한 식물플랑크톤 군집 중 남조류는 $Z_{eu}/Z_m$이 작다 하더라도 부력조절을 통해 이동 가능하기 때문에 이러한 물리적 환경이 용존무기인을 흡수하여 성장에 이용함에 있어 미치는 영향은 다른 조류 종들에 비해 적을 것이다.

신구저수지에서 식물플랑크톤의 계절적인 천이는 3월부터 5월까지 규조류와 편모조류 그리고 녹조류의 현존량 증가를 제외하고는 남조류가 우점하였고, 남조류 우점기간 동안 종 조성의 변화가 관찰되었다. PEG

(Plankton Ecology Group)모델에서 조사된 24개의 서로 다른 호수, 저수지 그리고 연못에서 나타나는 식물플랑크톤과 동물플랑크톤의 계절적인 천이는 불규칙적인 물리적 사건들에 의해 교란될 수 있다 하더라도, 예측이 가능하고 방향성이 있는 것으로 이해되고 있다(Sommer et al., 1986). 온대 담수호에서 여름에 비해 상대적으로 일조시간이 짧고 수온이 낮은 봄과 가을에는 규조류가 우점하고, 여름으로 갈수록 남조류의 생물량이 증가하는 것이 일반적인 현상이다(Sommer et al., 1986). 본 연구에서 나타난 식물플랑크톤의 종 천이는 봄에 규조류가 우점하고 여름부터 남조류가 우점한 것은 PEG 모델과 일치하였으나 가을철에 규조류 현존량의 증가 없이 결빙 기간을 포함하여 봄철 규조류가 증가하기 전까지 남조류가 우점하는 차이가 있었다. 남조류의 출현 시기와 우점 기간은 영양상태가 증가할수록 빨라지고 길어지는 것으로 알려져 있으며(Reynolds, 1984), 남조류 우점 기간이 PEG모델에서 제시된 것과 비교해 긴 시간 유지되는 것은 본 연구대상 저수지의 영양상태가 매우 높은 수준임을 제시한다. Romo and Miracle (1994)는 1970~1980년대까지 진행된 Albufera 호에서의 계절에 따른 식물플랑크톤 군집변화에 대한 장기간에 걸친 연구에서 여름과 가을에 우점한 사상성남조류인 Oscillatoria의 수온에 대한 민감도가 영양염이 높은 시기에는 상대적으로 감소하여 남조류의 우점 기간이 길어짐을 제시한 바 있다. 겨울철 결빙을 경험하는 본 연구대상 저수지에서 겨울철 Oscillatoria spp.와 Aphanizomenon과 같은 남조류가 우점한 것은 유입수나 수체 내 순환과정을 통해 낮은 수온의 환경에 적응하기에 충분한 인이 공급되어 나타난 결과로 유추할 수 있다.

식물플랑크톤의 최대 현존량의 발생시기와 정도는 유역으로부터의 유입되는 인 부하량과 희석률에 의해 영향을 받으며, 유입된 인은 빠른 시간 내에 식물플랑크톤에 의해 동화되는 것으로 나타났다. 인 농도에 따른 반응으로서 식물플랑크톤의 성장률이나 인 흡수율을 토대로 예측된 식물플랑크톤 생물량 증가 시기 또한 현장에서의 높은 생물량이 나타난 시기와는 차이가 있었으며, 현장에서의 높은 생물량은 인 유입부하량과 관련이 있었다. 5월에 출현한 식물플랑크톤이 최대 성장률 대 반포화 농도의 비($\mu_{max}/K_s$)가 0.51로 가장 낮아 제한 영양염이 적은 농도에서 높은 성장잠재력을 가지는 생리적 상태였고(Healey and Hendzel, 1980) 9월에 최대 성장률이 $1.09day^{-1}$로 가장 높았으나 현장에서의 높은 엽록소 $a$ 농도는 7월과 11월에 연간 총유입부하량의 40.5%와 17.1%가 유입된 이후에 나타났으며 유입수량이 7월에 비해 적었던 11월에 가장 높은 밀도를 보였는데 이것은 7월에 유입수량 많았던 반면 엽록소 $a$ 농도가 높은($132.0\mu g\ L^{-1}$) 유출수가 발생했던 것과 달리 11월에는 유출수가 없었기 때문인 것으로 사료된다(김과 황, 2004). 제한 영양염류의 농도는 생물량을 결정하는 주 원인으로(Hutchinson, 1957; Reynolds et al, 1987; Carpenter and Kitchell, 1993; 김 등, 1999a) 식물플랑크톤 대발생은 외부로부터 많은 영양염류가 유입된 이후나(Lathrop and Carpenter, 1990; 김, 1998a), PEG모델에서 제시된 바와 같이 퇴적물로부터 재용출된 영양염류가 수층 내로 확산되는 혼합 시기에 야기된다(Sommer et al., 1986). 본 연구에서 유역으로부터 유입되는 인의 86.8%가 용존형태이고 이 중 용존무기인이 77.7%로 대부분이 식물플랑크톤에 의해 직접 이용될 수 있는 형태인 반면 저수지 내 총인의 대부분이 입자성 유기인(r=0.90, $p\langle0.001$)으로 엽록소 $a$ 농도와의 관계에서 나타난 양의 상관성(r=0.60, $p\langle0.003$)과, 인 유입부하가 가장 많았던 7월 25일에 현장 조류군집 인 흡수율이 $0.38\mu g\ P\ chl.a\ \mu g^{-1}\ day^{-1}$로 가장 낮았던 것은 유입된 인이 식물플랑크톤에 의해 빠르게 흡수되어 성장에 이용됨으로써 식물플랑크톤 밀도 증가의 원인이 되었다는 근거로서 제시될 수 있을 것이다. 식물플랑크톤 성장은 외부에서 공급되는 인을 충분히 세포 내 저장한 후, 인이 제한되는 시기에 시작되는 생리적 특성을 가지는 것으로 알려져 있고(Sommer, 1989), 본 연구에서도 배양 초기 인 흡수율이 적을수록 인이 첨가되지 않은 대조구에서의 식물플랑크톤 성장률뿐만 아니라 현장에서의 엽록소 $a$ 농도가 증가하는 경향을 보였다. 그러나 본 연구에서 예측된 성장률과 인 흡수율은 평형상태의 영양염이 공급되는 조건에서(Kilham, 1978) 잠재적 생물량 증가에 대한 평가이기 때문에 7월과 11월 현장에서의 높은 생물량에 앞서 5월($\mu_{max}/K_s=0.51$)과 9월($\mu_{max}=1.09day^{-1}$)에 성장잠재력이 높았던 식물플랑크톤의 생리적인 상태 또한 이후에 나타난 생물량 증가의 한 원인으로서 고려될 수 있을 것이다.

수온과 빛 그리고 영양염의 농도는 식물플랑크톤의 천이와 생물량을 결정하는 주 원인인 것으로 알려져 있으며(Hutchinson, 1957; Reynolds et al., 1987; Carpenter and Kitchell, 1993) 본 연구에서도 남조류 군집 내 우점종의 변화의 중요한 요인이었고, 영양염이 풍부한 상태의 5℃ 이하의 낮은 수온 범위에서 식물플랑크톤의 성장은 빛보다는 수온변화에 더 민감하게 반응하는 것으로 나타났다. Oscillatoria는 영양염 농도와 TN/TP비가 높고 낮은 수온과 광조건에서 우점하는 반면(Zevenboom et al., 1982; Wasmund, 1989; Cichra et al., 1995) Microcystis spp.는 TP농도가 높고 낮은 TN/TP비의 조건에서 우점하는 것으로 알려져 있다(Reynolds, 1993). 신구저수지에서도 남조류가 우점한 기간 중에 수온과 광도가 낮고 TN/TP비가 높았던 5월과 12월부터 규조류 밀도 증가 전까지 Oscillatoria가 우점하였고, 인 유입부하가 증가로 TP농도가 증가한 반면 TN농도가 감소함으로써 TN/TP비가 감소한 6월 중순 이후에 Microcystis spp.로의 우점종의 변화가 관찰되었다. 몇몇 연구에서 남조류 종간의 우점종의 변화는 광도와 수온에 따른 남조류 종간의 부력조절기능의 상실과 관련되어 설명되고 있다(Klemer, 1973; Walsby and Klemer, 1974; Klemer, 1976; Thomas and Walsby, 1986; Konopka et al., 1993). Konopka 등(1993)은 광도와 영양염이 Oscillatoria agardhii의 부력 조절 능력에 미치는 영향에 대한 연구를 위해 인($0.5mg$ P $L^{-1}$)과 질소($5mg$ N

$L^{-1}$) 그리고 탄소(24mg C $L^{-1}$)가 첨가된 container를 1m(표층광도의 30%), 2m(표층광도의 13%), 그리고 4.2m(표층광도의 1%) 수심에 설치하였고 광도가 높을수록 그리고 영양염이 첨가된 곳에서의 뚜렷한 부력상실을 보고한 바 있다. 퇴적층으로부터 1m 상층부에 trap을 설치하여 측정된 침전율의 계절적인 변화에서 *Oscillatoria* spp.의 밀도가 감소하는 시기인 5월 30일에 침강속도는 0.4m $day^{-1}$로 남조류가 우점했던 시기 중(5월~11월)에서는 가장 빨랐고 이것은 낮 시간의 길이와 입사광도의 증가로 *Oscillatoria* spp.가 부력 능력을 상실하여 퇴적층으로 침전된 결과로 추정된다. 동절기에 남조류의 생물량 감소와 더불어 *Microcystis* spp.에서 다시 *Oscillatoria*로의 우점종의 변화는 낮은 수온에서 *Microcystis* spp.의 성장률 감소와 부력기작 상실과 관련되어 설명될 수 있다. 본 연구에서 사용된 식물플랑크톤 종이 여러 종이 혼합된 상태임에도 불구하고 성장률은 온도와 밀접한 상관성을 보였다. 그러나 수온변화에 따른 성장률의 차이는 15~25℃ 수온 범위에서는 10℃ 증가 시 성장률이 2배로 증가한 반면 2~5℃의 낮은 수온범위에서는 1℃의 수온 차이가 약 2배의 성장률 차이를 유발하는 것으로 나타났다. 온대호수에서 수온변화에 따른 *Microcystis*의 성장률이 15℃ 이하의 수온에서 점차적으로 감소하고 (Krüger and Eloff, 1978; Nicklisch and Kohl, 1983; Kappers, 1984; Reynolds, 1984; Robarts and Zohary, 1987) 약 10℃에서 부력기작을 상실하여(Thomas and Walsby, 1986) 퇴적층으로 침전하는 것으로 제시된 바 있다(Reynolds, 1987).

동물플랑크톤에 의한 식물플랑크톤의 Top-down 효과는 성층이 형성된 5월에 관찰되었고, 이 시기에 우점종은 동물플랑크톤 군집 생물량(carbon biomass)의 83.5%(875.5±22.7)를 차지한 윤충류인 *Conochilus unicornis*였다. 대부분의 온대 호수에서 봄에 동물플랑크톤 천이 양상은 짧은 세대교번의 소형윤충류가 수일 내에 기하급수적인 증가한 이후 먹이원의 증가 시 크기가 크고 성장률이 느린 지각류와 요각류 종이 증가한다(Sommer *et al.*, 1986). 대형 동물플랑크톤의 증가와 섭식에 용이한 소형식물플랑크톤이 최대로 성장한 봄철에 성층이 형성되는 호수에서 나타나는 청수기 현상은 먹이생물의 고갈이나 섭식에 용이하지 않은 식물플랑크톤으로 천이가 일어나는 경우 멈추게 된다(Lampert *et al.*, 1986; Sommer *et al.*, 1986; Vanni and Temte, 1990; 김 등, 1999a). 본 연구에서 청수기 현상이 봄철 증가된 소형 윤충류에 의해 야기된 것은 식물플랑크톤 밀도의 뚜렷한 증가가 봄철이 아닌 7월에 먹이원으로서의 영양적 가치가 적은 남조류(Lampert, 1987; Benndorf and Henning, 1989; Reynolds, 1989b)에 의해 나타났고, 이러한 환경에서 지각류나 요각류에 비해 윤충류의 빠른 성장률이(Sommer *et al.*, 1986) 봄철에 먹이원에 대한 경쟁에 있어 유리하게 작용했기 때문인 것으로 생각된다.

퇴적물에 축척된 유기물은 대부분이 식물플랑크톤에 의한 내부생성기원 유기물로 유기물분해의 초기단계의 특성을 보였다. 식물플랑크톤을 포함한 수생식물의 C/N비는 4~10의 정도이고 육상식물은 20 이상으로 알려져 있으며(Redfield *et al.*, 1963; Meyers and Ishiwatari, 1993) 이를 근거로 퇴적층의 유기물 기원을 추정하는 데 퇴적물의 C/N비를 활용하고 있다. 본 연구 저수지 퇴적물의 C/N비는 평균 7±0.8로서 퇴적층 내 유기물이 수층으로부터 침전된 식물플랑크톤에 기인된 내부생성기원물로 추정되며 박(2003)에 의해 조사된 국내 12개 저수지에서 보고된 C/N비 7과 일치한다. 본 연구대상 저수지는 유입수량이 적을 뿐만 아니라 유입되는 질소와 인이 식물플랑크톤에 의해 동화되는 용존 총인(86.8%)이나 무기질소(78%)형태로 유입되기 때문에 인공호이나 내부생성기원유기물에 기인된 퇴적물 특성을 나타낸 것으로 판단된다. 퇴적물의 C/N비는 부식 정도를 판별하는 기준(humosity)으로도 사용되고 있어(Hansen, 1961) C/N비가 10 이상인 호수를 polyhumic lake로, 10 이하인 호수를 oligohumic lake

로 분류하고 있으며, 이 분류기준을 토대로 할 때 본 연구 대상저수지는 oligohumic lake로 식물플랑크톤과 부식질의 중간단계로 유기물분해의 초기단계임을 간접적으로 시사한다.

식물플랑크톤의 침강에 의해 퇴적층에 축적된 유기물의 분해 정도는 유기물과 인의 이동에 매우 중요한 요소로 작용할 수 있으며 본 연구에서 9월부터 11월에 간극수 내 용존무기인의 농도가 감소하는 계절적인 변화는 퇴적물의 부식화도와 산소농도의 계절적인 변화에 의한 것으로 생각할 수 있다. 간극수 내 용존총인(DTP) 중 용존무기인은 32%로 대부분이 유기인 형태로 존재하였다. 퇴적물의 C/N비가 10 이상인 경우에는 부식산과 철과의 결합에 의한 부식철 콜로이드가 간극수나 수층에 녹아 있는 인을 흡착하여 퇴적층에서 수층으로의 인 확산을 억제할 가능성이 높다 (Bostrom *et al.*, 1982). 반면에 본 연구대상 저수지에서와 같이 C/N비가 10 이하로 유기물이 분해되는 초기단계의 퇴적 환경에서는 성층이 형성되고 심층에서의 유기물분해에 따른 산소 소비로 철이 환원되는 환경이 조성되는 경우에는 철이나 알루미늄과 결합되었던 인이 수체로 확산되기 때문에 본 연구에서 7월과 8월에 표층과 심층에서의 용존무기인의 농도 분포처럼 수층 간의 농도 큰 차이는 간극수 내 용존무기인의 용출에 따른 결과로 판단할 수 있다.

유역으로부터 유입되는 인의 양과 계절적인 패턴은 계절에 따른 수질과 식물플랑크톤 종 조성과 현존량의 변화에 영향을 주었고, 유역으로부터 유입된 인은 빠른 시간 내에 식물플랑크톤 성장에 이용되어 현존량이 증가되는 것으로 나타났다. 수체 내 인은 대부분이 입자성유기인형태로 존재한 반면, 질소는 용존 형태로의 존재비율이 높아 인에 대한 잠재적 제한 가능성이 높게 나타났으며, 인에 제한된 상태에서의 인 유입부하는 계절에 따른 수온과 광도의 변화와 더불어 여름철 남조류 군집 내 종 조성의 변화를 야기하고 겨울철에도 남조류 우점이 지속될 수 있는 이유로 제시되었다. 따라서 본 연구대상 저수지의 수질개선을 위해서는 유역으로부터 유입되는 인 부하량에 대한 감소가 우선적으로 요구된다. 또한 여름철 식물플랑크톤을 포함한 내부생성기원 유기물특성을 나타낸 퇴적층에서의 유기물분해에 따른 심층 산소 고갈이 야기되었고, 이 시기에 퇴적물로 용출된 인이 유입수량이 적은 시기에 식물플랑크톤 성장에 이용될 수 있기 때문에 퇴적물에 대한 관리도 수행될 필요가 있다. 또한 여름철 심층 산소 고갈이 야기되었고, 이 시기에 퇴적물로 용출된 인이 식물플랑크톤 성장에 이용될 수 있기 때문에 퇴적물에 대한 관리도 수행될 필요가 있다.

# 제4장 조류 성장과 제한 영양염

## 제1절 연구배경 및 목적

수생태계 내에서 영양염의 비율은 조류(식물플랑크톤)의 생물량과 종의 천이를 예측하거나, 조류 성장에 대한 영양염 제한을 나타내는 간접적인 지표로 활용되고 있다(Smith, 1983; Fugimoto and Sudo, 1997). 제한 영양염에 대한 N/P비는 일반적으로 해양 식물플랑크톤 세포 내 물질함량비로 알려진 106C : 16N : 1P의 원자비가 일반적으로 받아들여지고 있으나(Redfield et al., 1963), 많은 연구에서 대상으로 하는 종에 따라 제한 변이대가 다르게 나타나고 있다(Tilman 1976, 1977; Rhee, 1978; Forsberg and Ryding, 1980). Forsberg and Ryding(1980)은 식물플랑크톤 성장에 있어 질소와 인 제한 변이대를 10~17로 제시하였다. Rhee(1978)는 Scenedesmus sp.가 성장에 요구하는 최적의 N : P 원자비가 30을 전후로 영양염 제한이 나타남을 보고하였다. 규조류를 이용한 실험에서도 최적 영양염비율에 대한 종간의 특이성이 보고되고 있다. Tilman(1976, 1977)은 두 종의 경쟁관계의 규조류에 있어 최적의 P : Si비가 다르며, 종에 따른 최적 비율의 차이는 종들의 공존 혹은 경쟁적 배제를 결정하게 되는 요인이 될 수 있음을 제시하였다.

질소와 인의 비율에 따른 조류 성장특성에 대한 많은 연구들이 남조류의 발생과 식물플랑크톤 종간의 변화에 대해 이루어졌다(Smith et al.,

1987; Ping et al., 2003). Smith 등(1987)은 남조류의 성장에 총인의 농도의 중요성을 강조하며, TN/TP 무게비가 29보다 적은 호수에서 bloom을 형성하는 남조류의 출현 가능성이 높음을 보고하였다(Smith, 1983). TN/TP 무게비가 29 이상으로 증가하는 경우 총조류 생물량에 대한 남조류의 비율이 감소한다는 'TN/TP rule'(Smith et al., 1987)과는 달리, 남조류의 bloom이 단순히 N/P비의 감소보다는 인 농도 증가에 따른 결과로도 해석되고 있다(Trimbee and Prepas, 1987; Sheffer et al., 1997; Ping et al., 2003). 또한 질소와 인이 조류 성장을 위해 요구되는 양 이상으로 유입되는 부영양 수체에서는 제한 영양염에 따른 조류의 성장반응이 N/P rule과 다르게 나타날 수 있는 가능성도 제기되었다(Paerl et al., 2001). 이러한 결과는 조류 성장에 있어서 수체에서의 제한 영양염의 결핍 정도와 수체 내에서의 이용 가능한 형태의 영양염 농도에 따라 조류들이 요구하는 최적 N/P비가 달라질 수 있는 가능성을 제시한다.

본 연구는 신구저수지에서 제한 영양염과 차별적인 영양염(질소, 인)의 비율 및 농도조건에서의 조류 성장반응 변화를 평가하기 위해 수행되었다. 이를 위해 수질 및 식물플랑크톤의 계절변화와 더불어 영양염 첨가에 따른 제한 영양염 평가와 영양염 비율에 따른 조류 성장반응을 조사하였고, 현장에서 분리한 남조류를 대상으로 농도가 상이한 동일 N/P비 조건에서 성장량을 비교하였다.

## 제2절 연구대상 및 방법

### 1. 제한 영양염 평가

제한 영양염 평가의 방법으로서 영양염 첨가에 따른 조류 성장반응을

평가(Nutrient Enrichment Bioassy; NEB)하였다. 현장에서 채수된 물을
대형 동물플랑크톤의 섭식에 의한 영향을 최소화하기 위해 $200\mu m$ 네트로
여과하고, 250mL 삼각플라스크에 50mL를 넣은 후에 영양염으로 $KNO_3$
(10mg N $L^{-1}$)와 $KH_2PO_4$(10mg P $L^{-1}$)를 일정량씩 첨가하였다. 그리고
GF/F 여과지로 여과한 물로 최종 부피 100㎖를 만들었다. 실험은 영양염
이 첨가되지 않은 대조구(Control), 인(+P)과 질소(+N)가 각각 1mg $L^{-1}$
로 조절된 처리구 그리고 질소를 1mg N $L^{-1}$로 고정한 후 인의 첨가량을
달리하여 5단계의 농도구배(+0.05, 0.1, 0.5, 1.0, 1.5mg P · $L^{-1}$ $KH_2PO_4$)로
조절된 처리구에서 3반복으로 이루어졌다. 실험에 사용된 배양액 내 질소
의 농도는 N/P비율에 따라 구분된 각 그룹에서 큰 차이는 없었으나, 인
의 농도는 첨가된 인의 농도가 0.05~1.5mg P · $L^{-1}$ 범위였기 때문에 N/P
비 4를 기준으로 큰 차이가 있었다(Fig. 4-1).

배양은 실내(20~25℃)에서 광도 $100\pm5\mu$ E $m^{-2}$ $s^{-1}$와 120rpm 조건의
교반기에서 실시되었다. 배양 전과 배양 3, 5, 7일에 엽록소 $a$ 농도를 측
정하였다. 각 처리조건에서의 성장률($\mu$ : $day^{-1}$)은 다음 식에 의해 계산되
었다(APHA, 1995).

$$\mu(day^{-1}) = \frac{ln(X_2/X_1)}{(T_2 - T_1)}$$

여기서, $X_1$는 배양 초기 그리고 $X_2$는 $T_2$ 시간 후의 엽록소 $a$ 농도이다.
DIN/DTP 농도비는 실험 전에 각 처리구에서 채취된 시료로부터 분석된
결과를 토대로 계산하였다. 인 농도와 그에 따른 조류의 성장률($\mu$) 토대
로 최대 성장률($\mu_{max}$)과 반포화농도($K_s$)는 steady state 조건을 가정하여
Monod 모델(1950)에 따라 Sigma plot(Version 7.0, SPSS Inc.)을 이용하
여 계산하였다.

## 2. N/P비에 따른 남조류 성장반응

동일한 N/P 무게비 조건에서 인과 질소농도를 다르게 하여 남조류의 성장반응을 조사하였다. 배양온도는 20℃이었고, 광도는 $53\pm2\mu$ E m$^{-2}$ s$^{-1}$로 연속 조사되었다. 광도는 현장 조사 기간 동안 저수지 표층으로부터 1~1.5m 수심에서 관측된 값의 범위이다. 남조류는 망목의 크기가 30㎛인 플랑크톤 네트를 수직 예인하여 채집하였고, 대형 동물플랑크톤을 제거하기 위해 200㎛ 네트로 여과하였다. 식물플랑크톤 군집으로부터 남조류를 분리하기 위해서 24시간 동안 실내에 방치하여, 부력에 의해 표층으로 상승한 남조류를 피펫을 이용하여 GF/F 여과지로 여과한 물에 옮겼다.

남조류 세포 내 존재하는 인과 질소에 의한 성장을 배제시키기 위해 인과 질소가 배제된 MA2 배지에서 배양하였다. 배양 2주일 후에 산세척(2N HCl)된 250㎖플라스크에 2㎖의 접종액을 인과 질소가 각기 다른 농도로 조절된 MA2배지 용액과 함께 첨가하였다. 실험에 사용된 모든 영양염은 미량원소에 대한 영향을 최소화하기 위해 인과 질소를 배제한 MA2배지로 제조하였다. N/P 무게비는 질소를 각각 0.07, 0.7 그리고 3.5㎎ N L$^{-1}$로 첨가한 MA2배지에 인의 첨가량을 달리하면서 조절하였다. 실험은 5일 동안 진행되었으며, 배양 전과 5일 후에 엽록소 $a$ 농도를 측정하였다.

## 제3절 영양염 및 식물플랑크톤 종 조성

조사 기간 동안 질산성 질소, 아질산성 질소, 그리고 암모니아성 질소는 각각 0.4~1.9㎎ N L$^{-1}$, 0.92㎎ N L$^{-1}$ 이하의 농도로 분포하였다(Fig. 4-1). 용존무기질소는 3월과 4월에 높은 농도를 나타냈고, 5월 이후 수체 내에서 뚜렷한 감소가 나타났다. 이와는 달리 총질소의 농도는 1.6~3.2㎎ N

$L^{-1}$의 범위로, 무기질소가 감소하는 시기에도 뚜렷한 감소는 나타나지 않았다. 용존 인 농도는 계절에 따른 큰 변화는 없었으며, 용존무기인은 8.8~0.6$\mu$g P $L^{-1}$의 농도분포를 보였고, 용존총인은 10.1~26.5$\mu$g P $L^{-1}$로 8월에 가장 높았고, 12월에 가장 낮은 농도를 나타냈다. 총인 농도는 48.0~126.6$\mu$g P $L^{-1}$의 분포로, 6월부터 증가하여 10월에 최대 농도를 나타냈다. 신구저수지에서의 TN/TP비는 13~60 범위를 보였으며, 4월과 5월에 높은 비율을 나타냈다. DIN/DTP 무게비는 17~187로, 9월을 제외하고는 30 이상의 높은 N/P비를 보였다.

엽록소 $a$ 농도는 28.8~109.7$\mu$g $L^{-1}$의 범위였으며, 총인과는 유의한 양의 상관성(r=0.66, $p$=0.002, n=19)을 나타냈다. 반면 총질소는 음의 상관성(r=-0.48, $p$=0.042, n=18)을 나타냈다. 엽록소 $a$ 농도의 계절적인 변화는 식물플랑크톤 군집 중 남조류가 우점종으로 나타난 5월부터 증가하여 7월과 11월에 가장 높은 농도를 보였고, 규조류와 녹조류가 우점종으로 나타난 봄철(3~4월)에 낮은 농도를 유지하였다(Fig. 4-2). 엽록소 $a$ 농도 변화는 식물플랑크톤 세포밀도의 계절적인 변화와 유사하였고 (r=0.73, $p$〈0.001), TN/TP비의 증가 시 감소하는 경향을 나타냈다 (r=0.70, $p$〈0.001).

5월부터 식물플랑크톤의 급격한 증가와 더불어 종 조성의 변화가 관찰되었다. 봄에는 주로 규조류(*Melosira varians*)와 녹조류(*Dictyosphaerium pulchellum*)가 우점종으로 나타난 반면 5월부터 결빙 전까지는 *Oscillatoria* spp., *Microcystis* spp., *Aphanizomenon* sp.와 같은 남조류가 우점하였다 (Fig. 3-3, 4). 남조류 군집 중 사상성 남조류인 *Oscillatoria* spp.가 가장 먼저 우점하였고, 5월 말 저수지의 급격한 수위감소 이후에는 *Aphanizomenon* sp.이 우점종으로 나타났다. 7월 이후에는 *Microsystis* spp.가 증가하였으며 12월까지 우점하였다(Fig. 4-3).

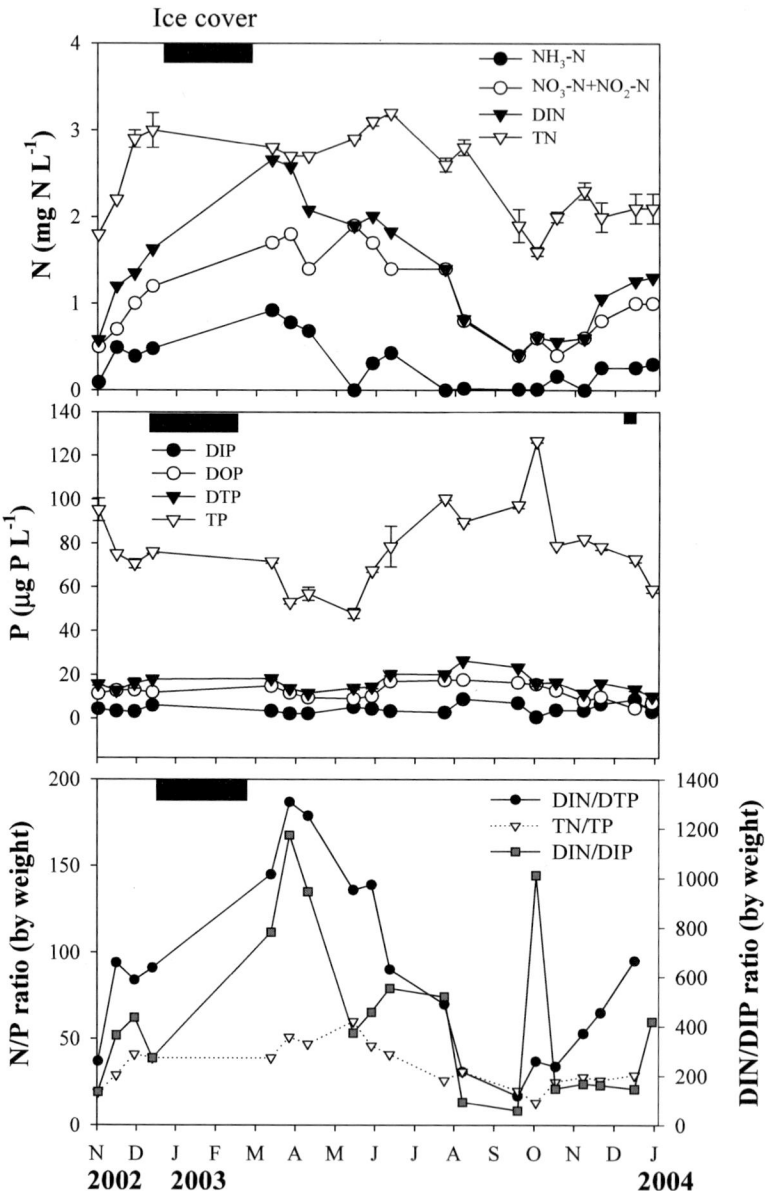

Fig. 4-1. Temporal variation of nitrogen and phosphorus concentration and N/P ratio (by weight) in Shingu reservoir from November 2002 to December 2003.

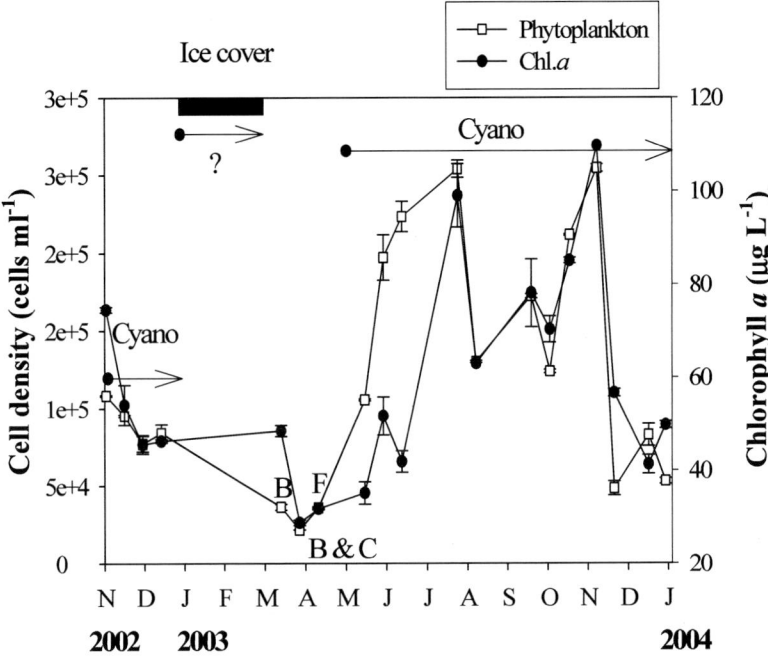

Fig. 4-2. Temporal variation of cell density, dominant phytoplankton and chlorophyll *a* concentration in Shingu reservoir from November 2002 to December 2003. B, C, F and Cyano denotes Bacillariophyceae, Chlorophyceae, flagellated algae and Cyanophyceae, respectively.

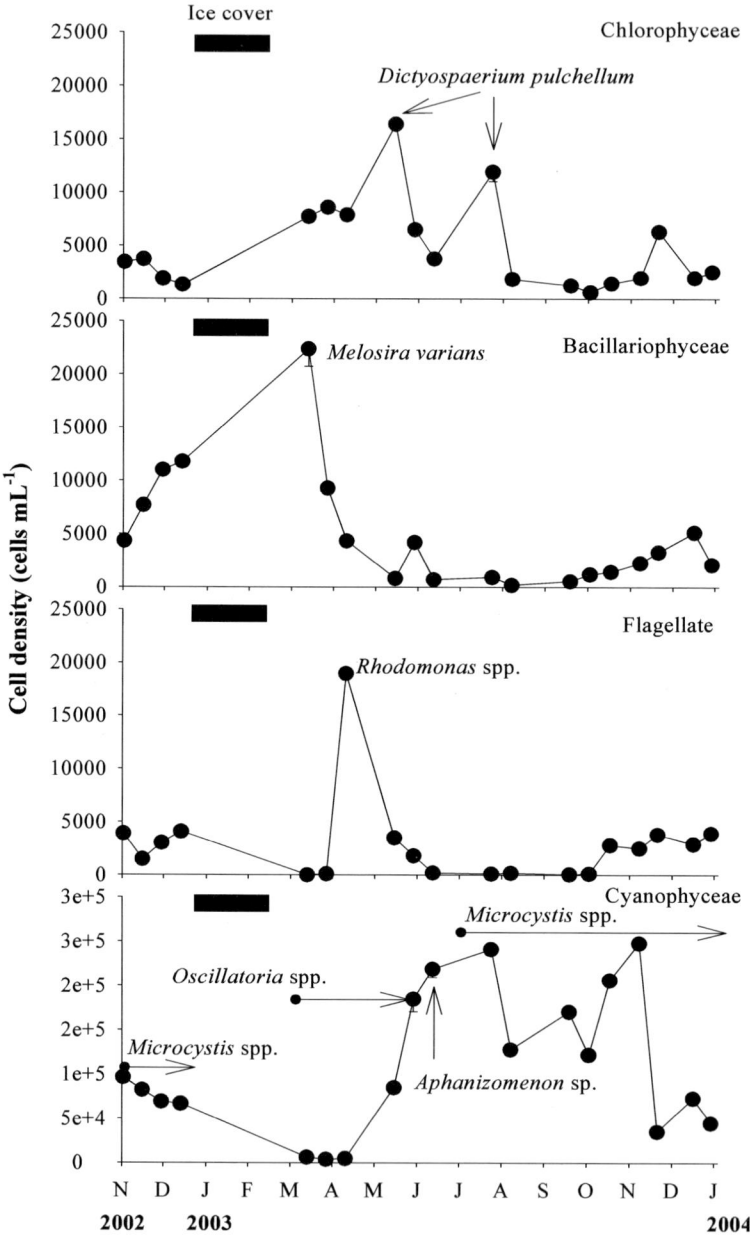

Fig. 4-3. Temporal change of dominant phytoplankton in Shingu reservoir from November 2002 to December 2003.

## 제4절 제한 영양염 및 N/P비에 따른 식물플랑크톤 성장 반응

신구저수지 식물플랑크톤 성장은 질소보다는 인에 의해 제한되는 것으로 나타났으며, 인 첨가에 따른 식물플랑크톤 성장률의 계절적인 변화가 관찰되었다(Fig. 4-4, 5). 실험에 사용된 배양액 내 질소의 농도는 N/P비율에 따라 구분된 각 그룹에서 큰 차이는 없었으나, 인의 농도는 첨가된 인의 농도가 $0.05 \sim 1.5\text{mg P} \cdot \text{L}^{-1}$ 범위였기 때문에 N/P비 4를 기준으로 큰 차이가 있었다(Fig. 4-6). 식물플랑크톤의 성장률은 질소보다는 인 첨가 시 높았으나($p<0.001$, n=17, ANOVA), 인과 질소가 동시에 첨가된 경우와 비교할 때는 별 차이가 없었다($p=0.229$, n=17, ANOVA). 실험의 모든 경우(17번)에서 인만 처리된 곳에서의 성장률은 대조구와 비교해 항상 높았으나($p<0.001$, ANOVA), 11월 초 질소와 인 모두가 제한으로 나타난 시기를 제외하고는 질소와 인이 모두 첨가된 곳에서의 성장률과는 별 차이가 없었다($p=0.229$, ANOVA)(Fig. 4-4). 17번의 NEB 실험 중 8번의 경우에(2002년 11월 1일, 11월 29일, 12월 13일, 2003년 3월 14일, 3월 28일, 5월 30일, 9월 19일, 11월 21일) 대조구에 비해 질소만 처리된 곳에서의 성장률이 높아, 인과 질소가 모두 제한되는 것으로 나타났다. 그러나 대조구에 비해 질소 첨가 시 성장률이 높았던 8번 중 3번의 경우에는(2002년 11월, 2003년 3월과 4월) 인과 질소를 동시에 첨가된 경우에 비해 단지 인만 첨가된 경우의 성장률이 높게 나타났다(Fig. 4-5).

질소와 인 농도가 상이하더라도 N/P비가 동일한 조건에서의 조류 성장반응은 인의 농도에 의해 크게 영향을 받는 것으로 나타났다. DIN/DTP의 여러 범위에서의 성장률은 N/P비 증가에 따라 다소 감소하였으나, 현저한 감소는 DIN/DTP>30에서 관찰되었다(Fig. 4-7). Monad equation에 의해 plot한 결과 최대 성장률은 $0.54 \pm 0.02\text{day}^{-1}$, 반포화 농도는 $33.1 \pm 8.1 \mu\text{g P}$ $\text{L}^{-1}$(DTP)로 나타났다(Fig. 4-8). 최대 성장률은 인 혹은 인과 질소가 모두 첨가된 곳에서 나타났으며, 질소가 첨가된 경우에서는 조사 기간 중 2002년 12월 단 한번의 경우를 제외하고는 최대 성장률보다 낮은 성장률을 보였다.

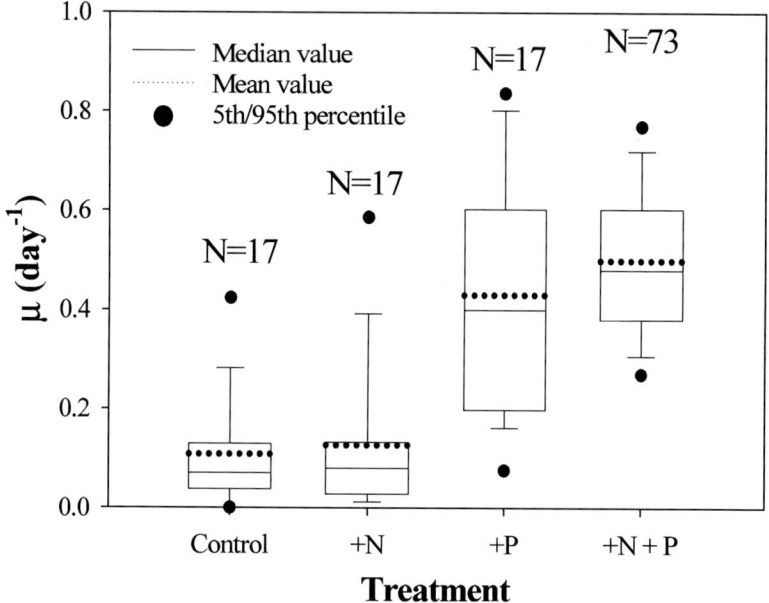

Fig. 4-4. Growth rate of phytoplankton in the addition of nutrients in Shingu reservoir from November 2002 to December 2003.

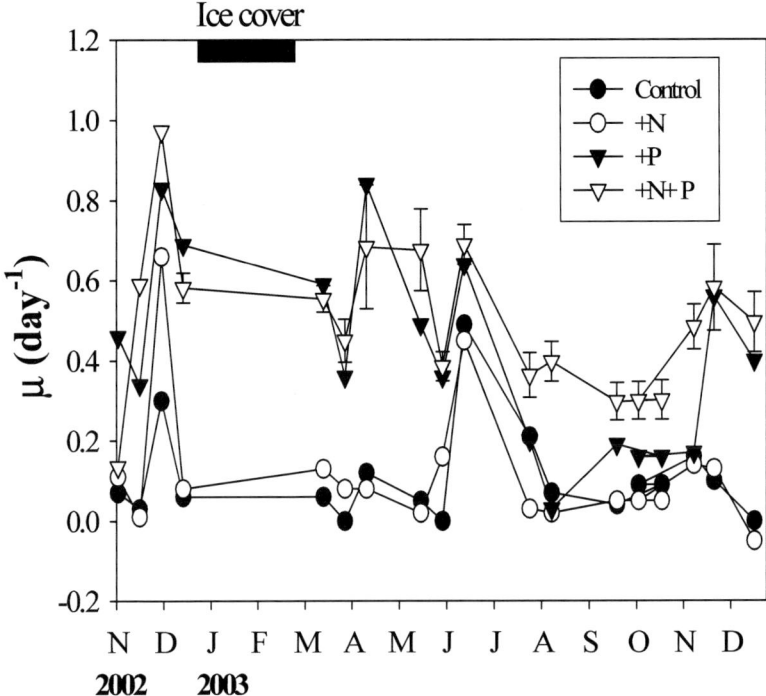

Fig. 4−5. Temporal variation of the phytoplankton growth rate in the addition of nutrients in Shingu reservoir from November 2002 to December 2003.

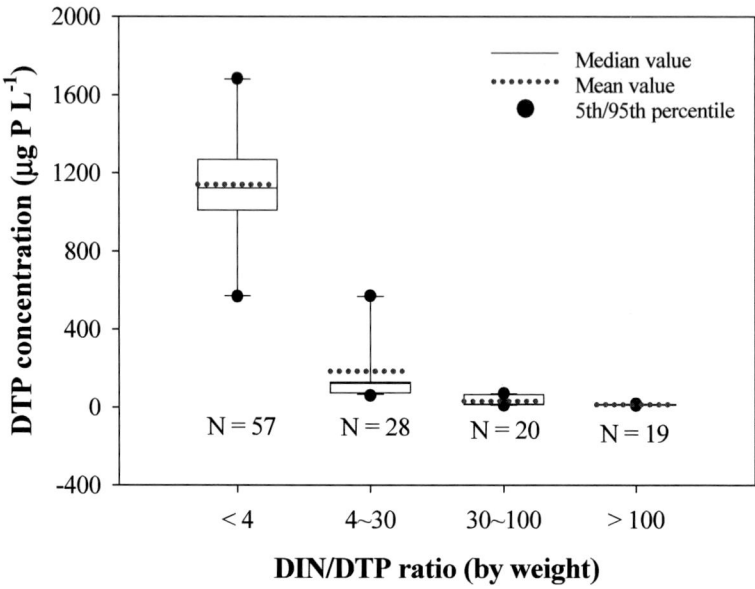

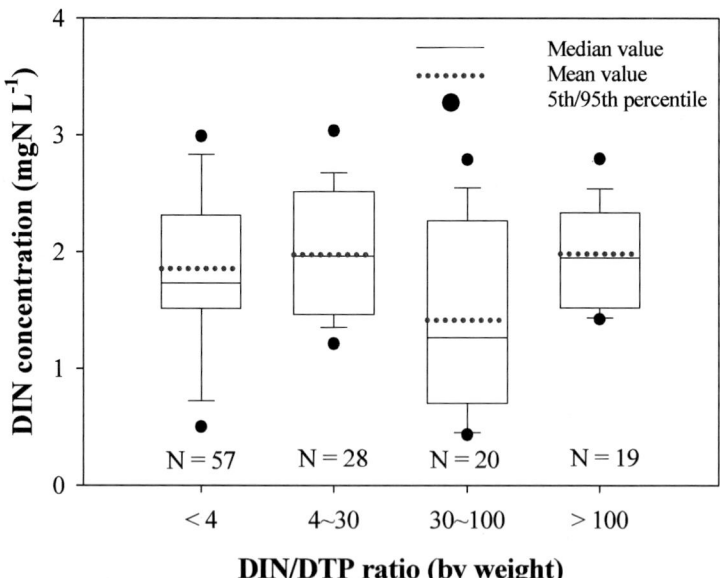

Fig. 4-6. Distribution of DTP and DIN concentration among various DIN/DTP ratios (by weight).

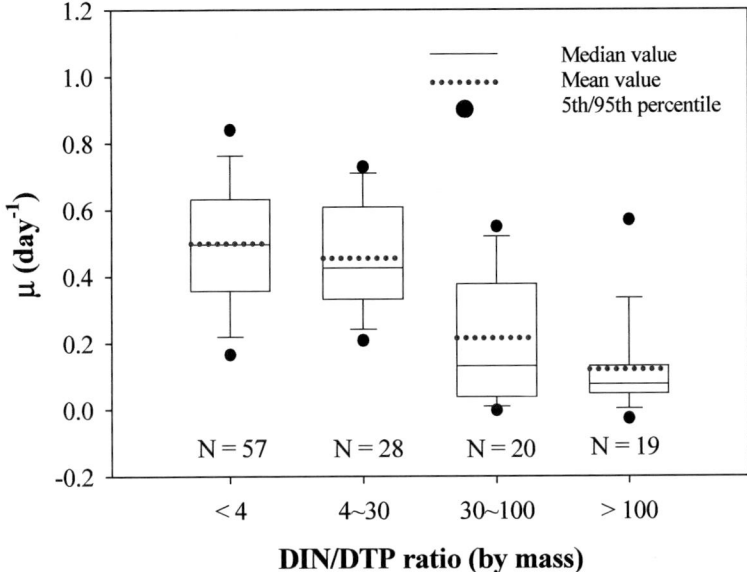

Fig. 4-7. Growth rate of phytoplankton in various DIN/DTP ratios (by weight).

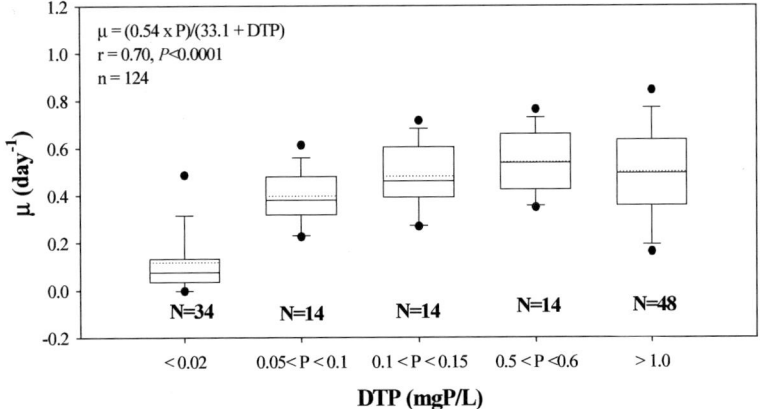

Fig. 4-8. Phytoplankton growth rate in different P concentrations using phytoplankton assemblages of Shinsu reservoir from November 2002 to December 2003.

## 제5절 N/P비에 따른 남조류 성장 반응

　　N과 P의 농도 차이는 있으나 N/P비가 동일한 상태에서의 남조류 성장은 N/P비와 질소농도에 따라 차이를 보였다(Fig. 4-9). N/P비 20 이하에서 질소농도에 따른 성장량의 차이가 크게 나타났고(Fig. 4-9a), 질소농도가 높을수록 성장량은 높게 나타났다(Fig. 4-9b). 0.7mg N L$^{-1}$과 3.5mg N L$^{-1}$에서의 성장량과의 차이($p$=0.86, ANOVA)는 실험에 사용된 가장 낮은 질소 농도인 0.07mg N L$^{-1}$에서의 성장량 차이($p$=0.001, ANOVA)보다 작았다.

　　N/P비는 동일하나 질소 농도가 상이한 조건에서 남조류의 성장량은 각기 다른 경향을 나타냈다(Fig. 4-9c). 질소 농도가 3.5mg N L$^{-1}$인 경우 N/P비가 1인 상태에서 성장량이 가장 높고, N/P비가 증가할수록 현저하게 감소하는 경향을 나타냈다($p$<0.01, ANOVA)(Fig. 4-9c). 질소 농도가 0.7mg N L$^{-1}$으로 조성된 조건하에서 N/P 0.7에서 성장량이 가장 높았고($p$<0.05, ANOVA), N/P비 1~10 범위에서는 성장량의 큰 차이가 없었던 반면($p$>0.50, ANOVA)(Fig. 4-9c), 그 이상(N/P= 35)에서는 성장량이 상대적으로 감소하였다($p$=0.009, ANOVA)(Fig. 4-9a). 이와 달리 질소 농도가 가장 낮았던 0.07mg N L$^{-1}$조건에서는 앞선 두 경우와 다르게 N/P비 1 이하에서 성장량이 낮았고 7 이상에서는 차이 없이($p$=1, ANOVA) 낮은 N/P에서보다 높은 성장량을 보였다($p$<0.004, ANOVA)(Fig. 4-9c).

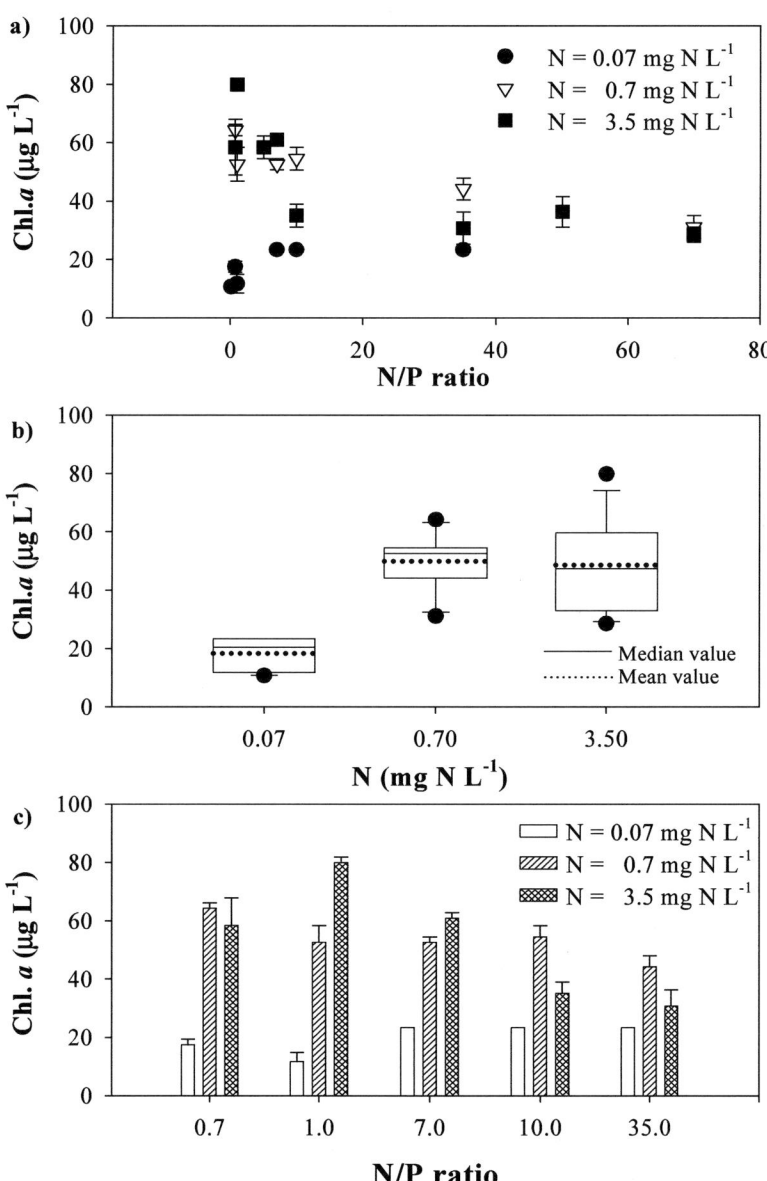

Fig. 4-9. Comparison of cyanobacterial growth in Chl.$a$ increase under the same N/P ratios (by weight) with different N and P concentrations.

## 제6절 고  찰

생물의 성장에 필요한 원소로서 수생태계 내에 존재하는 영양염의 비율
(stoichiometry)은 특히 조류의 생물량과 종의 천이를 예측하는 데 사용되
고 있으며, 많은 연구가 부영양수계에서 남조류의 발생과 규조류를 포함
한 식물플랑크톤 종간의 작용에 대해서 이루어졌다(Tilman 1976, 1977;
Smith, 1983; Smith $et$ $al.$, 1987; Fugimoto and Sudo, 1997; Ping $et$ $al.$,
2003). 현장연구에서 남조류 발생이나 잠재적인 제한 영양염에 대한 평가는
대부분 TN/TP비를 기준으로 설명되고 있고(Forsberg and Ryding, 1980;
Smith, 1983; Trimbee and Prepas, 1987; Fugimoto and Sudo, 1997;
Sheffer $et$ $al.$, 1997; Ping $et$ $al.$, 2003) 몇몇 연구자들에 의해서 용존무기질
소/용존반응인(DIN/SRP)(Patricia $et$ $al.$, 2000)나 용존무기질소/유기인
(DIN/OP) 혹은 용존무기질소/총인(DIN/TP)(Perkins and Underwood,
2000)가 사용되었다. 식물플랑크톤의 성장에 대한 최적 N/P비에 대한 연구
에서는 인위적으로 제조된 배지 내 무기형태의 N/P비가 주로 이용되었다
(Redifield $et$ $al.$, 1963; Rhee, 1978). 본 연구에서는 남조류의 발달과 영양
염비율과의 관계를 평가하기 위해 TN/TP를 이용하였고, 영양염비율에 따
른 식물플랑크톤 성장반응은 용존질소에 대한 용존총인의 비를 사용하여
분석하였다. 비록 유기질소 또한 잠재적으로 조류 성장에 이용 가능하나,
신구저수지 내 용존무기질소의 농도가 용존무기인 농도($8.0\mu g$ P $L^{-1}$ 이하)
에 비해 45배 이상 높았고, 총인에 대한 용존무기인의 비가 평균 5.8%로 매
우 낮았기 때문에, 인 농도가 낮은 환경에서 잠재적으로 식물플랑크톤이 이
용 가능한 유기형태의 인(Islam and Whitton, 1992; Yelloy and Whitton,
1996)을 포함한 용존 총인을 적용하였다. 인 첨가에 따른 식물플랑크톤의
성장반응이 TN/TP비(r=0.60, $p$=0.012, n=17)와 DIN/DTP비(r=0.58,
$p$=0.016, n=17)가 증가함에 따라 높게 나타나, 본 연구에서 잠재적 제한

영양염에 대한 평가방법으로 사용된 DIN/DTP비의 적용이 타당성이 있는 것으로 판단되었다.

많은 선행 연구에서 빈영양호보다 부영양호수에서 TN/TP비가 낮은 것으로 보고되었다(Forberg *et al.*, 1978; Welch and Lindell, 1992; Downing and McCauley, 1992). Forsberg와 Ryding(1980)은 스웨덴의 30개 하수가 유입되는 호수들에서 영양상태의 증가와 더불어 수체 내 TN/TP비가 감소하였음을 보여주었다. 영양염 비율로 평가할 때 이러한 결과들은 빈영양이나 중영양상태에서는 조류 성장이 인에 의해 제한되나 부영양상태에서는 질소가 제한될 수 있는 가능성을 의미한다(Forsberg and Ryding, 1980; Welch and Lindell, 1992). 본 연구에서도 수체 내 엽록소 $a$ 농도 증가하는 시기에 TN/TP비가 감소하였다. 그러나 신구저수지에서는 높은 N/P비가 유지되었고 NEB 실험에서 질소보다는 인 첨가 시 식물플랑크톤 성장반응이 높았으며, 질소 제한이 관찰된 8번의 경우 모두에서도 질소보다는 인 첨가에 따른 성장률이 높았다. 영양염 첨가에 따른 식물플랑크톤 성장반응(현장조류 이용)에서도 DTP 농도 $50\mu g$ P $L^{-1}$ 까지는 인 농도 증가에 따라 성장량이 증가하는 경향을 보였고, DIN/DTP비 30 이상에서 뚜렷이 감소하였다. 남조류를 대상으로 한 실험에서도 단지 질소농도가 낮은 조건($0.07mg$ N $L^{-1}$)에서만 N/P 7 이하에서 성장률이 감소하였다.

본 연구대상 수체의 연평균 엽록소 $a$ 농도가 $58.5\pm21.8\mu g$ $L^{-1}$로 매우 부영양 상태임에도 불구하고 식물플랑크톤에 성장에 대한 인 제한이 지속적으로 나타난 것은 수체 내 존재하는 질소와 인 농도의 큰 차이에 따른 높은 N/P비와 총인에 비해 총질소 중에 무기형태가 차지하는 비율이 높은 것으로 설명될 수 있을 것이다. Forsberg 등(1978)과 Smith(1982)는 부영양호수들에서 영양염 비율을 이용한 잠재적인 제한 영양염 평가에서 TN/TP 무게비 10~17 내에서 인과 질소가 동시에 제한될 수 있고 이 변이대 이하에서는 질소에 의한 식물플랑크톤 성장 제한될 수 있음을 제시하였다. 또한 엽록소 $a$ 농도와 TP, TN 농도와 관계가 영양상태가 높은 호수에서 양의 상관성으로 나타남을 보여주었다(Forsberg and Ryding, 1980). 엽록소 $a$ 농도와 인과 질소와의 높은 상관성은 수체 내 존재하는 인과 질소 대부분이 입자성 형태로 존재함을 의미할 수 있다. 그러나 본 연구 대상수체는 연구 기간 동안 가장 낮은 TN/TP 무게비가 13으로 Forsberg와 Ryding(1980)이 제시한 단순히 질소에 의한 제한 범위보다 높았고, 수체 내 총질소 농도는 인에 비해 30배 이상 높은 농도를 유지하고 있었다. 인과 질소의 존재 형태도 총인 중 용존 형태의 비율이 평균 23%였던 것과 달리 총질소 중 평균 53% 이상이 용존 형태로 존재하였다. 또한 엽록소 $a$ 농도와 총인과 총질소와의 상관관계에서 총인과는 양의 상관성(r=0.66, $p$=0.002, n=19)을 나타낸 반면 총질소는 음의 상관성(r=−0.48, $p$=0.402, n=18)을 나타내 질소가 입자성 형태가 아닌 용존 형태로 존재함이 간접적으로 제시되었다. 이러한 결과들은 수체 내 질소가 인에 비해 상대적으로 높고, 총질소 중 무기형태의 질소가 높은 환경에서는 단지 질소에 의한 성장 제한 가능성이 인에 비해 상대적으로 적을 수 있음을 나타낸다.

제한 영양염의 첨가에 따른 식물플랑크톤의 성장반응에서 7월부터 10월 사이에 인이나 인+질소의 동시 첨가에 따른 낮은 성장률은 단순히 수체 영양염 농도와 N/P비를 근거로 예측되기보다는 식물플랑크톤의 생리적인 특성도 고려될 필요성이 제기된다. 영양염 첨가에 따른 조류의 성장 반응은 세포 내 영양염의 농도와 직접적인 관계를 가지고 있으며, 또한 세포 내 영양염 농도는 종마다 특이성을 가지고 있다(Caperon, 1968; Davis, 1970; Droop, 1968; Fuhs, 1969; Rhee, 1973). 인의 재순환율이 높은 환경에서는, 수체 내 N/P비를 토대로 인 제한 상태가 예측된다 하더라도 많은 조류 종들이 인을 성장에 필요한 양 이상으로 저장하여 3번 이상 세포분열을 하는 데 이용할 수 있는 능력이 가지고 있어 수체 내 무기 영양염 농도에 의존하지 않는 성장을 할 수도 있다(Goldman *et al*., 1987). 7월부터 10월 사이에 수체 내 DIN/DTP비는 7월(DIN/DTP=70)을 제외하고는 17~37 범위로, 본 연구결과에서 제시된 식물플랑크톤 성장에 대한 최적 DIN/DTP비 30 이하와 유사하였기 때문에 인과 질소 모두가 잠재적인 제한 영양염으로 작용할 수 있다. 반면에 이 시기에 유역으로부터 유입된 인과 5월 말부터 심층에서 나타난 저산소 상태에서 퇴적물로부터 용출된 인이 바람에 의한 수체의 교란에 의해 표층으로 공급되어 식물플랑크톤에 필요 이상으로 축적되고 있어(Goldman *et al*., 1987) 인 첨가에 따른 성장률이 낮았을 가능성도 있다. 수체 내 용존무기인 농도가 높았던 8월과 9월에는 조사 전 강우량이 많았고, 이를 토대로 할 때 연중 강우량(1,359.3mm)의 66%가 집중된 6월부터 9월 사이에 유역으로부터의 유출수량 증가와 더불어 많은 양의 인이 유입되었을 것으로 예측할 수 있다. 또한 이 시기에 질소와 엽록소 *a* 농도가 감소한 반면 총인 농도가 증가한 것은 총인 중 입자상 인의 증가에 따른 것으로, 식물플랑크톤 외 동물플랑크톤이나 원생동물의 증가 가능성뿐만 아니라 식물플랑크톤의 인 과잉 섭취로 엽록소 *a*에 대한 인 함량비가 증가했을 가능성도 있다.

　TN/TP비와 남조류 발생과의 관계에 대한 연구에서 최근 몇몇 연구자들에 의해 남조류의 bloom이 낮은 N/P비에 따른 결과이기보다는 퇴적물이나 외부로부터 증가된 인 공급에 의해 야기됨을 제시하였다(Trimbee and Prepas, 1987; Sheffer *et al*., 1997; Ping *et al*., 2003). Ping 등(2003)은 인 함량이 많은 퇴적물이 있는 조건에서 *Microcystis* bloom을 관찰하였고, 퇴적물 내 인이 남조류의 성장에 이용됨으로써 퇴적물 내 인 함량 감소와 더불어 수체 내 TN/TP비가 낮아짐을 관찰하였다. 그러나 pH, 수온 등과 같은 환경변화에 의해 퇴적물로부터 용출되는 N/P비가 변할 수 있기 때문에(Brezonik *et al*., 1979), 퇴적물로부터 인에 비해 질소의 재생률이 낮아지는 시기에는 수체 내 TN/TP비가 감소될 수 있다. 본 연구에서 남조류가 우점과 더불어 TN/TP비가 낮았던 7월부터 10월 사이에는 많은 강우량으로 유입수량의 증가가 예측되었고, 7월을 제외하고 유입수 내 질소농도는 호수 내 농도에 비해 낮은 수준이었다. 또한 7월과 8월에는 조사지점에서의 농도보다 높은 질소농도의 저수지 물이 방류구를 통해 유출되었다(Table 4-1). 따라서 남조류 우점 시기에 낮은 TN/TP비가 퇴적물 내 인을 이용함에 있어 남조류의 탁월한 능력이나 퇴적물로부터 용출된 N/P변화에 의한 것이기보다는 질소농도가 낮은 유입수에 의한 희석과 질소농도가 높은 물의 유출이 직접적인 원인으로 판단된다.

비록 많은 연구에서 N/P비의 감소시기에 질소 고정 남조류의 우점가능성을 제시하고 있으나(Horne, 1979; Tilman, 1982; Howarth et al., 1988; Paerl et al., 2001), 성층 형성 후 수체 내 질소 농도가 감소한 7월에 나타난 질소 고정 남조류인 Aphanizomenon sp에서 Microcystis spp.로의 우점종의 변화는 본 연구 대상수체에서 질소가 종 천이의 주된 원인이 되지 않음을 제시한다. 빈영양호나 부영양호 모두에서 조류의 성장기간 동안에는 표층에서의 무기질소는 무기인보다 더 빠르게 감소하는 경향을 보이며, 성층기간 동안에는 성장제한 요인이 인에서 질소로 변할 수 있고(Hendrey and Welch, 1974), 식물플랑크톤은 남조류 중 질소고정능력이 있는 종으로의 천이가 이루어질 수 있다(Horne, 1979; Tilman, 1982; Howarth et al., 1988; Paerl et al., 2001). 그러나 본 연구에서는 성층형성 전 질소고정능력이 있는 Aphanizomenon sp.이(Paerl et al., 2001) 성층형성 이후, 수체 내 질소농도가 감소와 인 농도 증가로 N/P비가 감소한 시기에 Microcystis spp.로 바뀜으로써 인이 질소고정이 없는 남조류의 우점을 야기하는 중요한 요인으로 나타났다(Ping et al., 2003).

본 조사 저수지에서 남조류 발생 시기에 TN/TP 무게비는 27±6으로 나타났으며, 이 결과는 Smith(1983)의 결과와 부합하였다. 저수지 조류 군집 전체를 대상으로 DIN/DTP 무게비에 따른 영양염 제한 변이대 30을 기준으로, 그 이상에서는 인 제한이 나타났으나 그 이하에서의 질소제한은 관찰되지 않았다. 남조류를 대상으로 한 실험에서도 단지 낮은 질소농도 조건에서만 질소제한 가능성이 나타났다. 이러한 결과들은 조류 성장에 요구되는 N/P비 기준을 토대로 질소가 인에 비해 상대적으로 높고, 총질소 중 무기형태의 질소(53%)가 총인 중 용존총인의 비율(23%)에 비해 높은 수준을 유지하는 수체 특성에 기인된 것으로 판단된다. 동일한 N/P비라 하더라도 절대 농도가 다른 경우에는 인과 질소의 잠재적 제한 가능성을 판단하기 위한 N/P비 기준이 달라질 수 있고, 인에 비해 질소 농도가 높은 부영양한 수체에서는 N/P비가 낮아지는 경우에도 질소의 제한 가능성이 인에 비해 상대적으로 적을 수 있다. 이러한 결과들은 제한 영양염을 평가하기 위한 기준이 영양상태가 다른 다양한 수체들에서 단순히 두 영양염의 상대적인 비율로 결정되기보다는 식물플랑크톤 종에 따른 특이성(Tilman 1976, 1977; Rhee, 1978)뿐만 아니라 비교되는 수체 내 존재하는 두 영양염의 농도와 식물플랑크톤이 성장에 이용 가능한 영양염의 상대적인 농도 차이 등의 요인들을 고려해야 함을 제시한다.

Table 4-1. N. P. Chl.$a$ concentration and discharge in inflows and outflow of Shingue reservoir from May to October, 2003

| Date | Inflow 1 | | | Inflow 2 | | | Outflow | | |
|---|---|---|---|---|---|---|---|---|---|
| | Discharge | TN | TP | Discharge | TN | TP | TN | TP | Chl.$a$ |
| | m³ day⁻¹ | mg N L⁻¹ | µg P L⁻¹ | m³ day⁻¹ | mg N L⁻¹ | µg P L⁻¹ | mg N L⁻¹ | µg P L⁻¹ | µg L⁻¹ |
| May 30 | N.M | 2.1±0.03 | 197.7±0.8 | N.M | 3.5±0.10 | 315.8±11.2 | – | – | – |
| Jun. 13 | 1,340 | 6.2±0.17 | 143.2±2.3 | 2,420 | 7.6±0.08 | 125.3±9.3 | – | – | – |
| Jul. 25 | 3,606 | 5.8±0.04 | 94.4±0.8 | 31,548 | 2.9±0.17 | 89.8±0.8 | 3.2±0.10 | 134.4±3.0 | 132.0±4.6 |
| Aug. 8 | 384 | 1.6±0.04 | 74.9±0.7 | 6,150 | 2.4±0.12 | 91.2±0.7 | 2.9±0.13 | 86.8±0.7 | 55.6±2.7 |
| Sep. 19 | 1,051 | 1.7±0.25 | 96.7±0.7 | 7,833 | 2.5±0.17 | 105.3±0.7 | – | – | – |
| Oct. 3 | 303 | 1.4±0.01 | 94.6±2.8 | 2,378 | 2.5±0.06 | 68.2±2.1 | – | – | – |
| Oct. 18 | 370 | 1.8±0.10 | 29.1±0.7 | 2,229 | 2.5±0.00 | 84.2±0.7 | – | – | – |

N.M: Not measured.

– : When there was no outflow water.

제2부

# 조류의 생태공학적 제어

# 제5장 담수산 참재첩(*Corbicula leana* Prime)과 대형동물플랑크톤의 섭식효과

## 제1절 연구배경 및 목적

패류는 섭식활동을 통해 수체와 저서먹이망 모두에서 생태학적으로 중요한 역할을 수행한다(Dame and Dankers, 1988; Loo and Rosenberg, 1989; Heath *et al.*, 1995; Jack and Throp, 2000). 수층 내 식물플랑크톤의 섭식과정 중에 배출되는 영양염이 식물플랑크톤이나 다른 미생물의 성장에 재이용되고, 바닥으로 침강된 입자성형태의 배설물들은 저서생물의 먹이원으로 이용됨으로써 패류는 수체 내 먹이망에 영향을 준다. 이러한 점에서, 패류는 호수 전체 먹이망에 있어서의 에너지흐름의 방향을 전환시키는 역할을 수행한다(Noordhius *et al.*, 1992; Yamamuro and Koike, 1993; Gardner *et al.*, 1995; Heath *et al.*, 1995; Dame, 1996)(Fig. 5-1).

여과능력이 탁월한 패류가 존재하는 수체에서는 패류가 수중 먹이망 구조에서 상위단계의 생태적 지위에 위치한 어류와 먹이원에 대한 경쟁관계를 유지하게 되고 또한 저서생물량과 종 조성에도 영향을 주게 된다(Lowe and Pillsbury, 1995; Dermott and Kerec 1997; Karatayev *et al.*, 1997). 최근 연구결과들에서 얼룩말조개가 바닥에서 먹이를 획득하는 어류에게 유리한 환경을 제공함으로써 저서 생산력이 증가될 수 있음이 제시되었다(Lowe and Pillsbury 1995; Johannsson *et al.*, 1999;). 그러나 Strayer 등(1998)은 얼룩말조개의 저서생물상에 대한 영향이 서식환경에 따라 긍정적일 수도 있고 부정적일 수도 있음을 지적하였다.

패류는 수체 내 박테리아, 원생동물, 동·식물플랑크톤 그리고 다른 무생물입자들을 제거할 수 있는 효과적인 여과섭식자이다(Holland 1993; Cotner *et al.*, 1995; Fahnenstiel *et al.*, 1995; Lavrentyev *et al.*, 1995; Hwang, 1996). 담수환경에서 패류의 역할에 대해 가장 많이 알려진 얼룩말조개는 대략적으로 1L mussel$^{-1}$ day$^{-1}$의 여과율로 박테리아부터 동물플랑크톤에 이르기까지 다양한 부유생물을 여과할 수 있으며, 그 결과물의 투명도를 향상시킬 수 있는 것으로 보고되고 있다(Holland, 1993). 기질에 고착해 밀생하는 얼룩말조개 외에도 다른 패류 종들, 특히 재첩과 같은 이동성을 가지는 패류들의 탁월한 여과능력도 보고되고 있다(Wright *et al.*, 1982; Foster-Smith, 1975; Dame, 1996; Soto and Mena, 1999).

비록 패류가 바닥에 서식한다 하더라도, 먹이원으로서 식물플랑크톤에 대해 동물플랑크톤과 경쟁관계를 유지할 수 있다. 동물플랑크톤은 호수생태계에서 식물플랑크톤을 섭식하는 1차 소비자이다(e.g., Dodson, 1974). 동물플랑크톤 중 *Daphnia*는 박테리아, 원생동물, 식물플랑크톤 그리고 작은 동물플랑크톤까지 여과할 수 있는 능력을 가지고 있기 때문에 동·식물플랑크톤 사이의 먹이망에서 중요한 역할을 수행하는 종으로 알려져 있다(Crowder *et al.*, 1988). 탁월한 여과능력을 가진 *Daphnia*의 개체 수가 증가하는 시기에는, 호수에서 흔히 물의 투명도가 증가하는 청수기가 나타난다(Lampert *et al.*, 1986; Vanni and Temte, 1990). 그래서 패류와 크기가 큰 지각류는 식물플랑크톤에 대해 비슷한 효과를 나타낼 수 있는 능력을 가진다.

호수수질의 관리적인 측면에서, 많은 개체 수의 패류를 호수에 투입하는 것은 수질을 향상시킬 수 있는 방법으로서 사용될 수 있다. 이러한 방법은 패류의 탁월한 여과능력을 통해 수체로부터 부유물질을 제거하는 것이다(Reeders *et al.*, 1989; Reeders and Bij de Vaate, 1990; Soto and Mena,

1999). 얼룩말조개가 네딜란드의 소규모 부영양 호수에서 대량 발생한 조
류를 제거하기 위해 적용된 바 있다. Noordhius 등(1992)은 얼룩말조개를
수질개선을 위해 도입한 호수의 투명도가 인근의 호수와 비교해 60cm에서
100cm로 증가되었고, 이 영향은 호수 전체에서 조사기간 내내 계속적으로
유지되었음을 보고한 바 있다. Soto and Mena(1999)는 칠레에 있는
Llanquihue 호에서 독립생활을 하는 담수산 패류인 *Diploden chilensis*에 의
해 엽록소 *a* 농도가 $300\mu g$ $L^{-1}$에서 $3\mu g$ $L^{-1}$으로 100배 감소함에 따라, 부영
양화의 생물학적 조절자로서 패류의 이용가능성을 제시하였고, 수질 향상
을 위해 패류의 사용과 어류 관리를 동시에 병행할 것을 제안하였다.

여과섭식자인 패류에 대해 이루어진 많은 연구들은 해양성패류를 대상
으로 이루어졌다(Dame, 1996; Foster-Smith, 1975; Winter, 1973). 담수
산 패류에 대한 연구는 상대적으로 적고, 그러한 연구의 대부분도 얼룩말
조개와 관련하여 이루어졌다(e.g., Nalepa and Schloesser, 1993). 독립생활
을 하는 담수산 패류에 대한 여과능력이나 효과에 대한 정보는 얼룩말조
개나 해양성 패류에 비해 상대적으로 적다. *Corbicula*는 아시아에 서식하
는 담수산 패류로 북미의 많은 호수에도 성공적으로 정착하였고(Dresler
and Cory, 1980), 수체 내 먹이망에서 에너지 흐름과 물질순환에 대한 이
들의 영향과 섭식효과를 평가하기 위해서는 더 많은 연구가 수행될 필요
가 있다(Hill and Knight, 1981; Yamamuro and Koike 1993).

본 연구에서는 국내 두 호수에서 참재첩(*Corbicula leana* Prime)의 여
과능력을 평가하고 크기가 큰($>200\mu m$) 동물플랑크톤과의 여과능력을 비교
하였다. 현장 식물플랑크톤 군집에 대한 패류와 동물플랑크톤의 영향이
영양상태가 다른 두 호소 수를 이용한 실내 섭식실험을 통해서 평가되었
다. 섭식률 비교를 위해서, carbon flux, 크기에 따른 선택적 섭식 그리고
영양염 재생률을 평가하였다. 또한 조류가 대량 발생하는 호수에서 생물
학적 조절자로서 참재첩의 이용가능성을 검토하였다.

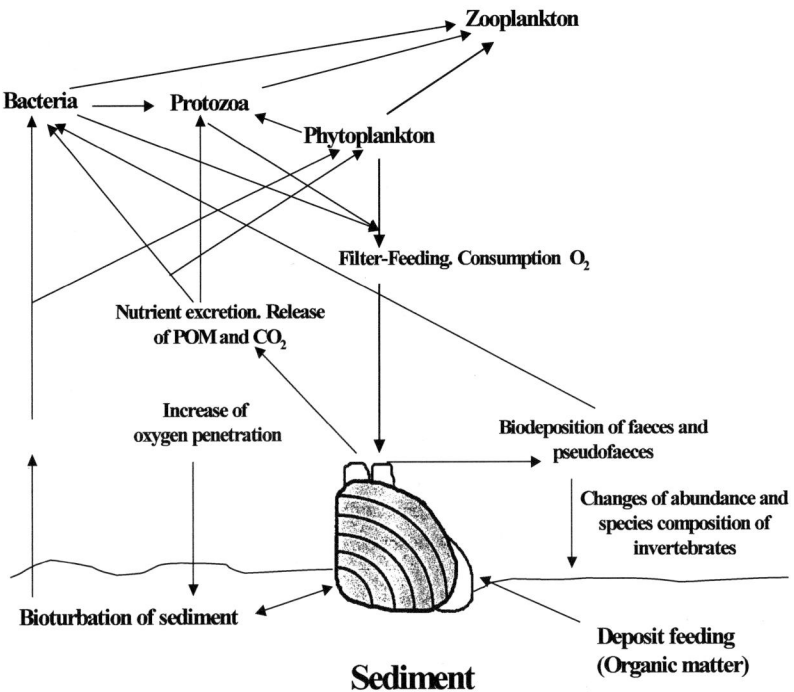

Fig. 5-1. Potential ecosystem functions performed by burrowing bivalves in freshwater system.

## 제2절 연구대상 및 방법

### 1. 참재첩(*Corbicula leana*, PRIME)의 서식현황

*Corbicula*는 얕은 호수와 강 그리고 기수호에서 흔히 발견되고 있으며 국내 남쪽 지역을 포함한 세계 여러 지역에 분포하고 있다. 국내에서는 *Corbicula* 속 중 6개의 종이 분포하는 것으로 알려져 있다(Kwon, 1990). 본 연구에 사용된 *Corbicula leana*는 성체의 패각길이가 22mm에서 45mm 정

도이다(이와 김, 1997). 최근 *Corbicula* 속에 대한 분자구조에 대한 연구에서 *C. leana*가 *C. colorata*(0.737)와 *C. fluminea*(0.689)와 유사한 것으로 보고된 바 있다(Lee and Kim, 1997).

## 2. 패류채집

*C. leana*는 북한강 상류에서 채집기(길이: 120cm, 밑면: 60cm, 높이: 30cm)를 이용하여 채집하였다. 채집 장소의 수질은 중영양상태(26~54µg $L^{-1}$, Chl.$a$; 20~114µg P $L^{-1}$)였고 수심은 약 2m이었다. 패류는 실험 이루어지기 한 달 전에 채집되었다. 현장에서 채집된 패류들은 실험실에 운반되었고, 조사지점에서 채집된 모래기질을 채운 용기에서 순화되었다. 패류의 먹이원을 공급하기 위해서 부영양 호수물을 3~5일 간격으로 교환하였다. 패류들은 실험 하루 전에 GF/C 여과지로 여과된 호수물이 채워진 새로운 용기에 옮겨졌다. 실험에는 패각의 길이가 2~2.5cm되는 2~3년 된 건강한 패류가 사용되었다.

## 3. 연구대상 호수

섭식실험을 위해 영양상태가 매우 다른 두 호수에서 채수된 물을 이용하였다. 소양호는 한강상류에 위치하고 있으며, 1973년 다목적댐 건설에 의해 형성된 대형인공호이다. 소양호는 크고 깊으며(평균깊이 42m), 유역은 대부분 산지와 농경지로 사용되고 있다. 댐 건설 이후에 호수 내 일차생산력이 점차 증가하였고, 최근 들어 식물플랑크톤 군집이 규조류와 편모조류가 우점하는 중영양상태를 나타내고 있다(Kim *et al.*, 2000). 이와달리, 서울 도심에 위치한 일감호는 작고 수심이 얕으며(평균수심 0.97m), 유입수가 없고 체류시간이 긴 인공호수이다. 일감호에서는 연중 대부분의 기간에 남조류가 우점하는 부영양한 호수로, *Microcystis* spp., *Oscillatoria* sp., *Lyngbya* sp.와 같은 사상성 남조류가 주로 출현한다(김 등, 2003).

## 4. 시료채수 및 분석

시료는 2002년 4월부터 9월까지 한 달 간격으로 일감호의 가장 깊은 지점에서, 소양호에서는 댐 근처에서 채수하였다. 물 시료는 10~12시 사이에 두 호수의 0.5m 수심에서 Van Dorn채수기를 이용하여 채수한 후 20L 폴리에틸렌 통에 담아 실험실로 운반하였다.

엽록소 $a$ 농도와 부유물질 분석을 위해 시료를 GF/F여과지로 여과하였다(APHA, 1995). 엽록소 $a$ 농도는 Lorenzen(1967)방법에 의해 분석하였다. 용존무기인과 질산성 질소 분석을 위한 시료는 0.25μm polycarbonate filters로 여과하였다. 용존무기인과 질산성 질소는 각각 아스코르빅산법과 카드늄환원법으로 측정하였다(APHA, 1995). 총인과 총질소는 pursulfate로 전 처리한 후 용존무기인과 질산성 질소 농도 측정과 동일한 방법으로 분석하였다(APHA, 1995). 수온과 용존산소농도(DO), pH 그리고 전기전도도는 수질다항목측정기(Hydrolab: RS-232/SDI-12)를 이용해 현장에서 측정하였다. 투명도는 지금이 20cm인 secchi disk를 이용하여 측정하였다.

식물플랑크톤의 정량·정성분석을 위해 100㎖의 시료를 2개의 Whirl-Pakbags에 담아 Lugol 용액으로 고정하였다(1%, final conc.). 동물플랑크톤은 망목의 크기가 64μm인 네트로 수직 예인하였고, sucrose-formalin (4%, final conc.)로 고정하였다.

## 5. 패류와 대형동물플랑크톤 섭식실험

섭식실험은 2반복으로 10L 용기에 다음과 같은 처리구로 구분하여 현장에서 시작되었다

(1) 대조구(200㎛으로 여과된 호수물)

(2) 동물플랑크톤 첨가(현장의 밀도의 4배)

(3) 패류 첨가(1개체 $L^{-1}$)

(4) 동물플랑크톤과 패류 모두 첨가(개별적으로 첨가된 것과 동일)

동물플랑크톤과 패류가 첨가된 직후, 시료 100mL를 2반복으로 초기 조건의 분석을 위해 채수하였다. 24시간 후에, 100mL 시료를 2반복으로 각 처리구에서 채수하였다.

식물플랑크톤의 감소율($day^{-1}$)은 다음의 식으로 계산하였다.

$$R(day^{-1}) = \frac{ln(N_t/N_o)}{t}$$

여기서 $N_o$와 $N_t$는 실험 전과 t 시간 경과한 후의 식물플랑크톤의 현존량(cell/㎖)이고, t는 경과시간(24hr)이다.

패류의 건중량과 유기물함량(Ash Free Dry Weight: AFDW)을 측정하기 위해 실험이 종료된 후 패류 근육을 껍질로부터 분리하여 500℃에서 태워 무게가 측정된 도가니에 담아 100℃에서 72시간 동안 건조시킨 후 무게를 측정하였으며, 도가니의 무게차를 통해 패류의 건중량을 계산하였다. 측정이 된 도가니는 다시 500℃에서 30분간 태운 후 무게를 측정함으로써 유기물함량(AFDW)을 계산하였다.

식물플랑크톤에 대한 패류의 여과율(FR)은 다음과 같은 식에 이해 각 처리구에서 계산되었다.

$$FR \left( mlgAFDW^{-1} hr^{-1} \right) = \frac{V \times ln\left( C/M \right)}{W \times t}$$

여기서 V는 실험에 사용된 호소수의 양이며(L), C와 M은 각각 동물플랑크톤 혹은 패류가 없는 용기와 패류가 존재하는 용기에서 t 시간 이후의 식물플랑크톤 세포밀도이다. W는 24시간 후에 용기로부터 분리되어 측정된 패류와 동물플랑크톤의 유기물함량이며(AFDW), t는 배양시간이다. 동물플랑크톤의 여과율(FR: ㎖ L⁻¹ hr⁻¹)은 패류의 여과율 계산식에 현장에서의 동물플랑크톤 현존량(Ind. L⁻¹)을 곱하여 계산하였다.

## 제3절 연구대상호수의 육수학적 특성

본 연구에서 조사된 두 호수의 육수학적 요인들은 매우 달랐다(Table 5-1). pH, 전기전도도, 총인 그리고 엽록소 *a* 농도는 소양호에 비해 일감호에서 현저히 높았다($p<0.05$, n=12). 일감호에서의 높은 엽록소 *a* 농도는 투명도의 감소와 높은 pH를 야기했고($p<0.05$, n=12) 이것은 소양호에 비해 생산력이 매우 높다는 것을 의미한다. 그러나 총질소와 용존무기인의 농도는 두 호수에서 큰 차이가 없었다.

질소, 인 그리고 엽록소 *a* 농도의 시간에 따른 변화는 두 호수가 서로 다른 영양상태임을 나타낸다(Table 5-1). 일감호에서의 질산성 질소 농도(0.02~0.72㎎ N L⁻¹)는 소양호(1.2~2.3㎎ N L⁻¹)에 비해 매우 낮았고 ($p<0.05$, n=10), 소양호에서 총질소의 90% 이상이 질산성 질소형태로 존재하였다. 그러나 인 이용률은 두 호수 모두에서 질소와는 매우 달랐다. 두 호수 수체 내 낮은 용존무기인 농도는 조류와 박테리아에 의한 빠른 흡수에 의한 것일 수 있다. 엽록소 *a* 농도는 소양호에서 총인과 양의 상

관성이 있었으나($p<0.05$, r=0.82, n=10), 일감호에서는 총질소의 밀접한
상관성이 있었다($p<0.05$, r=0.75, n=10). 또한 일감호의 투명도는 식물플
랑크톤 생물량과 유의한 상관성이 있었다($p<0.05$, r=0.81, n=10).


## 제4절 식물플랑크톤 종 조성과 생물량


본 연구기간 동안 두 호수에서의 식물플랑크톤 종 조성은 달랐다(Table 2).
소양호에서는 *Asterionella formosa*, *Melosira varians*와 같은 규조류의 출
현빈도가 높았다. 소양호에서 식물플랑크톤의 계절적인 변화는 *Asterinella
formosa*가 5월에 총생물량의 99%로 우점 종으로 나타난 이후 *Dinobryon*,
*Chlamydomonas*, 그리고 *Mallomonas*와 같은 편모조류가 우점하였다(총생
물량의 83~99%). 소양호에서 조사기간 중 가장 낮은 식물플랑크톤 세포밀
도는 *Melosira varians*가 우점종으로 나타난 7월에 관찰되었고, 8월부터는
*Microcystis aeruginosa*의 세포밀도가 증가하여 9월까지 우점하였다. 반면에,
일감호에서는 조사 기간 동안 *Microcystis*, *Oscillatoria*, *Lyngbya*와 같은 남
조류가 우점하였고, *Peridinium*이 7월에 높은 생물량을 나타냈다.

Table 5-1. The distribution of various limnological variables in Lakes Soyang and Ilgam between April and September 2000. N.D. denotes under detection limit ($<0.02$mg N L$^{-1}$, $<2.0\mu$g P L$^{-1}$).

| Date | S.D m | Temp. ℃ | pH | Cond. $\mu$ S cm$^{-1}$ | TN mg L$^{-1}$ | NO$_3$-N mg L$^{-1}$ | TP $\mu$g L$^{-1}$ | PO$_4$-P $\mu$g L$^{-1}$ | Chl.$a$ $\mu$g L$^{-1}$ |
|---|---|---|---|---|---|---|---|---|---|
| **L. Soyang** | | | | | | | | | |
| April 2000 | 2.9 | 8.7 | 7.1 | 55.3 | 2.5±0.0 | 2.3±0.00 | 6.3±0.0 | N.D | 3.6±0.3 |
| May 2000 | 3.2 | 13.2 | 7.5 | 55.3 | 1.3±0.0 | 1.2±0.00 | 6.9±0.7 | N.D | 2.9±0.1 |
| June 2000 | 5.8 | 23.0 | 7.5 | 58.7 | 1.3±0.0 | 1.3±0.00 | 6.3±0.0 | N.D | 1.4±0.5 |
| July 2000 | 3.5 | 26.4 | 7.6 | 58.5 | 1.3±0.0 | 1.2±0.00 | 6.9±0.7 | N.D | 4.0±0.2 |
| Aug 2000 | 3.7 | 28.4 | 8.1 | 72.4 | 1.4±0.0 | 1.3±0.00 | 6.9±0.7 | N.D | 3.8±0.3 |
| Sep 2000 | 4.0 | 21.0 | 7.2 | 57.8 | 1.4±0.1 | 1.3±0.00 | 10.8±0.7 | N.D | 5.9±0.0 |
| **L. Ilgam** | | | | | | | | | |
| March 2000 | 0.6 | 13.0 | 9.4 | 206.6 | 3.3±0.1 | 0.72±0.08 | 55.4±2.0 | | 90.7±2.8 |
| April 2000 | 0.7 | 15.0 | 8.9 | 187.0 | 1.6±0.0 | 0.20±0.00 | 54.1±0.7 | 4.1±0.6 | 56.0±1.8 |
| May 2000 | 0.6 | 24.0 | 9.4 | 220.8 | 1.6±0.1 | 0.03±0.00 | 64.6±0.7 | N.D | 59.1±3.0 |
| June 2000 | 0.6 | 27.1 | 9.3 | 246.9 | 1.4±0.0 | 0.07±0.00 | 57.3±1.3 | 7.2±0 | 62.3±0.0 |
| July 2000 | 0.3 | 28.2 | 9.0 | 209.4 | 1.7±0.0 | 0.02±0.00 | 65.9±0.7 | 3.5±0 | 84.1±1.6 |
| Aug 2000 | 0.6 | 28.8 | 9.4 | 203.8 | 1.0±0.0 | N.D | 51.5±0.7 | N.D | 52.4±1.1 |
| Sep 2000 | 0.3 | 24.5 | 9.8 | 164.1 | 1.5±0.1 | N.D | 61.9±0.7 | N.D | 75.9±4.7 |

본 연구기간 동안 일갈호의 식물플랑크톤 세포밀도와 생물량 모두 소양호에 비해 현저히 높았다($p<0.01$, n=10). 소양호에서는 *Asterionella formosa*와 같은 규조류가 5월에 우점한(Fig. 5-2)(총생물량의 99%) 이후에 *Dinobryon*, *Rhodomonas*, 그리고 *Mallomonas*와 같은 편모조류가 우점하였다(83~99%). 일감호에서는 식물플랑크톤 군집이 편모조류(*Peridinium*)에 의해 우점(54%)한 7월을 제외하고 남조류가 우점하였다(30~85%). 식물플랑크톤의 세포밀도와 생물량의 시간에 따른 변화가 항상 일치하지는 않았다(Fig. 5-2). 6월에 소양호에서 편모조류(*Dinobryon divergence*)가 우점하였고, 일감호에서는 세포의 크기가 작은 사상체의 남

조류(*Lyngbya, Oscillatoria*)가 우점하였다. 6월에 소양호에서 낮은 세포밀도에도 불구하고 높은 생물량을 나타낸 것과, 일감호에서 반대의 경향이 관찰된 것은 이러한 우점종의 크기에 대한 탄소함량의 차이로 설명될 수 있을 것이다.

## 제5절 동물플랑크톤 종 조성과 생물량

두 호수에서의 동물플랑크톤 종 조성 또한 달랐다(Table 5-2). 일감호에서는 개체 수에 있어 윤충류가 우점하였으나(228~1,920ind L$^{-1}$) 소양호에서는 단지 5월과 7월에만 윤충류가 우점하였다(111~133ind L$^{-1}$)(Fig. 5-3). 두 호수에서 관찰된 윤충류는 일감호에서 연구기간 동안 *Brachionus diversicornis, Keratella cochlearis*, 그리고 *Pompholyx complanata*와 같은 종이, 소양호에서는 *Polyarthra*만이 흔히 관찰되었다(Table 5-2). 대형 동물플랑크톤에 있어서는(>200μm), *Diacyclops thomasi*와 nauplii와 같은 요각류가 일감호에서 흔히 관찰된 반면, 소양호에서는 *Daphnia galeata mendotae*와 *Bornina longirostris*와 같은 지각류가 6월과 7월에 우점하였다(Fig. 5-3).

일감호에서의 동물플랑크톤 개체 수와 생물량은 소양호에 비해 현저히 높았고($p<0.05$)(Fig. 5-3), 식물플랑크톤 생물량과 밀접한 상관성을 나타냈다($p<0.05$, n=10). 특히, 소양호에서는 6월에 *Daphnia galeata mendotae*가 최대 현존량을 나타냈고(26ind L$^{-1}$), 이 시기의 청수기 현상과 관련이 있었다(투명도: 5.8m, Table 5-1).

Table 5-2. Dominant phytoplankton and zooplankton taxa found in Lakes Soyang and Ilgam between May and September 2000. Dominant taxa list up was those greater 20% in density (d) and biomass (b)

| | Phytoplankton | | Zooplankton | |
| --- | --- | --- | --- | --- |
| | L. Soyang | L. Ilgam | L. Soyang | L. Ilgam |
| May | Asterionella formosa (d) | Lyngbya contarata (d) Oscillatoria sp. (d) Peridinium sp. (b) | Keratella cochlearis (d) Diacyclops thomasi (b) | Brachionus diversicornis (d) Keratella cochlearis (d) Nauplius (b) |
| Jun. | Rhodomonas sp. (d) Dinobryon divergence (d) Mallomonas sp.(b) | Oscillatoria sp. (d) Microcystis aeruginosa (b) Peridinium sp. (b) | Polyathra euryptera (d) Daphnia galeata (d) | Asplanchna herricki (b) Diaphanosoma birgei (b) Pompholyx complanata (d) |
| Jul. | Melosira varians (d) Ceratium hirundinella (b) | Peridinium sp. (b) Apanocapsa delicatissium (d) Lyngbya contarata (d) Microcystis aeruginosa (d) | Polyathra euryptera (d) Ploesoma tetractic (d) Bosmina longirostris (b) | Nauplius (d) Brachionus diversicornis (b) |
| Aug. | Microcystis aeruginosa (d) Peridinium sp. (b) | Oscillatoria sp. (d) Peridinium sp. (b) | Courella obturella (d) Nauplius (d) Leptodora kindti (b) | Pompholyx complanata (d) Nauplius (d) Diaphanosoma birgei (b) |
| Sep. | Melosira varians (d) Microcystis aeruginosa (d) Ochromonas mutabilis (b) | Dactylococcopis acicularis (d) Peridinium sp. (b) | Polyathra euryptera (d) Nauplius (d) Diacyclops thomasi (b) | Nauplius (d) Diacyclops thomasi (b) |

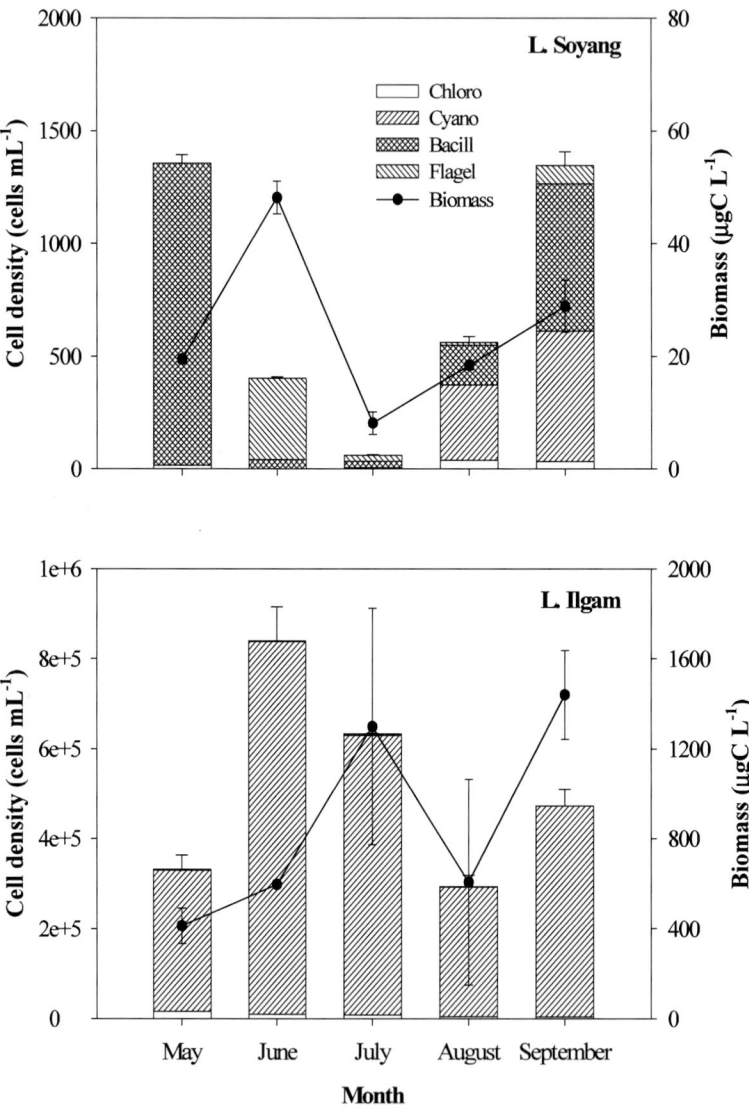

Fig. 5-2. Ambient phytoplankton density and carbon biomass in Lakes Soyang and Ilgam between May and September 2001. Chloro, Canano, Bacill, and Falgel denote Chlorophyceae, Cyanophyceae, Bacillariophyceae, and flagellate algae, respectively.

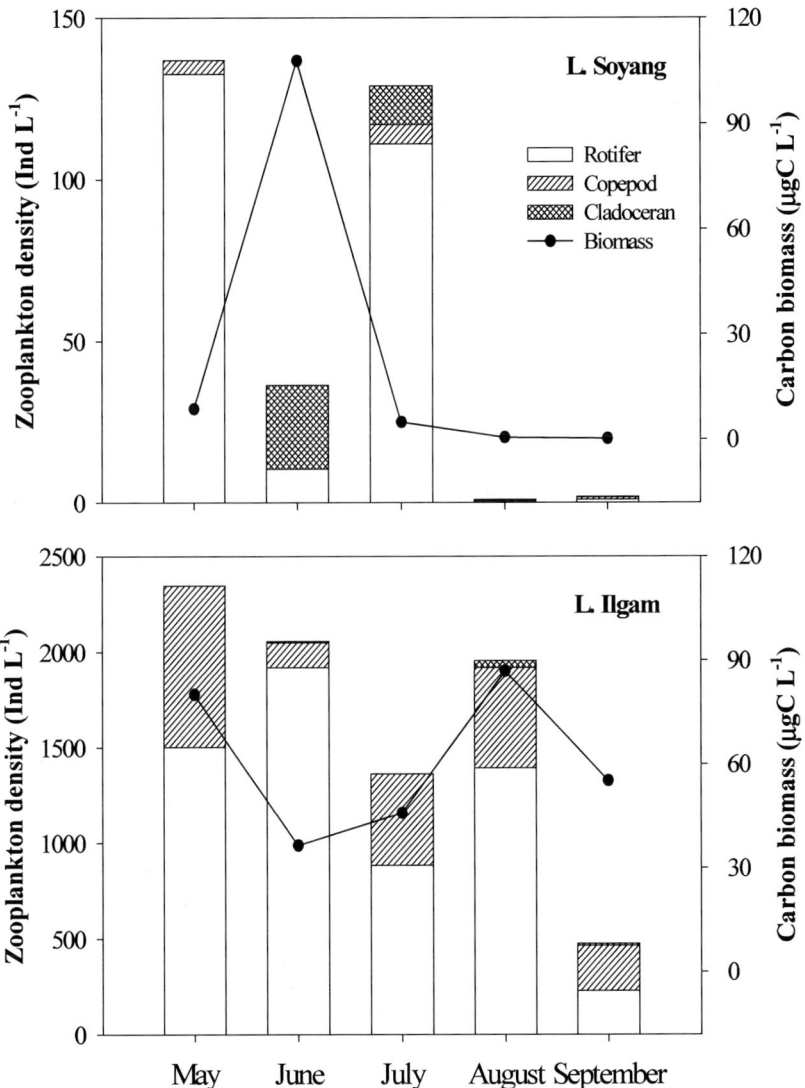

Fig. 5-3. Ambient zooplankton density and carbon biomass in Lakes Soyang and Ilgam between May and September 2001.

## 제6절 식물플랑크톤에 대한 참재첩(*Corbicula leana*)과 대형동물플랑크톤의 섭식효과

### 1. 식물플랑크톤 현존량 및 생물량

식물플랑크톤에 대한 패류와 동물플랑크톤의 섭식효과는 상당한 차이를 보였다. 소양호에서 8월을 제외하고 24시간 후에 남아 있는 식물플랑크톤 세포밀도는 동물플랑크톤(Z)이 첨가된 곳에서 44~99%(avg. 72%)였고, 패류(M) 0.1~36%(avg. 15%), 그리고 동물플랑크톤과 패류가 모두 처리된 곳(Z+M)에서는 0~16%(avg. 4%)이었다(Fig. 5-4). 6월과 7월에 패류가 있는 처리구에서 거의 모든 식물플랑크톤이 제거되었다. 대조구와 패류가가 있는 처리구에서 24시간 후의 나타난 세포밀도의 차이는 모든 시기에 뚜렷하였다($p < 0.05$, n=5). 이와 달리 동물플랑크톤의 섭식효과는 뚜렷하지 않았다. 단지, 9월에 뚜렷한 섭식효과가 관찰되었고($p = 0.014$), 7월에도 동물플랑크톤 섭식에 의한 식물플랑크톤의 감소가 관찰되었으나 대조구와 비교해 유의적인 차이는 없었다($p = 0.057$). 8월에 관찰된 동물플랑크톤 처리구에서 식물플랑크톤 세포밀도의 증가($p < 0.01$)는 이 시기에 우점한 *Microcystis aeruginosa*가 동물플랑크톤 먹이원으로서 이용가능성이 적은 반면 섭식에 의해 용출된 영양염이 남조류의 성장에 이용되었기 때문에 나타난 결과로 생각할 수 있다. 패류 그리고(패류+동물플랑크톤) 처리구에서 섭식효과의 차이는 5월과 8월에 관찰되었고($p = 0.0009$, n=5), 그 외 다른 기간 동안에도 약간의 차이는 있었다($p = 0.053$, n=10). 소양호에서 섭식효과는 동물플랑크톤과 패류가 동시에 존재하는 처리구에서 가장 높았고($p < 0.0001$, n=10), 다음으로 패류가 존재하는 처리구에서 높게 나타났다($p = 0.002$, n=10).

일감호에서도 패류 섭식에 의해 식물플랑크톤 세포밀도는 현저히 감소하였으나 섭식효과는 소양호에서 관찰된 것과 비교해 매우 적었다(Fig. 5-5). 동물플랑크톤(Z), 패류(Z) 그리고 동물플랑크톤과 패류(Z+M)가 존재하는 처리구에서 24시간 후에 잔존하는 식물플랑크톤 세포밀도는 실험 전의 각각 129-49%(avg. 91%), 106~27%(avg. 55%), 그리고 67~16%(avg. 43%)이었다. 일감호에서 섭식효과는 패류가 존재하는 처리구(M, Z+M)에서만 관찰되었다. 식물플랑크톤에 대한 섭식효과는 동물플랑크톤과 패류가 존재하는 처리구에서 가장 높았고($p=0.007$, n=5), 다음으로 패류만이 존재하는 처리구에서 높게 나타났다($p=0.012$, n=5). 7월에 패류가 존재하는 처리구에서 식물플랑크톤의 세포밀도의 변화가 없었던 것은 소양호에서 *Microcystis aeruginosa*가 출현한 8월에 패류에 의한 섭식효과가 적었던 것과 같이 일감호에서 이 시기에 우점종으로 나타난 *Microcystis aeruginosa, Aphanocapsa delicatissium*와 같은 종 구성에 기인된 결과로 생각할 수 있다.

## 2. 참재첩의 차별적 섭식효과

*Corbicula*의 식물플랑크톤에 대한 섭식효과는 먹이원의 크기에 따라 달라질 수 있으나, 본 연구 기간 동안에 두 호수에서 관찰된 거의 모든 식물플랑크톤의 세포밀도가 감소하였다(Table 5-3). 소수의 식물플랑크톤 종이 24시간 동안 이루어진 패류 섭식 동안에 거의 모두 제거되었다. 이러한 경향은 *Chlamydomonas, Kirchneriella*, 그리고 *Tetradron*와 같은 녹조류와(Chlorophyceae), *Synechocystis*와 *Pormidium*과 같은 남조류(Cyanophyceae), *Dinobryon*(chrysophyceae), 그리고 몇몇 규조류 종에서 나타났다. *Ankistrodesmus*(Chlorophyceae)와 *Dactylococcus, Synechocystis*(Cyanophyceae)와 같은 몇몇 종은 패류에 의해 거의 섭식되지 않는 것으로 나타났다(Table 5-3).

Table 5-3. Characteristics of phytoplankton taxa and percent phytoplankton grazing by *Corbicula leana*. Cell sizes and biovolume were measured either cell (ce) or colony (co). Each taxon occurred as various forms; individuals (I), filamentous (F), colonies (C) and colonies surrounded by gelatinous sheath (G-S). Average percentage SE for each taxon was pooled from values estimated all months when they were observed.

| | Size range (μm) | Mean biovolume (μm³) | Occurring forms | Ave. biovolume Grazed (%) | |
|---|---|---|---|---|---|
| | | | | L. Soyang | L. Ilgam |
| **CHLOROPHYCEAE** | | | | | |
| *Ankistrodesmus bibraianus* | 8 (ce) | 100 | I | | 28±20 |
| *Ankistrodesmus falcatus* | 20-31 (ce) | 601 | C | | -59±7 |
| *Ankistrodesmus gracilis* | 21-22 (ce) | 471 | C | | 85±4 |
| *Dictyosphaerium ehrenbergianum* | 8 (ce) | 1809 | C | | 38±2 |
| *Chlamydomonas* sp. | 10-16 (ce) | 249 | I | 100±0 | 77±7 |
| *Cosmarium portianum* | 10 (ce) | 262 | C | 100±0 | 100±0 |
| *Cosmarium punctulatum* | 24 (ce) | 402 | C | | 56±13 |
| *Cosmarium* sp. | 7-12 (ce) | 249 | C | 100±0 | 74±12 |
| *Golenkinia radiata* | 5-10 (ce) | 90 | I | | 87±7 |
| *Kirchneriella obesa* | 6 (ce) | 113 | C | | 16±26 |
| *Kirchneriella lunaris* | 8 (ce) | 134 | C | | 100±0 |
| *Monoraphidium contortum* | 18-20 (ce) | 59 | I | | 86±6 |
| *Scenedesmus acuminitas* | 9-30 (ce) | 116 | C | | 89±5 |
| *Scenedesmus quadricauda* | 8-30 (ce) | 528 | C | 100±0 | 86±6 |
| *Scenedesmus* sp. | 7-20 (ce) | 296 | C | 82±9 | 92±7 |
| *Staurastrum chaetoceros* | 10 (ce) | 131 | C | | 47±18 |
| *Staurastrum* sp. | 10 (ce) | 131 | I | | 62±11 |
| *Pediastrum simplex* | 18 (ce) | 2411 | C | | 98±1 |
| *Pediastrum duplex* | 18 (ce) | 2411 | C | | 86±4 |
| *Tetraedriella gigas* | 7 (ce) | 82 | I | 92±2 | |
| *Tetraedron hastatum* | 10 (ce) | 335 | I | | 22±1 |
| *Tetraedron regulare* | 10 (ce) | 335 | I | | 100±0 |
| *Tetrastrum staurogeniaeforme* | 5 (ce) | 262 | C | | 64±8 |
| *Westella botryoides* | 20-40 (ce) | 210 | C | 100±0 | |
| **CYANOPHYCEAE** | | | | | |
| *Apanocapsa delicatissium* | 30-100(co) | 34 | C | | 93±3 |
| *Apanocapsa elachista* | 80-30 (ce) | 28 | C | | 93±2 |
| *Apanocapsa grevillei* | 10-20 (ce) | 131 | SE | | 100±0 |
| *Chroococcuss turgidus* | 7 (ce) | 183 | C | | 100±0 |

| | Size range ($\mu$m) | Mean biovolume ($\mu$m$^3$) | Occurring forms | Ave. biovolume Grazed (%) | |
|---|---|---|---|---|---|
| | | | | L. Soyang | L. Ilgam |
| Chroococus sp. | 4–6 (ce) | 97 | C | | 97±2 |
| Dactylococcopsis acicularis | 55 (ce) | 105 | I | | -23±34 |
| Dactylococcopsis sp. | 45 (ce) | 94 | I | | 100±0 |
| Synechocystis aquatilis | 10–12 (ce) | 178 | C | | -18±28 |
| Synechocystis sp. | 4–6 (ce) | 18 | C | | 100±0 |
| Lyngbya contarata | 40–180 (co) | 419 | F | | 57±12 |
| Microcystis aeruginosa | 50–200 (co) | 16,956 | C | 87±6 | 65±10 |
| Microcystis wesenbergii | 60–200 (co) | 18,086 | C–G | | 45±12 |
| Oscillatoria spp. | 40–250 (co) | 251 | F | | 66±7 |
| Pormidium sp. | 6–9 (ce) | 7 | F | | 100±0 |
| Spirulina sp. | 120 (co) | 251 | F | | 86±5 |
| **BACILLARIOPHYCEAE** | | | | | |
| Achnanthes sp. | 8 (ce) | 277 | I | | 64±10 |
| Asterionella formosa | 35–60 (ce) | 334 | C or I | 99±1 | |
| Cocconesis sp. | 25–35 (ce) | 3951 | I | 100±0 | |
| Cyclotella asterocostarta | 8 (ce) | 157 | I | 100±0 | |
| Cyclotella comta | 15–23 (ce) | 334 | I | 89±4 | |
| Cyclotella meneghiniana | 10 (ce) | 196 | I | 100±0 | |
| Cyclotella sp. | 8–24 (ce) | 619 | I | 97±1 | 52±20 |
| Cymbella tumida | 20–30 (ce) | 321 | I | 100±0 | |
| Fragilaria crotonensis | 60–70 (ce) | 1276 | C or I | 100±0 | |
| Aulacoseira ambigua | 15–20 (ce) | 1340 | F | 100±0 | 100±0 |
| Melosira varians | 8–15 (ce) | 335 | F | 99±1 | |
| Aulacoseira granulata | 10–50 (ce) | 1675 | F | | 100±0 |
| Aulacoseira sp. | 24–240 (ce) | 1005 | F | | 91±3 |
| Navicula cryptocephala | 35 (ce) | 586 | I | 100±0 | |
| Naviculs spp. | 13–55 (ce) | 259 | I | 84±10 | 100±0 |
| Nitzschia palea | 50 (ce) | 434 | I | 100±0 | |
| Nitzschia sp. | 15–78 (ce) | 149 | I | 100±0 | |
| Staphanodicus hantzschii | 8–11 (ce) | 246 | I | 100±0 | 56±13 |
| Synedra acus | 40–399 (ce) | 136 | I | 78±12 | |
| Synedra inaequalis | 35 (ce) | 449 | I | 100±0 | |
| Synedra pulchella | 11 (ce) | 104 | I | 100±0 | |
| Synedra ulna | 210 (ce) | 1771 | I | 51±14 | |
| Synedra spp. | 55–125 (ce) | 190 | I | | 54±26 |

| | Size range ($\mu$m) | Mean biovolume ($\mu$m$^3$) | Occurring forms | Ave. biovolume Grazed (%) | |
|---|---|---|---|---|---|
| | | | | L. Soyang | L. Ilgam |
| **DINOPHYCEAE** | | | | | |
| *Peridinium* sp. | 15−30 (ce) | 4320 | I | 92±2 | 73±8 |
| | | | | | |
| **CRYTOPHYCEAE** | | | | | |
| *Cryptomonas* sp. | 12−15 (ce) | 384 | I | 99±1 | |
| *Rhodomonas* sp. | 6−14 (ce) | 69 | I | 98±1 | 75±7 |
| | | | | | |
| **CHRYSOPHYCEAE** | | | | | |
| *Dinobryon divergens* | 35−40 (ce) | 515 | C | 100±0 | |
| *Mallomonas* sp. | 5−20 (ce) | 691 | I | 99±1 | |

## 3. 식물플랑크톤 감소율과 여과율

식물플랑크톤 감소율(R)에 대한 대형동물플랑크톤과 패류의 영향은 일감호(Z: 0.19~0.20, M: 0.52~1.30day$^{-1}$)에 비해 소양호(Z: 0.06~1.06, M: 1.0~7.0day$^{-1}$)에서 높았다(Fig. 5-6). 두 호수에서의 식물플랑크톤 평균 감소율(R)의 차이는 동물플랑크톤은 1.8배, 패류는 4.1배였다. 패류 섭식에 의한 식물플랑크톤 감소율은 각 호수에서 동물플랑크톤에 의한 감소율에 비해 일감호에서는 4.5배, 소양호에서는 9.8배 높았다. 패류, 그리고 패류와 동물플랑크톤이 동시에 존재하는 처리구에서의 식물플랑크톤 감소율의 차이는 두 호수 모두에서 큰 차이가 없었다. 두 호수에서의 패류 여과율은 차이가 있었고($p$=0.002, n=5), 소양호에서 패류의 여과율(0.74~3.05mL mg AFDW$^{-1}$ hr$^{-1}$)이 일감호(0.24~0.87mL mg AFDW$^{-1}$ hr$^{-1}$)에서 계산된 값과 비교해 항상 높았다(Fig. 5-6). 두 호수에서 동물플랑크톤 여과율의 통계적인 큰 차이는 없었으나($p$〉0.05, n=10), 소양호에서의 동물플랑크톤의 여과율이(5.7~18.4㎖ L$^{-1}$ hr$^{-1}$) 대조구에 비해 식물플랑크톤 현존량이 증가했던 8월을 제외하고는 일감호(2.3~6.2㎖ L$^{-1}$ hr$^{-1}$)에 비해 항상 높았다(Fig. 5-6).

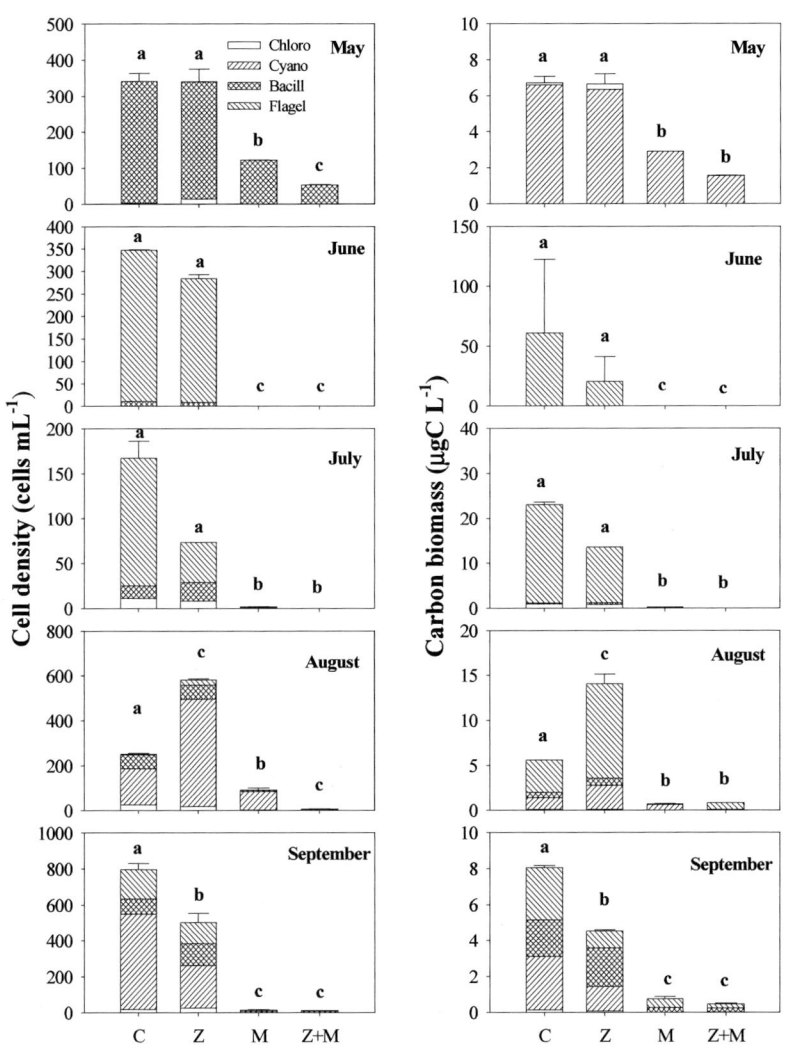

Fig. 5-4. Phytoplankton density and carbon biomass in the different treatments (C: control, Z: zooplankton addition, M: mussel addition, Z+M: both zooplankton and mussel addition) of feeding experiment in Lake Soyang between May and September 2001. a, b, and c indicates significant difference between control and other treatments.

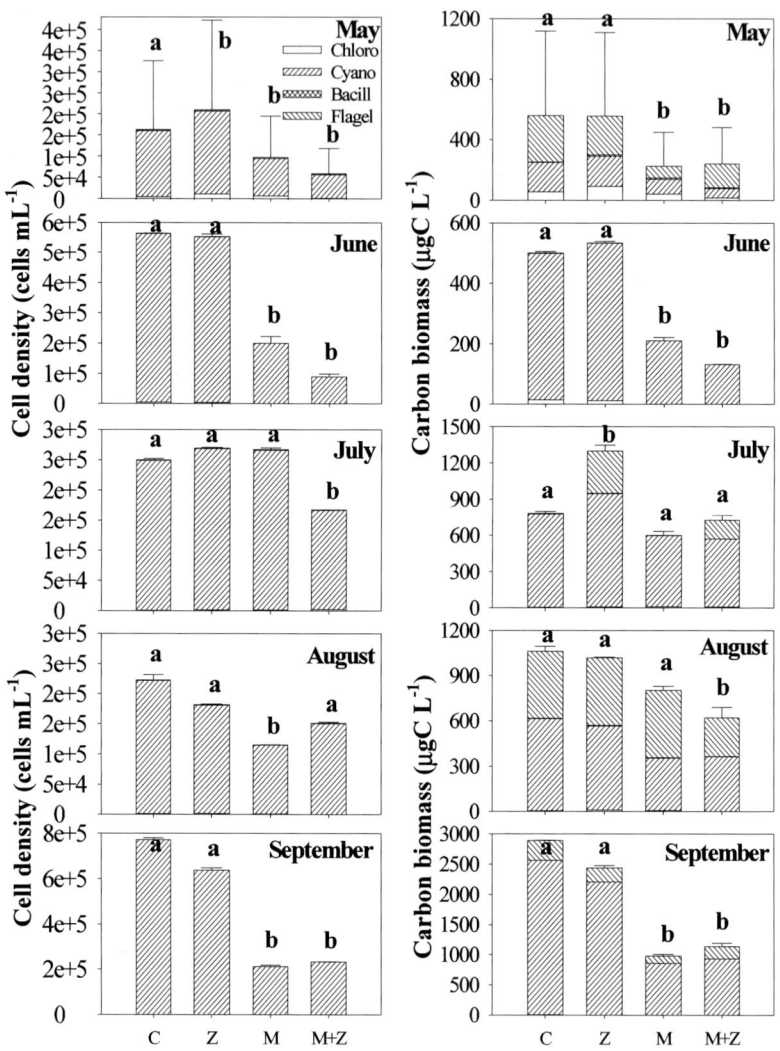

Fig. 5-5. Phytoplankton density and carbon biomass in the different treatments (C: control, Z: zooplankton addition, M: mussel addition, Z+M: both zooplankton and mussel addition) of feeding experiment in Lake Ilgam between May and September 2001. a, b, and c indicates significant difference between control and other treatments.

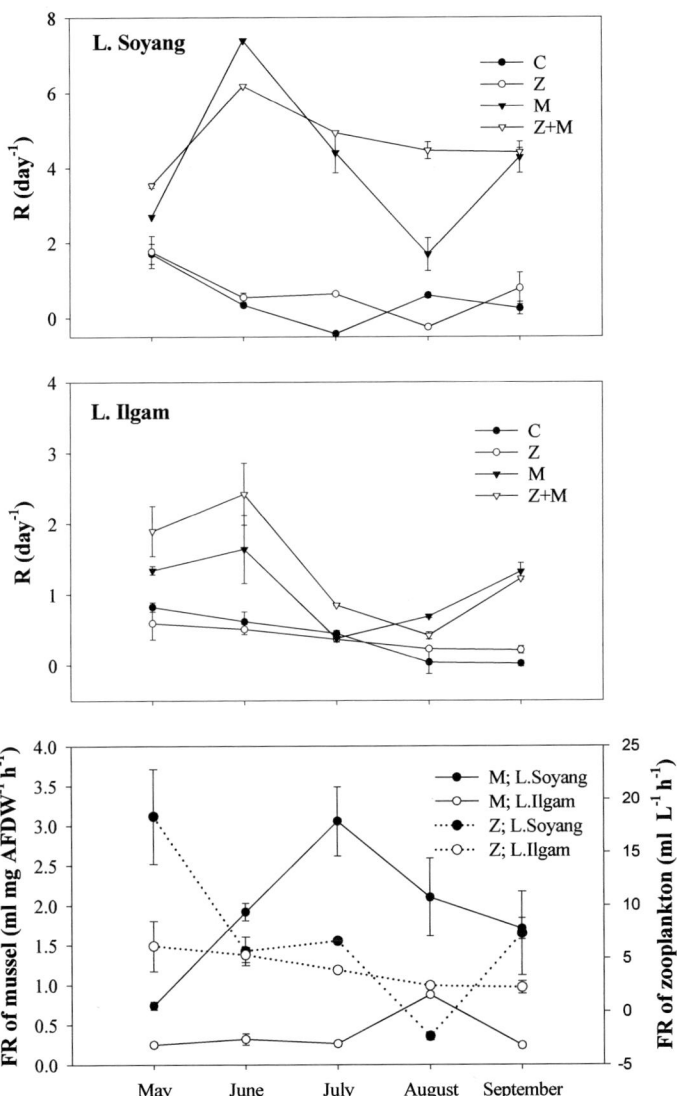

Fig. 5-6. Exponential death rate (R) and filtering rate (FR) of phytoplankton in each treatment in Lakes Soyang and Ilgam between May and September 2001. See text for the denotation of C, Z, M, and Z+M.

## 4. 식물플랑크톤의 탄소순환(carbon flux)

일감호에서 식물플랑크톤의 섭식에 의한 C-flux는 패류(977~2,379g C L$^{-1}$ d$^{-1}$)와 동물플랑크톤(76~264g C L$^{-1}$ d$^{-1}$) 모두에서 소양호에 비해 항상 높았다. 여과율(FR)로부터 계산된 C-flux는 소양호에 비해 일감호에서 패류는 12배($p=0.0005$, n=5), 동물플랑크톤($p=0.015$, n=5)은 30배 높았다(Table 4-4).

여과율(FR)이 소양호에서 높았지만 일감호에 비해 C-flux가 낮았던 것은 일감호에서의 높은 식물플랑크톤 생물량(carbon biomass)에 따른 결과이다. C-flux에 대한 생물량의 비(CF/CB)를 토대로 할 때, 소양호에서는 하루에 식물플랑크톤 현존량의 170~754%(avg. 412%)가, 일감호에서는 38~164%(avg. 106%)가 *Corbicula leana*에 의해 섭식되는 것으로 계산되었다(Table 5-4). 각 호수에서 패류가 처리된 처리구에서 C-flux에 대한 패류 생물량에 대한 비는 소양호에서는 32배, 일감호에서는 11배가 높았다.

Table 5-4. Phytoplankton C-flux($\mu g\ CL^{-1}h^{-1}$) and percent C-flux to biomass($\mu g\ CL^{-1}$) ratio in Lakes Soyang and Ilgam. C-flux was calculated by the product of carbon biomass and filtering rate for the mussel and zooplankton, using the following equation of [CF= CB×FR×(24hrs/1day)×(1L/1000mL)]. C-flux to the mussel was estimated from 1 mussel as 1L according to the feeding experiment(See Methods)

| | Lake Soyang | | | Lake Ilgam | | |
|---|---|---|---|---|---|---|
| | Carbon Biomass (CB) | Carbon Flux (CF) | Percent CF/CB Ratio | Carbon Biomass (CB) | Carbon Flux (CF) | Percent CF/CB Ratio |
| Mussel | | | | | | |
| May | 19.5 | 52.5±0.3 | 269±2 | 1,393 | 1,835±85 | 132±6 |
| June | 48.2 | 363.7±0.4 | 754±1 | 596 | 977±282 | 164±47 |
| July | 7.1 | 31.6±3.8 | 444±54 | 2,825 | 1,070±136 | 38±5 |
| August | 18.4 | 31.3±8.1 | 170±44 | 1,714 | 1,179±37 | 69±2 |
| September | 28.9 | 123.1±12.6 | 426±43 | 1,820 | 2,379±210 | 131±12 |

| | Lake Soyang | | | Lake Ilgam | | |
|---|---|---|---|---|---|---|
| | Carbon Biomass (CB) | Carbon Flux (CF) | Percent CF/CB Ratio | Carbon Biomass (CB) | Carbon Flux (CF) | Percent CF/CB Ratio |
| Zooplanton | | | | | | |
| May | 19.5 | 8.5±2.1 | 4.4±2 | 1,393 | 205.6±78.6 | 14.8±5.6 |
| June | 48.2 | 6.5±1.6 | 13.6±3.2 | 596 | 75.9±10.0 | 12.7±1.7 |
| July | 7.1 | 1.1±0.0 | 15.8±0 | 2,825 | 264.4±13.6 | 9.4±0.5 |
| August | 18.4 | −1.0±0.2 | −5.6±0.8 | 1,714 | 98.7±12.3 | 5.8±0.7 |
| September | 29.8 | 5.1±2.7 | 17.6±9.5 | 1,820 | 100.5±26.2 | 5.5±1.4 |

## 제7절 패류와 동물플랑크톤 섭식에 따른 수중 질소 인 농도변화

패류의 식물플랑크톤 섭식에 따른 수체 내 질소와 인 농도의 변화가 관찰되었다. 패류가 존재하는 처리구(M)에서 총인 농도는 5~34% 감소하였으나, 용존무기인 농도는 대조구와 비교해 30~55% 증가하였다(Table 4-5). 총질소 또한 9~25%로 감소하였으나 질산성 질소의 변화는 없었다.

수체 내 영양염농도에 대한 대형동물플랑크톤 섭식효과도 패류와 비슷하였으나, 변화 정도는 매우 적었다. 동물플랑크톤은 섭식 결과 일감호에서 7월과 9월에 수체 내 용존무기인 농도가 16~48% 증가되었고, 소양호에서는 9월에 총인이 약 5% 감소하였다(Table 5-5). 총질소 농도는 모든 호수에서 동물플랑크톤 섭식 결과 6~16% 증가하였는데, 이러한 결과는 섭식과정 중에 배출되는 질소양이 식물플랑크톤 세포의 섭식을 통해 감소되는 질소양보다 더 많을 수 있음을 제시한다.

Table 5-5. The concentration of nitrogen and phosphorus concentrations in the different treatment of feeding experiment in Lakes Soyang and Ilgam in July and September 2000. N.D. denoted "not detected." See text for the detailed information of C(control), Z(zooplankton addition), M(mussel addition), and Z+M(both zooplankton and mussel addition) treatments

| | | $NO_3-N$ (mg N $L^{-1}$) | | Total nitrogen (mg N $L^{-1}$) | | $PO_4-P$ ($\mu$g P $L^{-1}$) | | Total phosphorus ($\mu$g P $L^{-1}$) | |
|---|---|---|---|---|---|---|---|---|---|
| | | $T_o$ | $T_{24}$ | $T_o$ | $T_{24}$ | $T_o$ | $T_{24}$ | $T_o$ | $T_{24}$ |
| L. Soyang September | C | 1.27±0.01 | 1.31±0.02 | 1.45±0.1 | 1.36±0.05 | 2.7±0 | 4.2±0.0 | 10.8±1.7 | 21.5±2.5 |
| | Z | | 1.30±0.00 | | 1.48±0.10 | | 4.2±0.0 | | 18.2±2.5 |
| | M | | 1.29±0.00 | | 1.64±0.10 | | 6.5±0.8 | | 14.1±0.0 |
| | Z+M | | 1.29±0.05 | | 1.05±0.05 | | 5.7±0.0 | | 16.6±4.1 |
| L.Ilgam July | C | N.D | N.D | 1.70±0.1 | 1.60±0 | 2.2±0 | 2.9±0 | 66.9±0 | 57.0±0.5 |
| | Z | | N.D | | 1.70±0 | | 4.3±0.9 | | 59.4±0.9 |
| | M | | N.D | | 1.45±0 | | 4.5±0.0 | | 51.2±0.5 |
| | Z+M | | N.D | | 1.50±0 | | 5.2±0.0 | | 54.1±1.4 |
| L.Ilgam September | C | N.D | N.D | 1.45±0.1 | 1.30±0 | 2.7±0 | 4.9±0.8 | 60.0±1.3 | 62.7±2.2 |
| | Z | | N.D | | 1.51±0 | | 5.7±0.8 | | 58.7±1.3 |
| | M | | N.D | | 0.97±0 | | 6.4±0.0 | | 43.6±1.0 |
| | Z+M | | N.D | | 0.97±0 | | 6.1±0.4 | | 33.6±0.3 |

## 제8절 고  찰

본 연구의 결과는 얼룩말조개나 다른 패류 종에 대한 선행연구에서 나타난 결과와 마찬가지로(Foster-Smith, 1975; Loo and Rosenberg, 1989; Heath *et al.*, 1995; Hwang, 1996; Soto and Mena 1999), *Corbicula leana* 가 국내 호수에서 식물플랑크톤에 대한 높은 섭식효과가 있음을 나타낸다. 본 연구에서, *Corbicula leana*는 0.24~3.05mL mgAFDW$^{-1}$ h$^{-1}$(0.36~7.80L mussel$^{-1}$ d$^{-1}$)의 매우 높은 여과율을 통해 식물플랑크톤의 종조성과 밀도 모두에 뚜렷한 영향을 주었다. 본 연구결과에서 나타난 *Corbicula leana* 여과율은 얼룩말조개(*Dreissena polymorpha* Pallas)와 비슷하였으나 *Corbicula fluminea*보다는 높았고(Cohen *et al.*, 1984), *Mytilis edulis*, *Cardium edule* 그리고 *Cerastoderma edule*와 같은 해양성 패류와 비교해서는 낮았다 (Table 5-6).

본 실험에서 일부 예외는 있지만 출현한 모든 식물플랑크톤이 패류에 섭식되었다 하더라도, 패류의 섭식효과는 먹이원으로 이용되는 종의 성장특성에 의존할 수 있다. 이는 식물플랑크톤 모든 종이 패류의 섭식에 동일하게 영향을 받지 않았는지를 설명해 줄 수 있을 것이다. Huron 호의 부영양 상태의 Saginaw 만에서 수행된 얼룩말조개의 섭식에 대한 연구에서, 작은 규조류와 단일세포의 녹조류가 대부분 제거된 반면 대부분의 남조류와 크기가 큰 황갈색편모조류는 거의 감소되지 않았음이 보고된 바 있다 (Hwang, 1996). 일부 크기가 크고 군체를 형성하는 종(e.g., *Asterococcus*, *Microcystis*, *Synedra*)들은 실제로 얼룩말조개의 섭식 이후 증가하였다. 이와 달리, Nicholls and Hopkins(1993)은 Erie 호에서의 식물플랑크톤 군집에 대한 계절적인 조사에서 남조류를 포함한 모든 종류의 식물플랑크톤이 얼룩말조개의 섭식에 의해 감소하였음을 보여주었다.

*Corbicula leana*의 높은 여과능력은 식물플랑크톤의 종 조성과 밀도의 변

화를 야기했다. 이러한 결과들은 패류의 선택적 섭식뿐만 아니라 먹이원의
밀도에 따른 결과로 추측된다. 먹이원의 크기에 따른 패류의 선택적 섭
식은 잘 알려져 있다. 배양된 식물플랑크톤 혼합종을 이용한 실내실험에
서 얼룩말조개가 섭식할 수 있는 먹이 입자의 크기는 5~40㎛이었다(Ten
Winkle and Davids, 1984; Sprung and Rose, 1988). 이러한 결과들은 현장
연구들에서 나타난 결과와 유사하였다(Heath *et al.*, 1995; Lavrentyev *et
al.*, 1995). 본 연구의 결과에서는 *Corbicula*의 크기에 따른 선택섭식 여부는
명확하지 않았고(Table 4-3), 이것은 패류의 여과섭식을 억제할 수 있는
독소나 다른 용존 화학물질들의 존재 등과 같은 다른 요인들에 의한 영향
일 수 있다. Hwang(1996)은 단기간에 이루어진 얼룩말조개의 섭식실험 동
안에 *Microcystis aeruginosa, Aphnocapsa rivularis*, 그리고 *Gleosystis
schroederi*와 같은 젤라틴성 물질을 생성하는 남조류들이 거의 영향을 받지
않는다는 결과를 보여주었다. Saginaw 만(Huron 호)에서의 *Microcystis*의
대량 발생도 부영양화가 덜한 수계에서 발견된 결과와 비교해 낮은 얼룩말
조개의 여과율과 관련이 있었다(Fanslow *et al.*, 1995). 이와 달리, 크기와
영양염 측면에서 패류의 섭식에 용이한 식물플랑크톤은 여과율의 증가를
야기할 수 있다.

　부영양한 호수에서, 크기가 작은 편모조류와 섬모충류는 플랑크톤 생물
량의 많은 부분을 차지한다(Pace and Orcutt, 1981; Hwang and Heath,
1997). 이러한 종들은 생화학적 조성으로 인해 동물플랑크톤에게 있어 중요
한 먹이원이 되는 것으로 알려져 있다. 일반적으로 종속영양생물인 원생동
물의 C:N비율은 식물플랑크톤에서 나타나는 비율보다 낮다(Parson *et
al.*, 1984; Putt and Stoecker, 1989; Stoecker and Capuzzo, 1990). 따라서
원생동물은 패류에게 있어서도 좋은 먹이원이 될 수 있다. Lavrentyev *et
al.*(1995)은 얼룩말조개의 섭식을 통해 크기가 40㎛ 미만의 원생동물이
70% 이상 감소됨을 보고하였다. 본 연구에서는 종속영양생물인 원생동물에

대한 섭식효과를 검토하지 않았다. 따라서 패류의 섭식과정에서 관찰된 식물플랑크톤 변화에 대한 이해를 위해서는 식물플랑크톤뿐만 아니라 패류의 섭식과 관련된 박테리아나 원생동물에 대한 연구도 진행될 필요가 있다.

본 연구대상인 두 호수에서의 *Corbicula leana* 여과율 차이는 식물플랑크톤 먹이 밀도가 패류 섭식에 영향을 주는 중요한 요인이 된다는 것을 제기한다. 선행 연구들에서 패류의 여과율은 부유물질 농도와 밀접한 상관성이 있음이 제시된 바 있다(Winter, 1973; Sprung and Rose, 1988; Reeders and Bil de Vatte, 1990; Hwang, 1996). Sprung and Rose(1988)는 얼룩말조개의 여과율이 먹이원으로 사용된 *Chlamydomonas*의 세포밀도가 15,000cells mL$^{-1}$까지는 먹이밀도와 더불어 증가한 반면 그 이상의 밀도에서는 감소함을 보여주었다. Dorgelo and Smeenk(1988) 또한 *Chlamydomonas*의 세포밀도가 92,500cells mL$^{-1}$ 이상인 경우에는 얼룩말조개의 섭식에 의한 *Chlamydomonas*의 세포밀도가 감소가 나타나지 않음을 보고하였다. 이와 유사하게 Winter(1973)는 *Mytilus edulis*를 이용한 섭식실험에서 *Dunaliella*의 세포밀도가 10,000~40,000cells mL$^{-1}$ 범위 내에서만 먹이원의 밀도에 따라 여과율이 증가됨을 보고하였다. Hwang(1996)은 Saginaw 만에서 규조류와 편모조류가 우점한 지역보다 남조류가 우점한 부영양 지역에서 얼룩말조개의 여과율이 5배 정도 낮음을 보고하였다. 이러한 결과와 일치하여 본 연구에서도 *Corbicula*의 여과율이 부영양 상태의 일감호에서보다 중영양상태의 소양호에서 3~10배 높았다. *Corbicula*에 의해 섭식된 두 호수에서 출현한 동일한 종들의 생물량은 일감호에 비해 소양호에서 상대적으로 컸다(Table 5-3). 패류의 여과섭식 능력이 항상 남조류에 의해 영향을 받는 것은 아님이 많은 연구에서 언급되고 있다(Reeder and Bij de Vaate, 1990, 1992). 그러나 본 연구를 포함해 대부분의 연구에서 식물플랑크톤의 밀도는 *Corbicula*와 같은 패류의 활성도에 영향을 야기하는 것으로 보고되고 있으며, 이것은 예측했던 것과 달리 본 연구에서 먹이입자에 대한 선택적 섭식에 대한 결과가 나타나지 않은 이유가 될 수 있다.

*Corbicula*는 섭식과 배출과정 통해 수체 내 영양염 순환에 변화에 영향을 줄 수 있으며, 그로 인해 섭식되지 않은 식물플랑크톤의 성장이 증가될 수 있다. 패류가 존재하는 처리구에서 일부 식물플랑크톤 생물량의 증가는(Table 5-5) 일부 인 제한 상태의 종이 증가된 용존무기인을 성장에 이용한 결과로 생각할 수 있다. Heath 등(1995)은 얼룩말조개가 있는 enclosure에서 식물플랑크톤의 성장률이 얼룩말조개가 없는 곳이나 호수에서보다 더 높은 것을 관찰하였다. 최근 실내연구와 현장 연구에서 나타난 결과들은 얼룩말조개의 섭식 과정 중에 용존무기인과 암모니아의 재생됨을 보여주고 있다(Gardner *et al.*, 1995; Heath *et al.*, 1995). 얼룩말조개가 대량 서식한 이후에 Erie 호의 서부 지역에서는 암모니아와 용존무기인 농도가 증가하였고(Holland *et al.*, 1995), Saginaw 만에서는 질산성 질소, 용존무기인 그리고 규소가 증가한 것으로 보고되었다(Johengen *et al.*, 1995). Yamamuro and Koike(1993)은 일본 기수호에 서식하는 *Corbicula japonica*가 섭식과정 중에 배출하는 암모니아가($4.5mg$ N $m^{-2}$ $d^{-1}$) 섭취한 먹이원의 약 43%이며, feces와 pseudofeces형태로 배출되는 질소($4.6mg$ N $m^{-2}$ $d^{-1}$)와 거의 비슷한 수준임을 보여주었다. 이러한 결과들은 *Corbicula*가 인과 질소의 빠른 재순환을 야기함으로써 수체와 저서환경에서의 일차생산을 증가시키는 데 중요한 역할을 수행할 수 있음을 의미한다.

*Corbicula leana*의 높은 여과율은, 만약 *Corbicula leana*가 높은 밀도로 존재한다면 식물플랑크톤 탄소의 많은 부분이 수체에서 퇴적물로 이동될 수 있음을 제기한다. 식물플랑크톤에 함유된 탄소의 일부는 동물플랑크톤에 의해 섭식될 수 있고, 동물플랑크톤을 먹이원으로 하는 어류와 같은 포식자로 전달될 것이다. 본 연구에서 식물플랑크톤으로부터 *Corbicula* 1 개체에 전달되는 탄소량은 1L 내 모든 동물플랑크톤으로 전달되는 탄소량에

비해 소양호에서는 22배, 일감호에서는 9배 많았다. *Corbicula*에 의해 하루에 제거될 수 있는 식물플랑크톤은 조사 당시 소양호 현존량의 170~754% 그리고 일감호에서는 38~164%였다.

식물플랑크톤 군집에 대한 *Corbicula* 섭식의 복잡한 생태학적 효과는 다음과 같이 요약될 수 있다.

(1) *Corbicula*는 크기가 작은 식물플랑크톤과 원생동물을 선택적으로 제거함으로써(Hwang, 1996), 식물플랑크톤 군집 구조를 크기가 크고 군체를 형성하는 종들로 변화시킬 수 있고 영양염 재생률에도 영향을 준다(Gardner *et al.*, 1995; Heath *et al.*, 1995). 이러한 조건하에서 먹이원으로서 적합하지 않은 식물플랑크톤이 성장하게 되고, 동물플랑크톤의 먹이원으로서 이용률도 감소할 수 있다. 반면에, *Corbicula*의 섭식 영향을 적게 받는 것으로 알려진 박테리아(Sprung and Rose, 1988; Hwang, 1996)는 먹이원으로 적합하지 않은 식물플랑크톤 대신에 동물플랑크톤 중요한 먹이원으로서 이용될 수 있을 것이다(Hwang and Heath, 1997).

(2) *Corbicula*의 섭식은 수체 내 일차생산자의 중요성이 플랑크톤으로부터 저서생물로 변화시키고 그로 인해 저서조류군집 구조와 기능에 영향을 준다(Lowe and Pillsbury, 1995). *Corbicula*에 의해 배출되는 feces, pseudofeces와 같은 형태의 물질들은 저서 섬모충류 혹은 무척추동물의 중요한 먹이원이 될 수 있고(Shevtsova *et al.*, 1986), 이러한 물질들은 또한 박테리아의 유기탄소원으로 이용될 수 있기 때문에 미생물먹이망에 간접적으로 영향을 줄 수 있다(Gardner *et al.*, 1986). 저서조류 군집의 변화는 연안대와 저서 유기쇄설물 먹이망에 매우 중요한 영향을 미칠 수 있을 것이다(Moore, 1979).

본 연구에서 나타난 결과들은 생물학적 호수관리의 의미를 가진다. 생물량에 대한 탄소전환율을 토대로 할 때, *Corbicula*는 *Daphnia*와 같은 대형 동물플랑크톤보다 더 효율적인 여과섭식자이며, 상대적으로 짧은 기간 동안에 많은 양의 호수물을 여과함으로써 조류를 제거할 수 있다. 패류의 여과섭식에 따른 효과는 작고 얕은 호수에서 잘 나타날 수 있을 것이다. Reeders *et al.*(1989)는 얼룩말조개가 170ind m$^{-2}$의 밀도로 존재하는 얕은 부영양한 호수(저수용량: $2{\sim}5{\times}10^9$ ㎥)에서 11~18일에 한번씩 호수 물 전체가 여과될 수 있음을 보고하였다. 본 연구에서 계산된 *Corbicula*의 평균 여과율(1L ind$^{-1}$ d$^{-1}$)을 토대로 할 때, 일감호(평균수심: 0.97m, 수표면적: 55,661㎡, 저수용량: 54,288㎥)에서는 *Corbicula*가 60~80ind m$^{-2}$의 밀도로 존재하는 경우에 유사한 여과시간을 기대할 수 있다.

*Corbicula*는 독립적으로 살아가는 특성으로 인해 얼룩말조개와 같이 높은 밀도를 발달시켜 수질개선에 이용할 수는 없다 하더라도, 일부 부영양 호수에서는 조류 bloom을 억제하기에 충분한 밀도가 적용될 수 있을 것이다. 생물학적 조절자로서 이용 가능한 *Corbicula*의 적용은 얼룩말조개의 밀생에 의해 야기되는 취수관이나 다른 인공구조물에서의 폐색과 같은 문제가 발생하지 않는다는 점에서 이점을 가진다. 그러나 수질관리를 위한 패류의 적용에 앞서 더 많은 생태학적 정보가 요구되며, 특히 독소를 가진 조류 종들에 대한 섭식반응과 관련된 연구가 수행될 필요성이 있다. 또한 무산소 상태와 그 외 다른 스트레스 조건들이 상이한 퇴적물에서 패류가 어떻게 생존하는지를 확인하는 연구도 진행될 필요가 있다.

Table 5 − 6. Filtering rates (FR) of various freshwater and marine filter − feeding bivalves.

| Bivalves | FR (L mussel$^{-1}$ day$^{-1}$) | FR (mL mgAFDW$^{-1}$ hr$^{-1}$) | References | Food source |
|---|---|---|---|---|
| Dreissena polymorpha | 0.09~0.50 | 1.21~6.72 | Hwang(1996) | Meso−and eutrophic lake phytoplankton |
| | 0.19~0.96 | | Stanczkowska(1975) | Lake phytoplankton |
| | 0.48~2.4 | | Reeders et al.(1989) | Eutrophic lake phytoplankton |
| | | 4.0~41 | Franslow et al. (1995) | Laboratory cultured phytoplankton |
| Diploden chilensis | 2.4~24 | | Soto and Mena(1999) | Eutrophic lake phytoplankton |
| Corbicula fluminea | 0.38~1.64 | | Cohen et al.(1984) | Suspended particles (NTU measurement) |
| Corbicula leana | 0.36~1.64 | 0.24~0.87 | This study | Hypertrophc lake phytoplankton |
| | 1.58~7.80 | 0.74~3.05 | This study | Mesotrophic lake phytoplankton |
| Cardium edule | 1~72 | | Loo and Rosenberg (1989) | Marine phytoplankton |
| Mytilus edulis | 35.3±4.8 | | Foster−Smith (1975) | Laboratory cultured phytoplankton |
| Cerastoderma | 31.2±2.9 | | | |
| Vnerpsis pullastra | 31±7.2 | | | |

# 제6장 물질순환과 플랑크톤 동태학에 미치는 영향

## 제1절 연구배경 및 목적

여과 섭식성 패류가 수생태계의 물질순환에 미치는 중요성은 널리 인식되고 있다. 수체 내에서 입자성 물질의 제거와 무기형태의 영양염 혹은 faeces와 pseudofaeces와 같은 물질의 배출은 패류의 섭식과 관련되어 나타나는 주요한 결과들이다(Kasprzak, 1986; Kryger and Riisgard, 1988; Welker and Walz, 1998; Strayer, 1999). 패류 섭식과정의 부산물로 발생하는 배설물은 식물플랑크톤(James, 1987; Lauritsen and Mozley, 1989)과 저서성조류 군집의 성장에 쉽게 이용될 수 있는 영양염의 공급원으로서 중요한 역할을 수행할 수 있는 것으로 알려져 있다(James, 1987; Quigley *et al.*, 1993; Yamamuro and Koike, 1993; Gardner *et al.*, 1995; Dame, 1996; Christian and Berg, 2000; Davis *et al.*, 2000). 패류의 섭식활동이 물질순환에 영향을 주는 경로는 수층으로부터 퇴적층으로 침강된 입자성 형태의 인과 질소 중의 일부가 이온형태의 인과 질소로 전환되는 것과, 패류의 섭식활동 중에 나타나는 직접적인 용출 그리고 퇴적물의 교란을 통해 퇴적물로부터의 질소의 용출을 간접적으로 증가시키는 것이다(Matisoff *et al.*, 1985).

패류에 대한 생태학적 연구는 대부분이 해양성 패류를 대상으로 이루어져 있고 일부 연구들이 담수산 패류, 특별히 얼룩말조개를 대상으로 유럽과 북미에서 상당히 진행되었다(Holland, 1993 Leach, 1993; Nalepa *et al.*,
1993; Nicholls and Hopkins, 1993; Heath *et al.*, 1995; Johengen *et al.*,
1995). Erie 호와 Saint Clair 호에 얼룩말조개가 서식한 이후에 식물플랑
크톤 현존량과 엽록소 농도가 현저히 감소하였고(Holland, 1993; Leach,
1993; Nicholls and Hopkins, 1993; Nalepa *et al.*, 1993), Huron 호에서는
총부유물질, 입자성 유기탄소, 입자성 인 그리고 입자성 규소의 연평균 농
도가 얼룩말조개가 밀생하기 전에 비해 현저히 감소하는 것으로 보고된
바 있다(Johengen *et al.*, 1995). Reeders and Noordhuis(1992)는 수질에
대한 얼룩말조개(540individuals m$^{-2}$)의 영향을 평가하기 위한 실험에서
투명도의 향상과 더불어 식물플랑크톤 생물량의 감소를 지적하였다.

국제적으로 분포하고 있는 재첩류(*Corbicula*)는 수체 내 산소가 풍부한
유수환경과 정수환경 모두에서 높은 밀도(ca. 9,000m$^{-2}$ Isom, 1986)로 발견
되고 있으며(Belanger *et al.*, 1985; Stites *et al.*, 1995), 크기에 비해 높은
여과율을 가지는(Kraemer, 1979; McMahon, 1983; McMahon, 1991; Stites
*et al.*, 1995) 비선택적 섭식자로 알려져 있다(Way *et al.*, 1990; Boltovskoy
*et al.*, 1995). 그러나 *Corbicula*가 서식하는 수생태계에서의 영양염 순환 및
플랑크톤 군집변화와 관련된 기능적인 역할은 해양성패류나 얼룩말조개에
비해 상대적으로 매우 적게 알려져 있다. 국내에서 이루어진 담수산 패류에
대한 연구는 대부분이 서식지 형태나 생활사에 대한 내용에 국한되어 있고
(권 등, 1986; 권 과 박, 1985; 권, 1984; 길, 1976; 이, 1976; 최, 1971; 최,
1976), 일부 패류의 섭식능력과 수질에 대한 영향에 대해 진행된 바 있으나
(Hwang *et al.*, 2001; Hwang *et al.* 2004), 패류 종간의 여과능력의 비교나
플랑크톤 군집에 대한 영향과 관련되어 진행된 연구는 거의 없다.

본 연구에서는 국내 담수산 패류들 간의 섭식능력을 비교하였고, 패류
를 인공연못(enclosure)에 적용하여 수질에 대한 영향과 플랑크톤의 군집
변화를 조사하였다.

## 제2절 연구범위 및 방법

### 1. 패류채집

실험에 필요한 패류는 북한강 상류의 수심 1~2m 정도의 지점에서 채집하였다. 채집한 패류는 실험 전까지 바닥에 모래를 깔고 부영양호수의 물을 채운 플라스틱 통에서 관리하였다. 물은 일주일에 1회 교환하였다. 패류의 섭식실험에 앞서 실험에 사용될 모든 패류들의 크기를 측정한 후 GF/C여과지로 여과한 부영양호 물이 채워진 플라스틱 용기에서 48시간 동안 순화하였다.

### 2. 담수산 패류의 여과능 비교실험

패류 종간의 섭식률 비교 실험에는 비교적 오염에 대한 내성이 강한 것으로 알려진 참재첩(*Corbicula leana* Prime)과 그 외 재첩(*Corbicula fluminea*), 말조개(*Unio douglasiae*)가 사용되었다. 패류 간의 섭식능력 평가는 부영양호에서 채수된 물을 200μm로 여과한 여과수 1.2L가 채워진 1.5L 플라스틱 용기에서 실시되었다. 실험은 4월에 실시되었으며, 배양액으로 사용된 부영양호의 식물플랑크톤은 규조류인 *Synedra acus*가 우점하였고, *Aulacoseira ambigua*, *Navicula* sp.와 일부 남조류(*Microcystis wesenbergii*, *Oscillatoria* sp. *Lyngbya contorta*)와 녹조류(*Scenedesmus quadricauda*)가 관찰되었다. 실험은 3반복으로 수행되었으며, 패류가 없는 상태의 플라스틱 용기 3개를 포함해 패류 종류별 한 개체씩 투입된 플라스틱 용기 12개가 실험실 내에 설치되었다. 패류 종별 여과율과 수질에 대한 영향을 평가하기 위해서 패류를 넣어 주기 전과 실험종료(24시간)

후 12개의 용기 모두에서 식물플랑크톤의 생물량과 수질변화(Chl.$a$, TP,
TN, DIP 및 $NO_3-N$, $NO_2-N$, $NH_3-N$)에 대한 조사를 위하여 침전물이
교란되지 않도록 주의하면서 상등수를 채취하였다. 패류의 섭식활동에 의
한 부산물로 나타나는 배설물(pseudofaeces)은 사이폰을 이용하여 바닥의
침전물이 교란되지 않는 부분까지의 물을 제거한 후에 GF/F여과지로 여
과하여 회수하였다. 여과지에 잔류된 여과물을 부유물질 측정방법과 동일
한 방법으로 계산하여 각 처리구에서의 배설물 양($mg$)으로 간주하였다.

식물플랑크톤의 사망률(R: $day^{-1}$)은 실험 전후의 수층 내 엽록소 $a$ 농
도를 바탕으로 다음 식에 따라 계산하였다.

$$R \ (day^{-1}) = (\ln N_t - \ln N_o)/t$$

여기서, $N_o$와 $N_t$는 패류의 투입 전과 실험 종류 후의 수층 내 엽록소 $a$
농도이고, t는 경과시간(24hr)이다.

패류의 여과율(FR: mL $mgAFDW^{-1}$ $h^{-1}$)은 실험 종료 후 패류가 없는
처리구와 각 처리구의 수층 내 엽록소 $a$ 농도 차이를 패류의 유기물함량
으로 나누어 다음 식에 따라 계산하였다.

$$FR \ (mL \ mgAFDW_{-1} \ h_{-1}) = V \times \ln(C_t/M_t)/(W \times t)$$

여기서, V(L)는 실험에 사용된 호소수의 양이며, $C_t$와 $M_t$은 각각 패류
가 없는 용기와 첨가된 용기에서의 t 시간 경과 후의 수층 내 엽록소 $a$ 농
도이고, W는 패류의 유기물함량(AFDW, $mg$)이다. 패류의 유기물함량(Ash
Free Dry Weight; AFDW)은 실험 종료 후 패류 생체조직을 껍질로부터
분리하여 500℃에서 태워 무게가 측정된 도가니에 담아 100℃에서 2일 동
안 건조시킨 후 측정한 무게와, 다시 500℃에서 30분간 태운 후 측정된 무

게의 차이로부터 계산하였다.

## 3. 인공연못의 설계 및 조성

2001년 8월에 2개의 인공연못(enclosure, 가로×세로×깊이＝2×2×2m)을 설치하였고, 바닥에는 30㎝두께로 모래를 채웠다(Fig. 5-7). 2001년 8월 6일에 부영양호에서 채수 한 6㎥의 물을 채웠으며, 조류의 성장을 위해 생활하수를 8월 22일부터 26일까지 하루에 16L씩 총 80L를 인공연못 전체에 첨가하였다(Table 6-1). 패류를 투입하지 않은 곳은 대조구(control)로, 패류를 투입한 곳은 처리구(treatment)로 구분하였다.

2001년 9월 8일에 바닥에 모래를 채운 후 100개체의 패류를 분산시켜 담은 4개의 바구니를 1.3m 수심에 설치하였으며, 매일 패류의 생존 여부 및 수질분석을 위한 시료를 0.5m 수심에서 사이폰을 이용하여 채수하였다. 패류의 생존율은 100%로 인공연못에서의 패류 생존 가능성이 확인됨에 따라, 2001년 10월 18일에는 바구니를 제거하고 새로운 500개체와 함께(총 600개체) 처리구 바닥에 분산하여 투입하였다. 패류를 넣기 전까지는 1주일 1회, 100개체를 넣은 이후에는 2001년 12월 4일까지 1주일 3번 수질분석을 위한 시료를 10시에서 12시 사이에 채취하였고, 투명도는 매일 측정하였다.

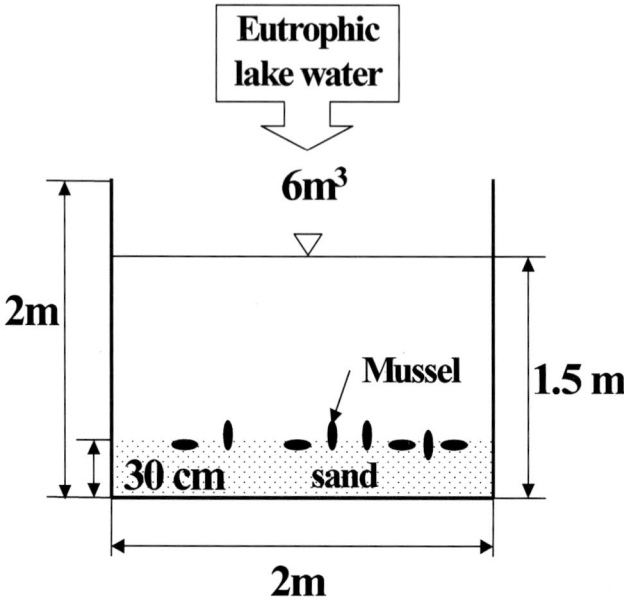

Fig. 6-1. A schematic description of the treatment enclosure.

Table 6-1. Chemical characteristics of domestic wastewater added to enclosures. N.D denotes under detection limit ($< 0.02$mg N $L^{-1}$)

| Parameters | Unit | |
|---|---|---|
| Amount add | L | 80 |
| Total P | mg P $L^{-1}$ | 11.4 |
| Soluble reactive phosphorus ($PO_4-P$) | mg P $L^{-1}$ | 5.6 |
| Total N | mg N $L^{-1}$ | 305.2 |
| Ammonium N ($NH_3-N$) | mg N $L^{-1}$ | 287.0 |
| Nitrate N ($NO_3-N$) | mg N $L^{-1}$ | 0.86 |
| Nitrite N ($NO_2-N$) | mg N $L^{-1}$ | N.D |
| BOD | mg $L^{-1}$ | 22.5 |
| COD | mg $L^{-1}$ | 221.1 |
| Suspended solids (SS) | mg $L^{-1}$ | 33.0 |

## 4. 수질분석

수질분석을 위한 시료는 0.5m에서 사이폰을 이용하여 채수하였고 2N 염산으로 미리 세척된 10L 플라스틱 용기에 담았다. 수온과 투명도, 수소이온농도는 현장에서 측정하였으며, 용존산소는 일정량의 시료를 BOD병에 담아 고정한 후 azide modification 방법으로 정량하였다. 채취된 시료는 실험실로 2시간 내에 운반하여 GF/F 여과지로 여과하였다. 여과지는 분석 전(일주일 이내)까지 −20℃에서 냉동 보관하였다가 부유물질(SS)과 엽록소 $a$ 측정에 사용하였다. 부유물질(SS)은 무게 중량법으로 측정하였으며(APHA, 1995), 엽록소 $a$ 농도는 여과지에 90% 아세톤 5mL를 첨가한 후 homogenizer로 분쇄하여 냉암소에서 2시간 추출한 후 흡광도를 측정하여 계산하였다(APHA, 1995). GF/F 여과지를 통과한 여과액은 용존무기영양염 분석을 위해, 그리고 원수는 입자성영양염 분석을 위해서 각각 2N 염산으로 세척된 250mL 플라스틱 용기에 담아 분석 전까지 −20℃에서 냉동 보관하였다. 분석은 일주일 이내에 모두 이루어졌다.

용존무기인(dissolved inorganic phosphorus; DIP)는 ascorbic acid 법으로 분석되었고, 암모니아($NH_3-N$)와 아질산성($NO_2-N$), 질산성 질소($NO_3-N$)는 각각 phenate($4500NH_3-F$, APHA, 1995), Colorimetric($4500NO_2-B$, APHA, 1995) 그리고 카드뮴 환원법으로 측정하였다. 총인(TP)은 과망간산칼륨(persulfate)으로 분해한 후, ascorbic acid 법으로 용존무기인 농도를 측정하였으며, 총질소(TN)는 과망간산칼륨으로 분해한 후 카드뮴 환원법으로 질산성 질소의 농도를 정량하였다. 화학적 산소요구량($COD_{Mn}$)는 알칼리성 과망간산법으로 측정하였다(환경부, 1996). 현장법을 이용한 순 1차생산력(Net primary productivity; NPP) (이하 1차 생산력으로 표기)측정을 위해 측정당시의 광도를 기준으로 두 곳에서 비슷한(약 $200\mu$ E m$^{-2}$ s$^{-1}$) 광도를 나타내는 수심에 2개의 BOD병을 설치하였다. 1차생산력은 실험에 사용된 시료 내 초기 DO농도($DO_0$)와 일정시간($t$) 배양 후의 용존산소농도($DO_t$)의 차이에 탄소(C)와 산소($O_2$)의 질량비(12/32)를 곱해 줌으로써 계산하였다.

$$NPP\,(\mu g\,C\,L^{-1}hr^{-1}) = \frac{(DO_t - DO_o)}{t} \times 12/32 \times 1000$$

## 5. 동 · 식물플랑크톤의 현존량 및 생물량 분석

식물플랑크톤 현존량 조사를 위한 시료는 표층으로부터 0.5m 아래 수층의 물을 사이폰을 이용하여 채수한 후 일정량은 Whirl pack에 담은 후 Lugol 용액으로 고정하였다(최종부피의 2% 첨가). 동물플랑크톤은 망목의 크기가 64μm인 네트로 수심 1m에서 수직예인한 후 현장에서 sucrose-formaline을 이용하여 최종 농도가 5%가 되도록 고정하였다. 동 · 식물플랑크톤의 정량 · 정성 분석은 Sedgwick-Rafter 계수판을 이용하여 광학현미경하(×100~200)에서 실시하였다.

식물플랑크톤은 규조류(Bacillariophyceae), 남조류(Cyanophyceae), 녹조류(Chlorophyceae), 와편모조류(Pyrrophyceae)와 은편모조류(Cryptophyceae)로 구분하였다. 식물플랑크톤은 동정 시 출현종의 가로, 세로 길이를 측정하여 Kellar 등(1980)이 제시한 공식으로 세포당 체적(V: $\mu m^3$)을 계산하였고, 탄소환산계수를 적용하여 탄소량(C)으로 산정하였다. 세포 체적당 탄소함량은 규조류, 남조류 및 녹조류의 경우 Mullin *et al.*(1996)이 제시한 변환계수식을 이용하였고(규조류: $10^{(-0.427+0.784(\log\,V\mu m3))}$ $\mu g$C, 녹조류와 남조류: $10^{(-0.460+0.866(\log\,V\mu m3))}$ $\mu g$C), 편모조류는 Starthmann(1967)이 제시한 식을 이용하였다(200fg C/$\mu m^3$).

동물플랑크톤은 윤충류, 지각류, 요각류로 분류하였고(Balcer *et al.*,

1984; Stemberger, 1979; 조, 1993), 출현종에 대한 가로, 세로 길이를 모두 측정하였으며 평균값을 생물량 계산에 이용하였다. 윤충류 체적은 Downing and Rigler(1984)가 제시한 식에 따라 계산하였고, 동물플랑크톤의 비중을 1.025로 가정하여 습중량을, 습중량의 10%를 건중량으로 계산하였다(Hall *et al.*, 1976; Pace and Orcutt, 1981). 예외적으로 윤충류의 두 속(genus) *Asplanchna*와 *Synchaeta*는 몸체가 매우 약해서 약간의 충격에도 쉽게 파괴되고 다른 종에 비해 수분함량이 많기 때문에 건중량은 습중량의 4%로 하였다(Dumont *et al.*, 1975). 지각류와 요각류의 건중량은 Length–Dry weight 관계식을 사용하여 계산하였고(Culver *et al.*, 1985), 동물플랑크톤의 생물량($\mu$g C L$^{-1}$)은 건중량의 48%를 탄소량으로 고려하여 (Andersen and Hessen, 1991) 산출하였다.

## 6. 영양상태지수(Trophic State Index; TSI) 분석

영양상태지수는 Carlson(1977)(SD, Chl.*a* 그리고 TP 자료 이용)과 Kratzer and Brezonik(1981)(TN 자료 이용)에 따른 계산하였으며, 항목 간의 편차를 이용하여 식물플랑크톤 성장을 제한하는 요인을 평가하였다 (Havens, 2000).

## 7. 통계분석

처리구 간의 계절에 따른 동·식물플랑크톤의 생물량과 현존량의 차이는 one–way ANOVA를 이용해 분석하였고, 패류 투입 전·후 처리구 내 동·식물플랑크톤 생물량과 현존량은 Student $t$-test를 이용하여 분석하였다 (SPSS 10.0). 수질항목 간의 상관성 분석은 Pearson's correlation analysis를 통해 수행되었다(SPSS 10.0). 유의 수준은 $p < 0.05$를 기준으로 하였다.

## 제3절 국내 담수산 패류의 여과능력비교

패류 종들 간의 섭식에 따른 수체 내 엽록소 $a$ 농도와 총인의 뚜렷한 감소가 관찰되었다(Fig. 6-2)($p \langle 0.05$, ANOVA). 24시간 동안 패류의 섭식 활동에 의한 엽록소 $a$ 농도의 가장 큰 감소는 참재첩과 말조개에서 나났으며, 총인의 감소율은 참재첩($Corbicula\ leana$)에서 가장 두드러졌다. 수체 내 부유물질의 감소는 참재첩과 말조개가 있는 처리구에서 관찰되었고 재첩 처리구에서는 대조구와 큰 차이가 없었다. 섭식에 의해 배설물의 형태로 침강된 부유물질의 양은 대조군에 비해 재첩과 참재첩이 첨가된 처리구에서 현저히 높았으며, 말조개가 있는 처리구와 대조구 간의 유의적인 차이는 없었다($p \rangle 0.05$, ANOVA)(Fig. 6-2).

실험 전·후 패류가 투입된 처리구에서의 엽록소 $a$ 농도를 기초로 계산된 감소율(R)에서는 수층 내 부유물질에 대한 제거량이 가장 높았던 참재첩과 말조개에서 각각 $2.84 \pm 0.33 day^{-1}$, $2.7 \pm 0.45 day^{-1}$로 유사하였으나, 패류의 크기가 고려된 여과율($mL\ AFDW\ mg^{-1}\ hr^{-1}$)에서는 참재첩과 재첩이 각각 $0.56 \pm 0.08$, $0.43 \pm 0.15 mL\ AFDW mg^{-1}\ hr^{-1}$로 차이가 없었으나 말조개의 여과율은 $0.27 \pm 0.06 mL\ AFDW mg^{-1}\ hr^{-1}$로 낮았다($p \langle 0.05$, ANOVA)(Fig. 6-3).

패류의 섭식에 따른 수중 무기영양염류의 증가와 더불어 패류 종간에 배출되는 농도의 차이도 관찰되었다(Table 6-2). 아질산성 질소($NO_2-N$)는 재첩에서 다소 증가하였을 뿐 다른 처리구에서는 대조구와 비교해 큰 차이는 없었다($p \rangle 0.1$, Student $t$-test). 그러나 암모니아성 질소($NH_3-N$)는 대조구에 비해 모든 처리구에서 현저히 증가하였고 말조개에서 가장 높게 나타났다. 용존인은 말조개에서 대조구에 비해 약 1.5배 증가한 것을 제외하고는 차이가 없었다($p \rangle 0.05$, ANOVA).

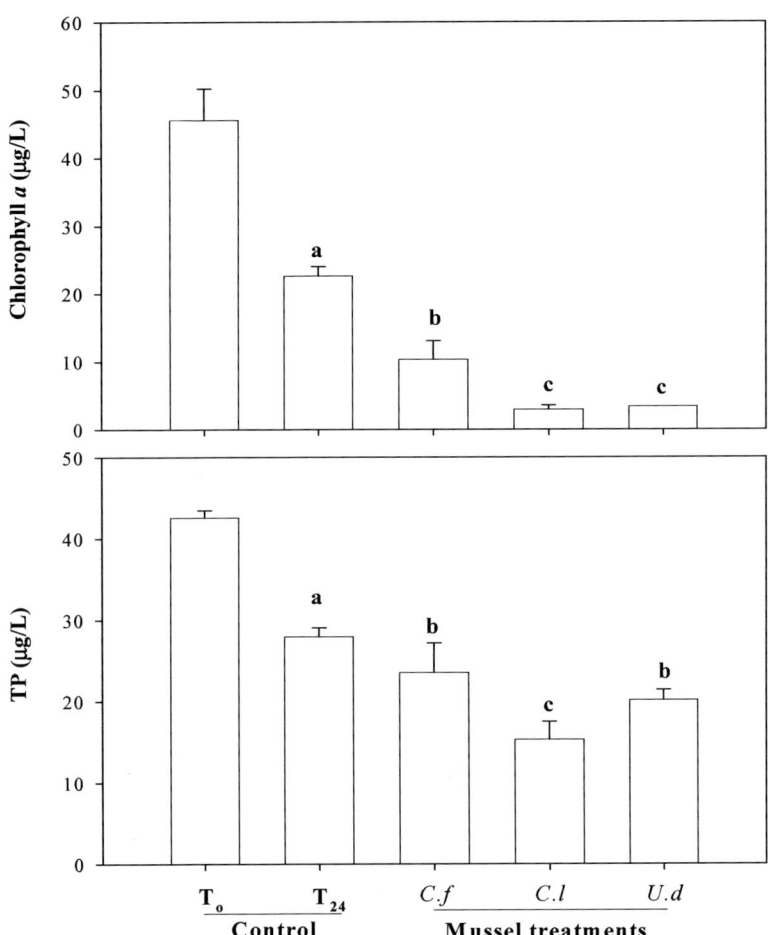

Fig. 6-2. Chlorophyll *a* and total phosphorus (TP) concentration in water column of each treatment after 24hr. *C.f*, *C.l* and *U.d* denotes *Corbicula fluminea*, *Corbicula leana* and *Unio douglasiae*, respectively. a, b, and c indicates significant difference between control and other treatment ($p < 0.05$, ANOVA)

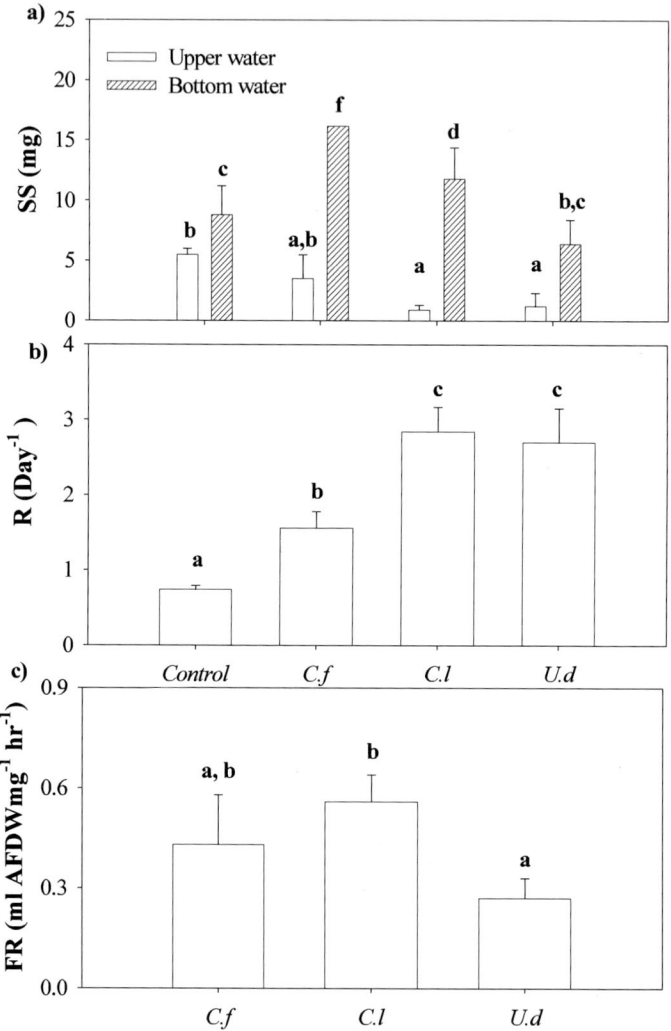

Fig. 6-3. (a) Suspended solids amount (㎎) in upper water and bottom water layer, (b) Exponential death rate (R) and (c) filtering rate (FR) of phytoplankton in each treatment of feeding experiment after 24hr. *C.f*, *C.l* and *U.d* denotes *Corbicula fluminea*, *Corbicula leana* and *Unio douglasiae*, respectively. a, b, and c indicates significant difference between control and other treatment ($p < 0.05$, ANOVA).

Table 6-2. Inorganic nitrogen ($NH_3$-N, $NO_2$-N, $NO_3$-N) and phosphorus concentration in each treatment at the start of the experiment ($T_0$) and after 24hr ($T_{24}$). a, b, and c indicates significant difference between control and other treatment ($p < 0.05$, ANOVA). N.D denotes under detection limit ($< 0.02$mg N $L^{-1}$).

| Treatment | $NO_2$-N ($\mu g$ N $L^{-1}$) | | $NH_3$-N (mg N $L^{-1}$) | | $NO_3$-N ($\mu g$ N $L^{-1}$) | | $PO_4$-P ($\mu g$ P $L^{-1}$) | |
|---|---|---|---|---|---|---|---|---|
| | $T_0$ | $T_{24}$ | $T_0$ | $T_{24}$ | $T_0$ | $T_{24}$ | $T_0$ | $T_{24}$ |
| Control | 17.5±0.1 | 18.4±0.41[a] | 0.05±0.01 | 0.17±0.02[a] | N.D. | N.D. | 9.0±0 | 7.6±0.96[a] |
| *Corbicula fluminea* | | 22.6±0.92[b] | | 0.30±0.02[b] | | N.D. | | 7.0±0.54[a] |
| *Corbicula leana* | | 20.6±1.30[ab] | | 0.28±0.03[b] | | N.D. | | 6.8±0.62[a] |
| *Unio douglasiae* | | 21.2±2.78[ab] | | 0.41±0.01[c] | | N.D. | | 11.6±2.84[b] |

## 제4절 엽록소 *a* 농도와 순 1차생산력의 변화

패류가 투입된 처리구에서 수체 내 엽록소 *a* 농도와 일차생산력의 변화는 패류 밀도에 의존하여 다르게 나타났다(Fig. 6-4). 엽록소 *a* 농도는 패류 100개체가 첨가된 후에 감소하였고 약 2주 동안 낮은 농도를 유지하였다. 그 후에 엽록소 *a* 농도는 현저히 증가하였고 대조구에 비해 높은 농도를 나타냈다. 패류 500개체가 추가로 투입된 이후에 엽록소 *a* 농도는 최대 87.3±4.5$\mu g$ $L^{-1}$에서 시간의 경과에 따라 25.0±0.5$\mu g$ $L^{-1}$까지 지속적으로 감소하였던 반면, 대조구에서는 동일한 시기 동안에 초기 17.4±0.5$\mu g$ $L^{-1}$에서 최대 36.7±3.4$\mu g$ $L^{-1}$까지 증가하였다가 다시 비슷한 수준(22.3±1.0$\mu g$ $L^{-1}$)으로 감소하였다.

처리구와 대조구에서 순 일차생산력의 처리구 간의 변화는 엽록소 *a* 농도의 변화와 유사하였고(Fig. 6-4), 엽록소 *a* 농도의 월별변화는 대조구와 처리구 모두에서 NPP와 상관성이 있었다($p < 0.05$, n=42). 가장 높은 NPP는 대조구에서 9월에 관찰되었던 반면에 처리구에서는 10월에 가장 높았다

($p$<0.05, n=28). 패류 100개체가 투입되고 두 주가 경과한 후에 NPP는 2
배 이상 증가하였으나 이후에 빠르게 감소하였다. 패류 500개체가 추가로
투입된 이후에 NPP는 106.3±8.8g C L$^{-1}$ hr$^{-1}$에서 대조구에서 측정된 값과
비슷하게 15.6±4.4g C L$^{-1}$ hr$^{-1}$까지 감소하였다($p$<0.05, n=6, ANOVA).

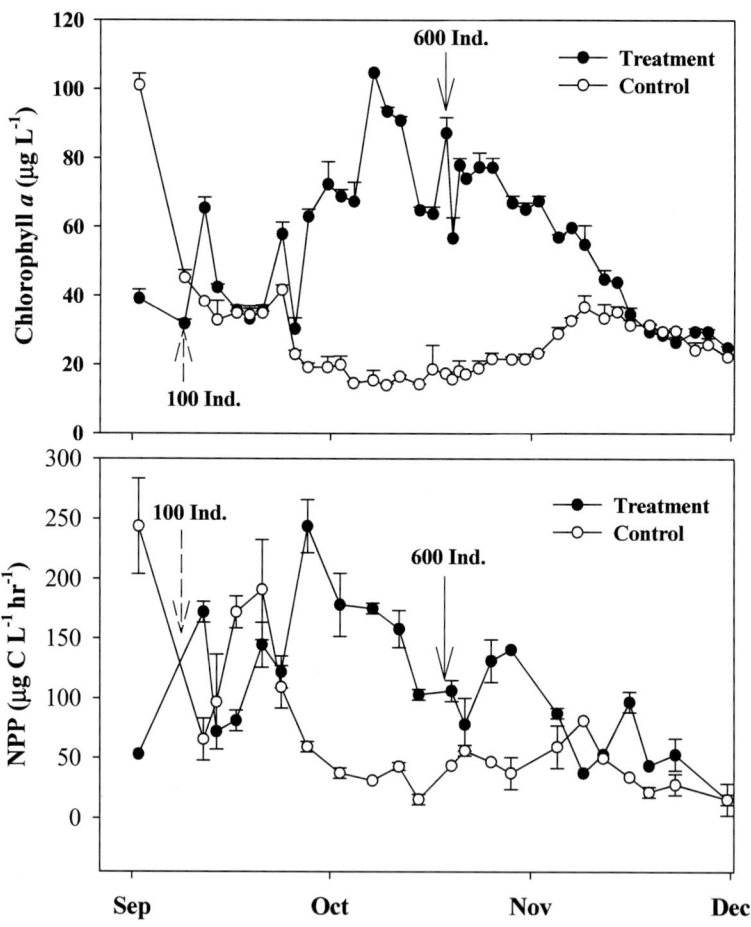

Fig. 6-4. Changes of chlorophyll a concentration and net primary
productivity (NPP) in enclosures with (treatment) and without
mussels (control).

## 제5절 수질항목의 변화

조사 기간 동안 수온은 4~25℃의 범위였고 용존산소농도는 지속적으로 $8mgO_2 \cdot L^{-1}$ 이상을 유지하였다(Fig. 6-5). 600개체의 패류 투입 이후에는 처리구의 투명도가 0.48m에서 1.2m까지 증가하였고, 동일한 시기에 대조구에서는 1.2m이었던 투명도가 11월 중순경에 0.75m까지 감소하였다가 처리구와 비슷한 수준으로 다시 증가하였다(Fig. 6-5).

SS농도는 패류 첨가 후에 감소하였고 엽록소 $a$ 농도 농도의 변화와 유사하였다. 패류 600개체가 투입된 이후에 부유물질 농도는 대조구에서보다 낮은 수준까지 지속적으로 감소하였다($3.8\pm0.3mg\ L^{-1}$). 대조구에서 SS농도는 실험 초기 약간의 증가 이후에 감소하는 경향을 나타냈다(Fig. 6-5).

실험이 진행되는 동안 화학적 산소요구량의 변화는 SS, 엽록소 $a$ 농도 그리고 투명도와 비교해서 다른 경향을 나타냈다(Fig. 6-51). 600개체의 패류 투입 후에 COD농도변화는 부유물질, 엽록소 $a$ 농도 그리고 투명도의 지속적인 감소가 나타난 것과 달리 투입 직후의 일시적인 감소 이후에 증가하였고, 실험종료까지의 COD농도 변화는 대조구와 유사하였다($r=0.672$, $p=0.003$, $n=17$)

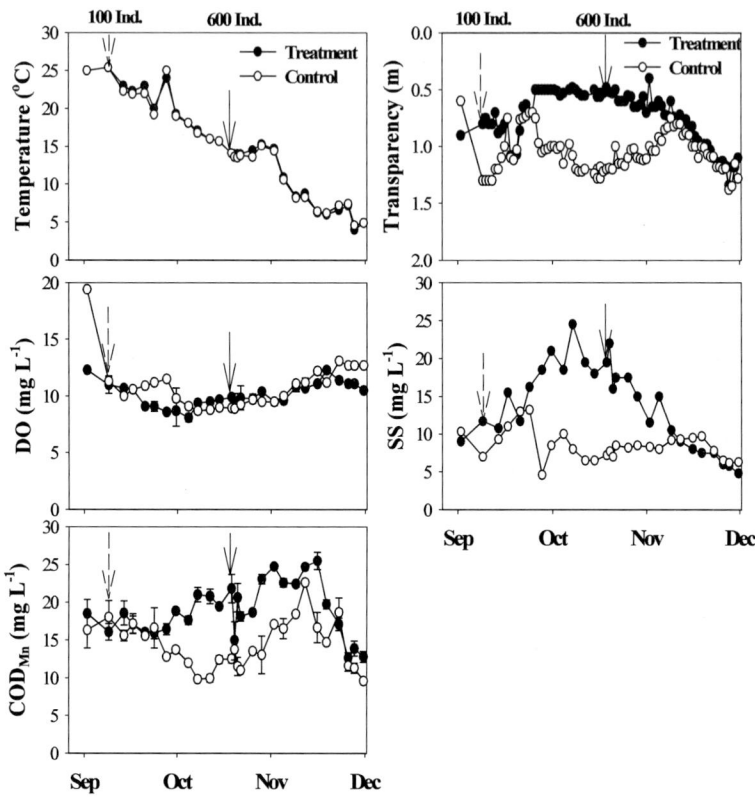

Fig. 6-5. Changes of temperature, transparency, dissolved oxygen (DO), suspended solids (SS), and chemical oxygen demand (CODMn) in enclosures with (treatment) and without mussels (control).

## 제6절 시간에 따른 영양염 변화와 엽록소 $a$ 농도와의 관계

600개체의 패류 투입 직후 측정된 모든 영양염이 증가하였고, 이후에는 감소와 증가가 반복되었다(Fig. 6-6). 실험 초기에, 대조구 수체 내 DIP농도는 처리구에 비해 매우 높았고 이러한 경향은 패류 600개체가 투입되기 전까지 유지되었다(Fig. 6-6). 패류 600개체가 투입되기 전까지 대조구와 처리구에서 DIP농도는 감소하였고 처리구에서 DIP가 일시적으로 높게 나타난($37\mu g$ P $L^{-1}$) 한번의 경우를 제외하고는 차이가 없었다. 그러나 패류 600개체가 투입된 이후에는 처리구에서의 DIP농도가 대조구에 비해 높았고 실험 종료까지 유지되었다.

600개체의 패류 투입 전·후에 대조구와 처리구에서 나타난 DIP 농도와 같은 변화는 측정된 무기질소농도에서는 관찰되지 않았다. 600개체의 패류 투입 직후에 아질산성 질소와 암모니아성 질소 농도의 증가가 관찰되었으나, 이후에 무기질소 농도의 변화는 대조구와 큰 차이가 없었다. 질산성 질소는 실험이 진행되는 동안 처리구와 대조구 모두에서 낮은 농도를 유지하였고(<$0.02$mg N $L^{-1}$)(data not shown), 패류 첨가에 따른 TN농도의 뚜렷한 변화도 없었다.

패류 600개체 투입 후 TP농도는 대조구에서 11월 초 $47.1\mu g$ P $L^{-1}$에서 $68.1\mu g$ P $L^{-1}$로 증가 이후 감소하는 경향을 나타낸 것과 달리, 투입 전 $116$ $\mu g$P $L^{-1}$에서 실험 종료 시 $55\mu g$ P $L^{-1}$까지 지속적으로 감소하였다(Fig. 6-6). 처리구에서 시간에 따른 TP농도 변화는 엽록소 $a$ 농도(r=0.80, n=28, $p$<0.001)와 부유물질 농도(r=0.91, n=28, $p$<0.001) 변화와 유사하였다. 처리구에서 엽록소 $a$ 농도가 TN 농도(r=0.50, n=28, $p$=0.007)보다는 TP농도와 밀접한 상관성을 나타낸 것과 달리, 대조구에서는 TP 농도(r=0.44, n=28, $p$=0.019)보다는 TN농도(r=0.78, n=28, $p$<0.001)와 밀접한 관련이 있었다.

대조구와 처리구에서의 수체 내 서로 다른 영양염의 일시적인 증가 이후에 식물플랑크톤이 증가하였고, N/P의 증가시기에 식물플랑크톤의 종 조성변화가 관찰되었다. 실험 기간 동안 엽록소 $a$ 농도의 증가는 처리구에서 수체 내 DIP농도가, 대조구에서는 암모니아농도가 상승한 직후에 나타났다(Fig.6-7). 실험 초기 수체 내 대조구와 처리구 모두에서 DIN/DIP비는 7

이하였으나, 대조구에서는 11월 초에 그리고 처리구에서는 600개체의 패류가 투입되기 전 10월 초에 암모니아 농도의 증가로 인해 7 이상으로 증가하였고, 이 시기에 식물플랑크톤 우점군집은 남조류에서 녹조류로 바뀌었다(Fig. 6-7).

패류 100개체 투입시기부터 600개체 투입 전까지 그리고 그 이후에 처리구에서의 TSI(Chl.$a$-SD)와 TSI(Chl.$a$-TN) 그리고 TSI(Chl.$a$-TP)는 거의 유사한 경향을 나타냈다(Fig. 6-8)($p$>0.1, ANOAVA). 대조구에서는 처리구에 패류 100개체 투입된 이후보다 600개체 투입된 이후의 기간 동안에 TSI(Chl.$a$-SD)와 TSI(Chl.$a$-TN) 모두 높아졌으나, 유의적인 차이는 없었다($p$=0.53, ANOVA). 그러나 TSI(Chl.$a$-TP)는 처리구에서 600개체의 패류가 투입된 이후 기간 동안에 현저히 증가하였다($p$<0.05, ANOVA).

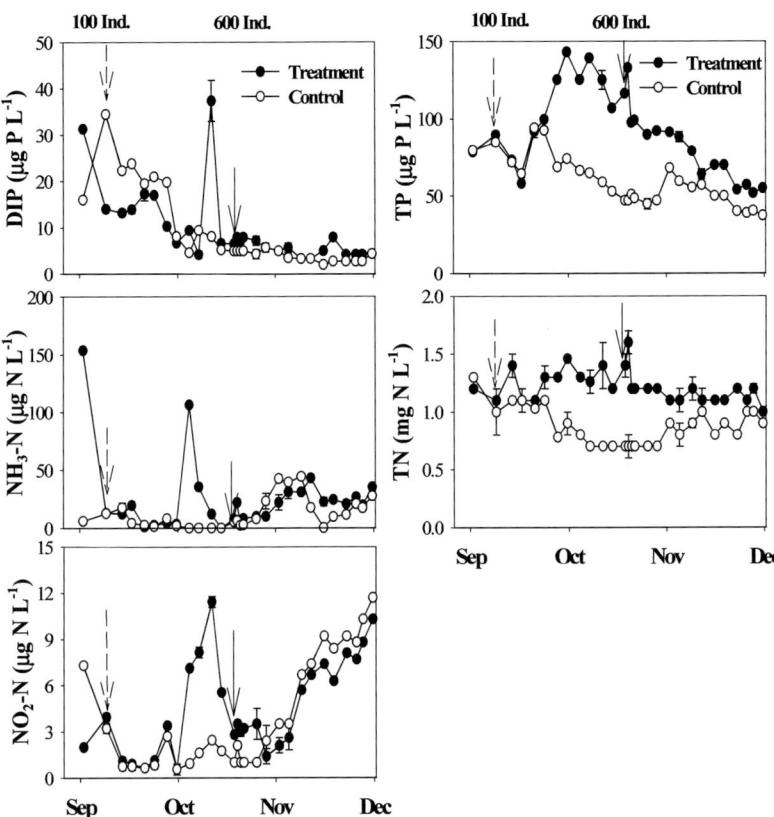

Fig. 6-6. Changes of dissolved inorganic phosphorus (DIP), ammonium-nitrogen, nitrite-nitrogen, total phosphorus (TP), and total nitrogen (TN) concentration in enclosures with (treatment) and without mussels (control).

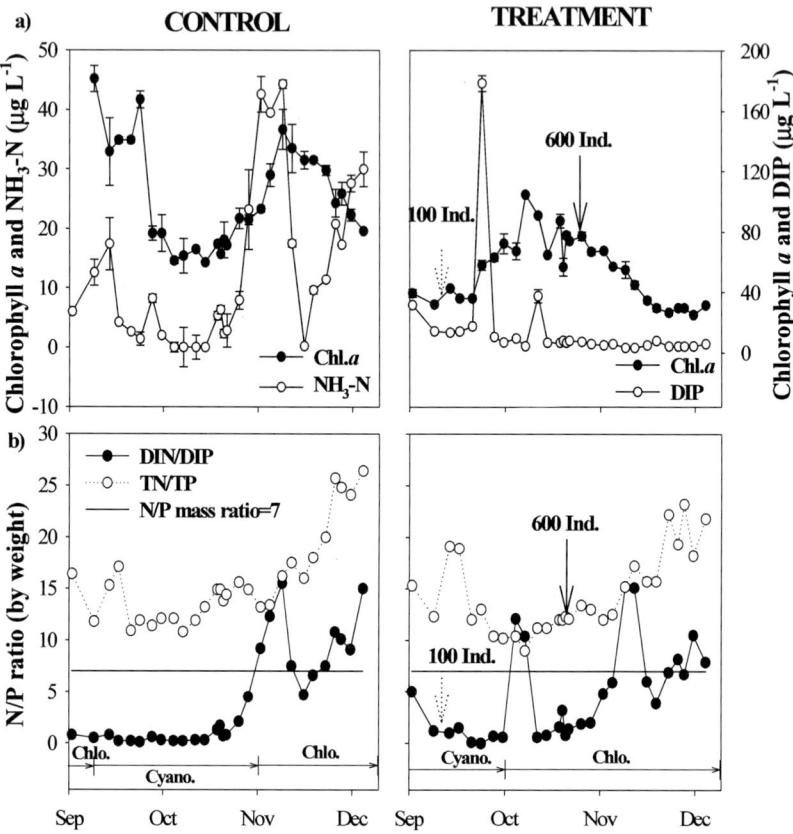

Fig. 6-7. Changes of a) dissolved inorganic phosphorus (DIP), ammonium, and chlorophyll, and b) N/P mass ratios and the major phytoplankton communities in enclosures with (treatment) and without mussels (control).

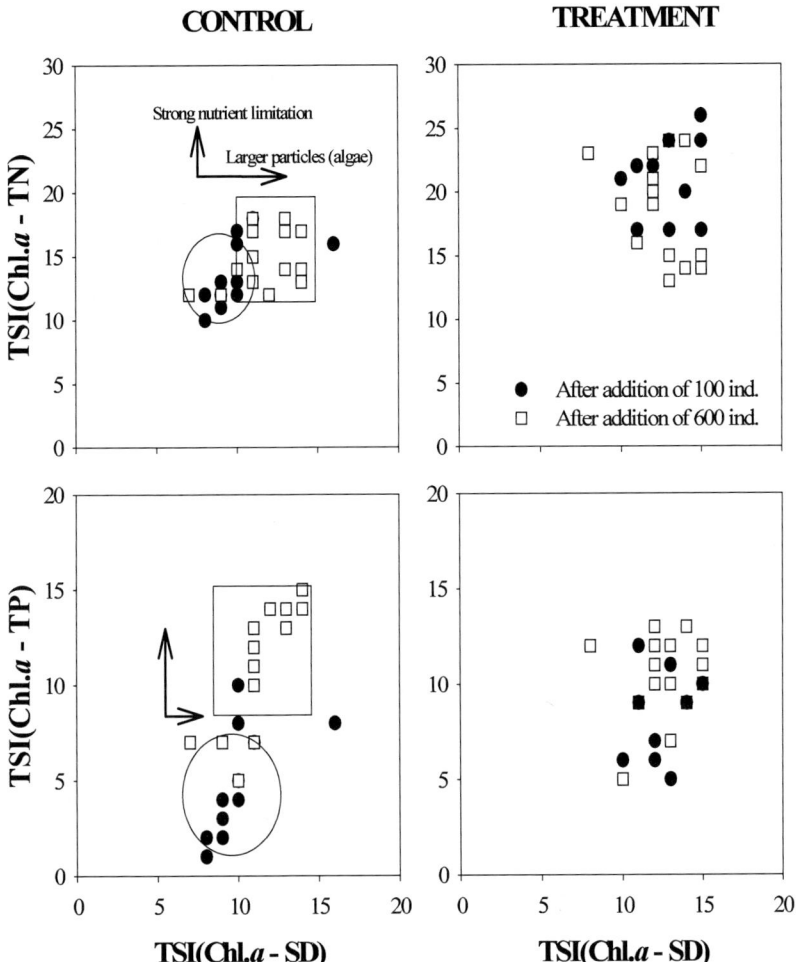

Fig. 6-8. Changes of relationship between TSI(Chl.$a$-SD) and TSI(Chl.$a$-TN and/or TP) in enclosures with (treatment) and without mussels (control), between addition of 100 mussels and after the addition of 600 mussel. Symbols in the control indicate plotted results drawn from the same period of mussel treatments compared with the treatment enclosure.

## 제7절 플랑크톤 종 조성, 밀도 그리고 생물량변화

### 1. 식물플랑크톤

대조구와 처리구에서 식물플랑크톤은 우점종의 차이와 더불어 현존량 (cell density)과 생물량(carbon biomass)도 시기적으로 큰 차이가 있었다 (Figs. 6-9, 10). 이러한 차이는 특히, 대조구에서 현존량이 처리구에 비해 현저히 높았으나 생물량은 상반된 경향을 나타낸 10월 동안에 관찰되었다(Fig. 6-10, Table 6-3).

인공연못 초기 조성 시에는 처리구와 대조구 모두에서 녹조류인 *Scenedesmus* spp.가 우점하였으나 패류 100개체를 넣어준 9월 8일 이후에는 *Microcystis* spp.와 *Merismopedia* sp.와 같은 남조류가 우점종으로 출현하였다(Fig. 6-9). 9월 말부터 *Microcystis* spp.의 세포밀도가 점차 감소하면서, 패류 600개체가 투입된 이후부터 10월 말까지 다시 녹조류인 *Scenedesmus* spp.(52-92%)와 와편모조류인 *Cryptomonas* sp.가 우점종으로 나타난 반면, 대조구에서는 사상성 남조류인 *Oscillatoria* spp.(총세포밀도의 71~99%)와 규조류인 *Synedra acus*가 우점하였다. 11월에는 대조구와 처리구 모두에서 *Selenastrum* spp.과 *Cryptomonas* sp.가 실험종료까지 우점하였다.

대조구와 처리구 사이의 식물플랑크톤 세포밀도는 처리구에서 *Oscillatoria* spp.(총세포밀도의 95~99%)의 세포밀도가 급격히 증가한 10월을($p<0.01$, n=8) 제외하고는 거의 비슷한 수준을 유지하였다(Fig. 6-10)($p>0.4$, n=11). 식물플랑크톤의 생물량(carbon biomass)은 세포밀도의 변화와는 달리 10월에 대조구에 비해 처리구에서 더 높게 나타났으며 처리구와 대조구 사이의 유의적인 차이를 나타냈다($p<0.001$, n=8)(Fig. 6-10). 비록 대조구에서 식물플랑크톤 생물량이 실험 초기에는 처리구에 비해 높았으나

수일 내에 처리구와 비슷한 수준까지 빠르게 감소하였고, *Oscillatoria* spp. 의 세포밀도가 증가했던 10월에는 처리구에 비해 낮았다. 이와 달리, 처리구에서는 시간에 따른 식물플랑크톤의 생물량 변화가 대조구에 비해 적었고, 600개체의 패류 투입 이후 11월에는 처리구 생물량의 현저한 감소가 관찰되었고 실험 종료 시에는 처리구보다 더 낮은 수준을 유지하였다.

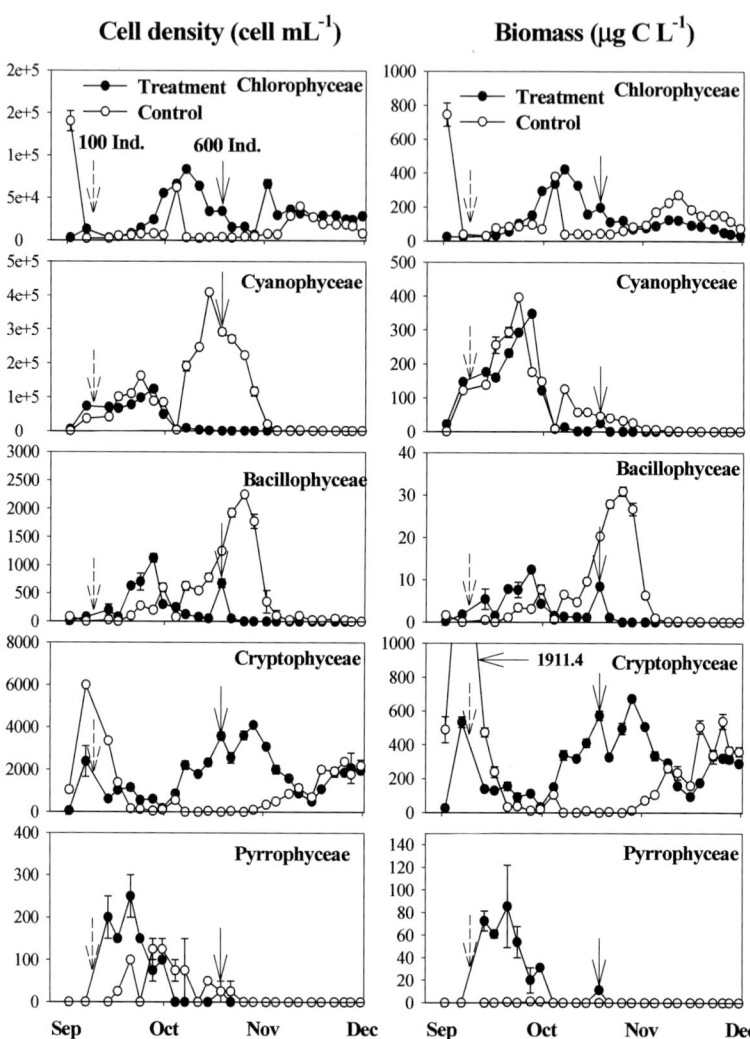

Fig. 6-9. Changes of cell density and carbon biomass of the major phytoplankton communities in enclosures with (treatment) and without mussels (control).

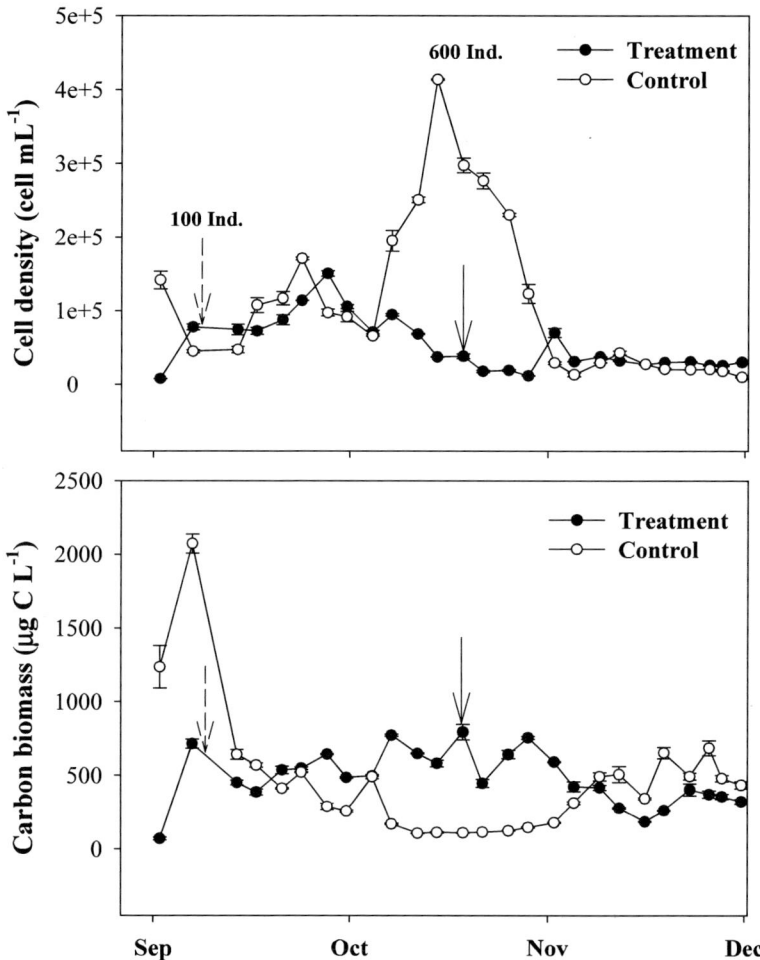

Fig. 6-10. Changes of total cell density and carbon biomass of phytoplankton communities in enclosures with (treatment) and without mussels (control) from September to November 2001.

Table 6-3. Dominant phytoplankton taxa found in two enclosures. Dominant taxa listed up were those greater 20% in total cell density (d) and biomass (b)

| Date (Mo/Day/Yr) | Control | Treatment |
|---|---|---|
| 9/1/01 | *Scenedesmus ecornis*(d, b), *Cryptomonas* spp(b) | *Scenedesmus ecornis*(d), *Cryptomonas* spp.(b), *Microcystis viridis* (d, b) |
| 9/6/01 | *Cryptomonas* spp.(b), *Microcystis viridis*(d) | *Cryptomonas* spp.(b), *Microcystis viridis*(d), *Microcystis* sp(b) |
| 9/13/01 | *Cryptomonas* spp.(b), *Microcystis viridis*(d), *Microcystis aeruginosa*(d) | *Microcystis aeruginosa* (d, b) |
| 9/16/01 | *Microcystis viridis* (d, b), *Microcystis aeruginosa*(d) | *Cryptomonas* spp(b), *Microcystis*sp(d), *Microcystis aeruginosa*(d) |
| 9/20/01 | *Microcystis viridis*(d, b), *Microcystis* sp(d), *Microcystis aeruginosa*(d) | *Cryptomonas* spp(b), *Microcystis viridis*(d, b), *Microcystis aeruginosa*(d) |
| 9/23/01 | *Microcystis viridis* (d, b), *Microcystis aeruginosa*(d) | *Microcystis viridis*(d, b) |
| 9/27/01 | *Microcystis viridis* (d, b), *Microcystis aeruginosa*(b) | *Microcystis viridis*(d, b) |
| 9/30/01 | *Microcystis viridis* (d, b), *Oscillatoria* sp.(d) | *Microcystis viridis*(d) |
| 10/4/01 | *Scenedesmus ecornis*(d, b), *Cryptomonas* spp(b) | *Scenedesmus ecornis*(d, b), *Cryptomonas* spp (b) |
| 10/7/01 | *Oscillatoria* sp.(d), *Microcystis viridis*(b) | *Scenedesmus ecornis*(d,b), *Cryptomonas*.spp (b) |
| 10/11/01 | *Tetradron minimum*(b), *Microcystis viridis*(d), *Oscillatoria* sp.(b) | *Scenedesmus ecornis*(d, b), *Cryptomonas*.spp (b) |
| 10/14/01 | *Oscillatoria* sp.(d) | *Scenedesmus ecornis*(d,b) |
| 10/18/01 | *Scenedesmus ecornis*(b), *Tetradron minimum*(b) *Synedra acus*(b), *Oscillatoria* sp.(d) | *Scenedesmus ecornis*(d, b), *Cryptomonas* spp (b) |
| 10/21/01 | *Synedra acus*(b), *Oscillatoria* sp.(d) | *Scenedesmus ecornis*(d), *Cryptomonas* spp (b) |
| 10/25/01 | *Scenedesmus ecornis*(b), *Tetradron minimum*(b) *Synedra acus*(b), *Oscillatoria* sp.(d) | *Scenedesmus ecornis*(d), *Cryptomonas* spp (b) |
| 10/28/01 | *Scenedesmus ecornis*(d), *Tetradron minimum*(b), *Synedra acus*(d), *Oscillatoria* sp.(d) | *Scenedesmus ecornis*(d), *Cryptomonas* spp (d, b) |
| 11/01/01 | *Cryptomonas* spp(b), *Oscillatoria* sp.(d) | *Chlorella vulgaris*(d), *Cryptomonas* spp.(b) |
| 11/4/01 | *Scenedesmus ecornis*(d), *Tetradron inimum*(d, b), *Cryptomonas* spp.(b) | *Chlorella vulgaris*(d), *Cryptomonas* spp.(b) |
| 11/8/01 | *Chlorella vulgaris*(d), *Tetradron minimum*(b), *Cryptomonas* spp.(b) | *Chlorella vulgaris*(d), *Cryptomonas* spp.(b) |
| 11/11/01 | *Chlorella vulgaris*(d), *Tetradron minimum*(b), *Cryptomonas* spp.(b) | *Chlorella vulgaris*(d), *Cryptomonas* spp.(b) |
| 11/15/01 | *Chlorella vulgaris*(d, b), *Tetradron minimum*(b), *Cryptomonas* spp.(b) | *Chlorella vulgaris*(d, b), *Cryptomonas* spp.(b) |
| 11/18/01 | *Chlorella vulgaris*(d), *Cryptomonas* spp.(b) | *Chlorella vulgaris*(d), *Selenastru minutum*(d), *Cryptomonas* spp.(b) |
| 11/22/01 | *Selenastrum minutum*(d),*Cryptomonas* spp.(b) | *Chlorella vulgaris*(d), *Selenastrum minutum*(d), *Cryptomonas* spp.(b) |
| 11/25/01 | *Chlorella vulgaris*(d), *Cryptomonas* spp (b) | *Chlorella vulgaris*(d), *Selenastrum minutum*(d), *Cryptomonas* spp.(b) |
| 11/27/01 | *Chlorella vulgaris*(d), *Cryptomonas* spp (b) | *Selenastrum minutum*(d), *Cryptomonas* spp.(b) |
| 11/30/01 | *Chlorella vulgaris*(d),*Cryptomonas* spp (d, b) | *Selenastrum minutum*(d), *Cryptomonas* spp (b) |

## 2. 동물플랑크톤

처리구와 대조구에서의 동물플랑크톤 생물량과 종조성의 변화는 상당한 차이가 있었다(Figs. 6-11, 12, Table 6-4). 대조구에서 동물플랑크톤 현존량과 생물량은 실험 초기에 많았고, 이후 감소하여 실험종료시점까지 일정한 수준을 유지하였다. 처리구에서는 100개체의 패류가 투입된 이후 10월부터 증가하였고 실험종료까지 대조구에 비해 높은 수준을 유지하였다(Fig. 6-11)($p<0.05$, ANOVA). 조사기간 동안 대조구와 처리구에서 동물플랑크톤 현존량과 생물량 변화는 엽록소 $a$ 농도와 양의 상관성이 있었다($r>0.52$, $p<0.05$).

동물플랑크톤 밀도를 토대로 할 때, 대조구에서는 실험 초기에 요각류가 우점종이였으나 10월부터 Keratella valga 등의 윤충류 현존량이 증가하여 11월에 우점군집이였다(Fig. 6-12). 생물량에 따른 우점종은 9월에 요각류였으나 처리구에 패류 600개체가 투입된 이후(20 Oct. 2002)부터는 Bosmina longirostris와 같은 지각류가 우점하였다(Table 6-4).

처리구에서는 현존량과 생물량 모두 요각류와 지각류가 윤충류 개체 수가 증가하여 우점하였던 10월을 제외하고는 우점하였다(Fig. 6-12). 실험 초기 동물플랑크톤 군집 중 우점하였던 Brachionus calyciflorus와 같은 윤충류 개체 수가 빠르게 감소하였다가, 100개체의 패류가 투입된 이후 대조구에서와 동일하게 Keratella valga로의 우점종 변화와 더불어 개체 수가 증가하였다. 패류가 600개체 투입된 이후에는 윤충류의 개체 수가 증가한 대조구와 다르게 감소하였고, 실험 종료 시에는 대조구와 차이가 없었다(Fig. 6-12a, b). 요각류의 개체밀도와 생물량 모두는 9월과 10월 동안에 두 번의 최댓값을 보였고, 패류가 600개체 투입된 이후에 나타난 개체 수의 감소는 대조구에서의 개체 수 감소와 유사하였다(Fig. 6-12c). 그러나 우점종에 있어는 대조구에서 크기가 작은 요각류 유생(Nauplius)들이, 처리구에서는 크기가 큰 *Diacyclops thomasi*가 우점하는 차이를 나타났다. 지각류는 패류 600개체가 투입된 이후에 요각류 개체 수의 변화와 마찬가지로 감소하였으나, 실험 종료시 처리구에서의 지각류 개체 수와 생물량은 윤충류와 요각류와는 달리 대조구에 비해 높았다(Fig. 6-12e, f).

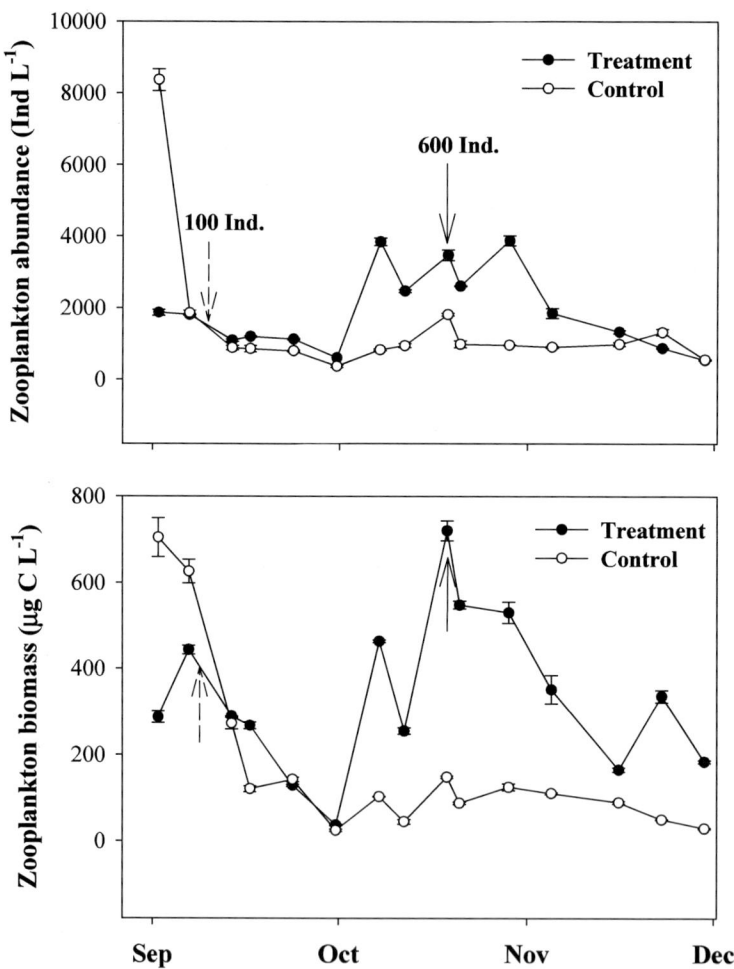

Fig. 6-11. Changes of total abundance and carbon biomass of zooplankton communities in enclosures with (treatment) and without mussels (control) from September to November 2001.

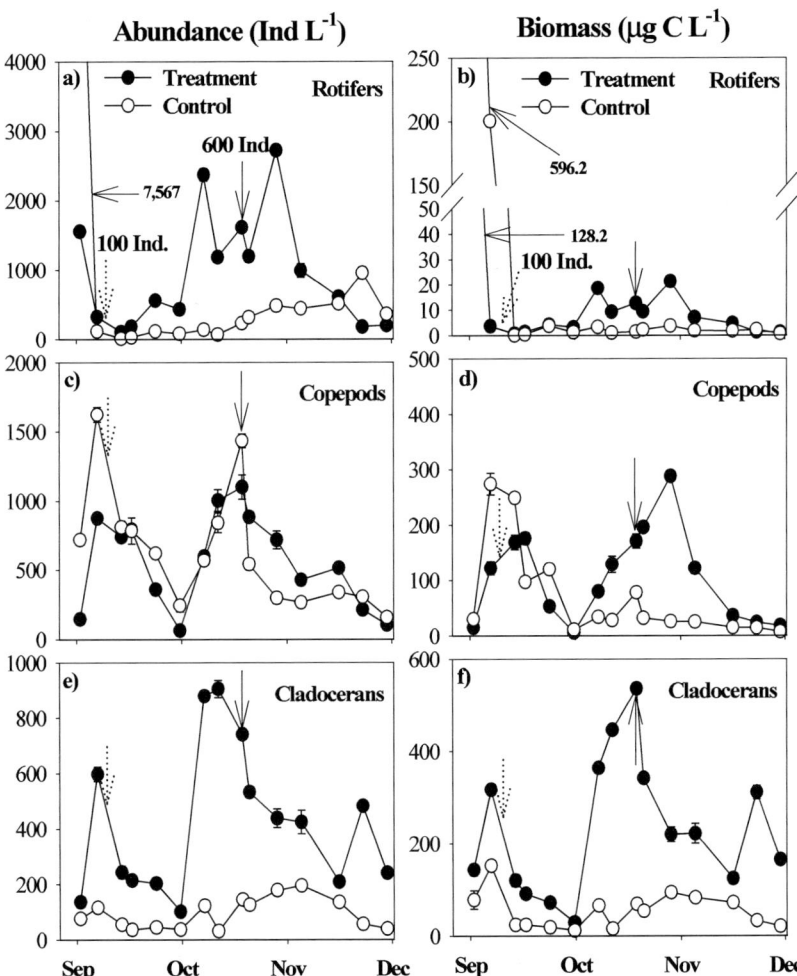

Fig. 6-12. Changes of abundance and carbon biomass of the major zooplankton communities in enclosures with (treatment) and without mussels (control) from September to November 2001.

Table 6-4. Dominant zooplankton taxa found in two enclosures. Dominant taxa listed up were those greater 20% in total density (d) and biomass (b).

| Date | Control | Treatment |
|---|---|---|
| 9/1/01 | *Brachionus calyciflorus* (d, b) | *Brachionus calyciflorus* (d, b) |
|  |  | *Diaphanosoma birgei* (b) |
| 9/6/01 | *Asplanchna herriciki* (b), Copepodid (d), | Nauplius (d), *Diaphanosoma birgei* (b) |
|  | Nauplius (d), *Diacyclops thomasi* (b), | *Chydorus spaericus* (d, b) |
|  | *Diaphanosoma birgei* (b) |  |
| 9/13/01 | Copepodid (d, b), Nauplius (d), | Copepodid (d, b), *Diacyclops thomasi* (b), |
|  | *Diacyclops thomasi* (d, b) | Nauplius (d), *Diaphanosoma birgei* (b) |
| 9/16/01 | Copepodid (b), Nauplius (d), | Copepodid (d, b), Nauplius (d), |
|  | *Diacyclops thomasi* (b) | *Bosmina longirostris* (b) |
| 9/23/01 | Nauplius (d), | *Kelatella valga* (d), Nauplius (d), |
|  | *Diacyclops thomasi* (b) | *Bosmina longirostris* (b) |
| 9/30/01 | Nauplius (d, b), | *Kelatella valga* (d), *Bosmina longirostris* (b) |
|  | *Bosmina longirostris*(b) | *Chydorus spaericus* (b) |
| 10/7/01 | Nauplius (d, b), *Bosmina longirostris* (b) | *Kelatella valga* (d), *Bosmina longirostris* (b) |
| 10/11/01 | Nauplius (d, b) | *Kelatella valga* (d), *Diacyclops thomasi* (b), |
|  |  | Nauplius (d), *Bosmina longirostris* (b) |
| 10/18/01 | Nauplius (d, b), *Diacyclops thomasi* (b) | *Kelatella valga* (d), Nauplius (d) |
|  | *Chydorus spaericus* (b) | *Bosmina longirostris* (b) |
| 10/20/01 | *Kelatella valga* (d), Nauplius (d, b) | *Kelatella valga* (d), Nauplius (d) |
|  | *Bosmina longirostris* (b), *Chydorus spaericus* (b) | *Bosmina longirostris* (b) |
| 10/28/01 | *Kelatella valga* (d), Nauplius (d) | *Kelatella valga* (d), *Diacyclops thomasi* (b) |
|  | *Bosmina longirostris* (b) | *Bosmina longirostris* (b) |
| 11/4/01 | *Kelatella cochlearis* (d), *Kelatella valga* (d), | *Kelatella valga* (d), *Diacyclops thomasi* (b) |
|  | Nauplius (d), *Bosmina longirostris* (b), | *Bosmina longirostris* (b) |
|  | *Chydorus spaericus* (b) |  |
| 11/10/01 | *Kelatella cochlearis* (d), Nauplius (d), | *Kelatella valga* (d), *Diacyclops thomasi* (b) |
|  | *Bosmina longirostris* (b) | *Bosmina longirostris* (b) |
| 11/18/01 | *Kelatella cochlearis* (d, b), Nauplius (d, b), | Nauplius (d), |
|  | *Kelatella valga* (b), *Bosmina longirostris* (b) | *Bosmina longirostris* (d, b) |
| 11/25/01 | *Kelatella cochlearis* (d,), Nauplius (d, b), | *Kelatella valga* (d), |
|  | *Bosmina longirostris* (b) | *Bosmina longirostris* (d, b) |

# 제8절 고 찰

수생태계에서 패류는 수체 중의 입자성 물질을 침강시키고 조류나 다른 미생물에 의해 직접적으로 이용될 수 있는 용존영양염을 배출하는 기능을 수행한다(James, 1987; Quigley *et al.*, 1993; Yamamuro and Koike, 1993;

Dame, 1996; Davis *et al.*, 2000). 본 연구에서 600개체의 패류 투입 후에 나타난 입자성 물질의 현저한 감소와 용존영양염의 증가는 플랑크톤 군집이나 영양염 순환에 대한 여과섭식성 폐류인 재첩(*Corbicula*)의 역할에 따른 결과로 유추될 수 있다.

국내 담수산 패류인 재첩과 참재첩 그리고 말조개의 섭식률 비교실험결과 수체 내 엽록소 *a* 농도 감소율은 재첩과 참재첩이 높았다. 패류의 섭식률은 패류 종간의 차이가 있고(Borcherding, 1992; Franslow *et al.*, 1995), 먹이원의 밀도나 조성(Winter, 1973; Ten Winkel and Davids, 1982; Sprung and Rose 1988; Hwang, 1996) 그리고 수온(Fanslow *et al.*, 1995) 등과 같은 환경요인에 의해 영향을 받는 것으로 알려져 있다. 먹이원, 조성, 수온 등이 동일한 환경조건하에서 실시된 실험에서 비록 크기가 다른 동일 종간의 여과율의 차이는 알 수 없으나, 종에 따른 여과율의 차이는 확인하였다. 이러한 결과는 여과율이 패류의 크기보다는 패류 종의 여과능력에 의존함을 의미할 수 있다(Franslow *et al.*, 1995).

패류의 밀도나 먹이원의 밀도 그리고 조성은 패류의 섭식률에 영향을 주는 중요한 요인으로 고려되고 있다(Winter, 1973; Sprung and Rose 1988; Hwang, 1996; Welker and Walz, 1998). Welker and Walz(1998)는 말조개(Unionids)가 본 연구에서 패류 밀도(150개체 $m^{-2}$)보다 2배 이상 높은 밀도로(350개체 $m^{-2}$) 존재하는 하천에서 말조개의 섭식에 따른 수체 내 식물플랑크톤과 총인 농도의 감소를 보고한 바 있다. 또한 입자성 물질에 대한 패류의 여과율이 남조류가 우점한 부영양 환경에서보다는 중영양 혹은 빈영양 상태의 환경에서 더 높은 것으로 제시되고 있다. Hwang(1996)은 얼룩말조개의 여과율이 규조류와 편모조류가 우점하는 Erie 호에서보다 Saginaw 만에서 5배 이상 낮게 나타남을 보고하였다. Sprung and Rose(1988)는 얼룩말조개의 섭식률이 먹이원으로 사용된 *Chlamydomonas*의 세포밀도가 15,000cells $mL^{-1}$까지는 먹이밀도에 의존하여 증가하였으나, 그 이상의 밀도에서는 먹이밀도의 증가에 따라 감소됨을 제시하였다. Hwang 등(2001)은 부영양 수준의 조류 밀도하에서 참재첩의 여과율이 $0.24 \sim 0.87$mL AFDWmg$^{-1}$ hr$^{-1}$의 범위이며, 동일한 패류 종이라 하더라도 조류 종 조성과 밀도의 차이는 여과율의 변화를 야기할 수 있음을 보고하였다. 이러한 결과들은 만약 패류의 밀도가 낮거나 먹이밀도가 매우 높은 경우에는 패류의 기능적인 역할을 확인하는 것이 어려울 수 있음을 제시한다. 본 연구에서 100개체의 패류가 투입된 이후에 엽록소 $a$ 농도가 증가된 것도 패류의 섭식에 따른 식물플랑크톤의 제거율보다 섭식 과정 중에 배출되는 영양염에 의해 유도될 수 있는 식물플랑크톤의 재생성률이 높았기 때문에 나타난 결과로 유추할 수 있다.

패류의 섭식활동이 수생태계의 물질순환 특히, 질소에 대한 중요성은 해양생태계뿐만 아니라(Dame, 1996), 담수생태계에서도 알려져 있다(Yamamuro and Koike, 1993; Gardner et al., 1995; Soto and Mena, 1999). Huron 호와 Saginaw 만에서 얼룩말조개가 밀생한 이후에 입자성 물질의 감소와 더불어 질산성 질소, 암모니아 그리고 규소농도가 증가됨이 보고된 바 있다(Johengen et al., 1995). 본 연구에서는 Corbicula가 투입된 직후에 용존성 질소와 인뿐만 아니라 총인과 총질소 농도가 일시적으로 증가하였다. 패류 투입 이후에 나타난 용존성 영양염의 일시적인 증가는 패류의 섭식에 따른 결과이기보다는, 이 시기에 수체 내 입자성 물질 농도 또한 이 시기에 증가하였기 때문에 패류로부터 feces 또는 pseudofeces와 같은 물질이 배출됨으로써 나타난 결과로 생각될 수 있다(Lewandowski and Stanczykowska, 1975; Avolizi, 1976; McMahon, 1991). 처리구에서 나타난 용존성 영양염의 일시적인 높은 농도는 감소되었고, 대조구와 처리구 사이의 큰 차이는 없었으나, 600개체의 패류 투입 전에 대조구에 비해 낮았던 용존성 인 농도가 패류 투입 후 지속적으로 대조구에 높은 농도를 유지한 것은 패류의 섭식에 의한 영향으로 생각할 수 있고, 용존성 영양염의 일시적인 증가 후에 나타난 감소는 식물플랑크톤과 다른 미생물들에 의한 영양염의 빠른 흡수와 관련이 있을 수 있다(James, 1987; Arnott and Vanni, 1992; Yamamuro and Koike, 1993; Dame, 1996). 600개체의 패류 투입 후에 수체 내에서 감소된 총인, 엽록소 $a$ 농도 그리고 부유물질 농도의 변화와 달리 총질소와 COD농도에서 600개체 패류 투입 이후에도 농도의 감소가 나타나지 않은 것은 패류의 섭식 과정 중에 배출된 영양염이 식물플랑크톤뿐만 아니라 다른 미생물들의 성장에 이용되었다는 결과로서 유추된다.

패류는 직접적인 섭식뿐만 아니라 이 과정에서 수체 내 영양염 순환의 변화를 야기하여 간접적으로 식물플랑크톤의 성장에 영향을 줄 수 있다(Holland, 1993; Nicholls and Hopkins, 1993; Vaughn and Hakenkamp, 2001). 본 연구에서 대조구와 처리구 모두에서 엽록소 $a$ 농도는 각각 암모니아 농도와 용존무기인 농도의 증가 이후에 나타났다. 엽록소 $a$ 농도는 대조구에서 총질소와, 처리구에서는 총인과 밀접한 상관성을 나타냈다. 패류의 섭식 과정 중에 암모니아 형태의 질소가 우선적으로 배출되며(Burton, 1983), 이때 배출되는 질소의 양이 인에 비해 상대적으로 높은 것으로 알려져 있다(Hecky and Kilham 1988). Yamamuro and Koike(1993)은 일본 기수호에 서식하는 재첩류인 *Corbicula japonica*가 섭식과정 중에 배출하는 암모니아가($4.5mg\ N\ m^{-2}\ d^{-1}$) 섭취한 먹이원의 약 43%이며, feces와 pseudofaeces형태로 배출되는 질소($4.6mg\ N\ m^{-2}\ d^{-1}$)와 거의 비슷한 수준임을 제시하였다. 이러한 결과를 토대로 할 때, 실험 초기 대조구와 처리구 수체 내 DIN/DIP비는 7 이하로 질소제한 가능성이 높았으나, 처리구에서는 패류의 섭식과정 중에 우선적으로 배출되는 암모니아 형태의 질소가 식물플랑크톤에 의해 이용됨으로써(Matisoff *et al.*, 1985; Dame, 1996) 상대적으로 더 많은 양의 인을 성장에 요구하였고, 그로 인해 인 농도 증가 이후에 식물플랑크톤의 증가가 나타난 것으로 유추할 수 있다. 이와 달리, 초기에 수체 내 질소 제한 가능성이 높았고 질소 공급원이 상대적으로 매우 미약한 대조구에서 암모니아 농도의 일시적인 증가는 식물플랑크톤 성장의 결정적인 요인으로 작용했을 것이다. 대조구에서는 처리구와 비교할 때 경시적으로 질소와 인에 대한 제한강도가 증가한 반면, 처리구에서는 100개체와 600개체 투입한 두 시기 사이에 별 차이가 없었던 것은 패류 섭식이 수체 내 물질순환에 영향을 준 또 다른 결과로서 반영될 수 있다.

패류는 섭식활동이나 물질순환에 대한 영향을 통해 식물플랑크톤의 종조성과 현존량의 변화를 야기할 수 있다. 실험의 초기에는 두 enclosure 모두에서 남조류인 *Microcystis viridis*와 *M. aeruginosa* 등이 우점하였다. 그러나 100개체의 패류가 투입되고 25일이 지난 후에 처리구에서 남조류는 녹조류와 와편모조류로 우점종이 변화가 관찰되었다. 그러나 이 시기 동안 비록 우점종이 *Oscillotoria* spp.로 바뀌었으나 대조구에서는 여전히 남조류가 우점하였다. 처리구에서 나타난 우점종의 변화는 실험에 사용된 패류의 개체 수가 적었던 시기에 나타났기 때문에 패류의 섭식(Lauritsen, 1986: Way *et al.*, 1990; Hwang *et al.*, 2001)영향과 함께 섭식 과정 중에 배출된 용존 영양염에 변화(예를 들면, 수체 내 N/P비의 변화)가 중요한 원인으로 추정된다(Hecky and Kilham 1988; Johengen *et al.*, 1995). 처리구에서 남조류가 녹조류로 변화가 나타난 시기는 수체 내 N/P비가 일시적으로 상승한 시기와 일치하였다. 패류 600개체가 투입된 이후부터 대조구에서 우점종이었던 녹조류인 *Scenedesmus* spp.(52-92%)와 와편모조류인 *Cryptomonas* sp.가 11월 초에 *Selenastrum* spp.와 *Cryptomonas* sp.로 바뀌는 시기에 대조구에서도 *Oscillatoria* spp.(총세포밀도의 71~99%)와 규조류인 *Synedra acus*가 수체 내 N/P비의 일시적인 증가 이후에 처리구에서와 동일한 종이 우점하였다(Fig. 5-13, Table 5-9).

온대 지역의 많은 부영양호수에서 식물플랑크톤 밀도의 중요한 조절자로서 동물플랑크톤의 역할은 잘 알려져 있다(Petersen, 1983; 김 등, 1999a). 패류가 서식하는 수체를 가정한다면, 동물플랑크톤은 동일한 먹이원에 대한 경쟁자이며 한편으로는 패류의 먹이원으로 이용될 수 있다 (Mikheyev 1967; Shevtsova *et al.* 1986; Maclsaac and Sprules, 1991). 얼룩말조개의 경우 섭식할 수 있는 입자의 크기는 $0.7\mu m$(Sprung and Rose, 1988)에서 $750\mu m$(Ten Winkel and Davids, 1982)으로 알려져 있고, 이렇게 먹이의 크기에 대한 넓은 선택 범위는 동물플랑크톤도 패류의 직접적인 먹이원이 될 수 있으며(Mikheyev, 1967; Shevtsova *et al.* 1986; Maclsaac and Sprules, 1991), 섭식되지 않는다 하더라도 동일한 먹이원에 대한 패류와의 경쟁관계에서 섭식 능력의 차이로 인해 동물플랑크톤 군집 변화에 영향을 미칠 수 있는 가능성을 제시한다.

패류는 동물플랑크톤의 직접적인 섭식이나(Mikheyev 1967; Shevtsova *et al.* 1986; Maclsaac and Sprules 1991) 동일한 먹이원에 대한 경쟁을 통해 동물플랑크톤의 군집 조성과 생물량의 변화를 야기할 수 있다. 본 연구에서 어느 쪽이 동물플랑크톤 생물량의 감소에 더 많은 영향을 주었는지 판단하기는 어렵지만 동물플랑크톤과 얼룩말조개의 동일한 먹이원에 대한 경쟁능력을 비교한 선행 연구들에서는 Erie 호와 Huron 호에서 얼룩말조개의 출현 이후 동·식물 플랑크톤 생물량이 동시에 감소됨으로써 식물플랑크톤 생물량 조절에 대한 얼룩말조개의 영향이 크게 평가된 바 있다(Nicholls and Hopkins 1993; Bridgeman *et al.* 1995; Fanslow *et al.* 1995). 처리구에서 식물플랑크톤 생물량이 현저히 감소하는 시기에 동물플랑크톤의 생물량의 감소와 더불어 크기가 큰($>200\mu m$) *Bosmina longirostris*와 *Diacyclops thomasi*와 같은 동물플랑크톤이 증가하였다. 처리구에서 식물플랑크톤의 생물량 증가시기에 높은 개체 수를 유지했던 윤충류는 대조구에서 증가했던 것과는 달리 지속적으로 감소하였다(Fig. 6-12, Table 6-4). 패류 600개체가 투입된 이후 처리구에서 윤충류 밀도는 감소한 반면, 대조구에서는 증가하였다. 이러한 두 처리구 간의 차이는 11월까지 지속되었으나, 대조구와 처리구에서의 식물플랑크톤 우점종은

*Selenastrum* spp.과 *Cryptomonas* sp.로 우점종으로 먹이원의 질적인 차이는 없었고, 또한 엽록소 $a$ 농도의 차이는 있었으나 식물플랑크톤 세포밀도는 거의 유사하였기 때문에 먹이원의 양적인 차이 또한 적었을 것으로 생각된다. 따라서 600개체의 패류가 투입된 처리구에서 재첩의 직접적인 섭식에 의해 윤충류(*Keratella valga*)와 크기가 작은 요각류 유생들이 감소하면서, 크기가 큰 지각류 *Bosmina longirostris*로 우점종이 변화되었을 가능성도 배제할 수는 없다. 그러나 식물플랑크톤 외 다른 미생물들에 대한 먹이원으로서 동물플랑크톤 군집 내 선호도 혹은 이들에 대한 섭식능력의 차이뿐만 아니라 크기가 큰 요각류나 지각류가 윤충류를 먹이원으로 이용하거나 서로 경쟁함으로써 윤충류의 성장을 억제할 수 있기 때문에 (Gilbert and Stemberger, 1985) 이들의 동태학은 상당히 복잡할 것으로 판단된다.

  본 연구결과 패류의 여과성 섭식활동에 의해 enclosure 내 식물플랑크톤을 포함한 입자성 물질이 감소하고 무기영양염 농도가 증가하였다. 이는 패류가 직접적인 섭식과 그 과정에서 수중 내 영양염 순환의 변화를 야기함으로써 동·식물플랑크톤의 생물량과 종 조성을 변화시킬 수 있음을 의미한다.

# 제7장 부영양호의 수질개선 평가

## 제1절 연구배경 및 목적

수생태계에서 패류의 주된 기능적인 역할은 종에 따라 서식형태나 섭식형태의 차이가 있다 하더라도 수체로부터 식물플랑크톤과 박테리아, 그리고 크기가 작은 동물플랑크톤을 포함한 입자들의 제거(Dame *et al.* 1985; Holland, 1993; Cotner *et al.*, 1995; Fahnenstiel *et al.*, 1995; Lavrentyev *et al.*, 1995; Vaughn and Christine, 2001)와 무기형태의 영양염 배출(James, 1987; Quigley *et al.*, 1993; Yamamuro and Koike, 1993; Gardner *et al.*, 1995; Arnott and Vanni, 1996; Dame, 1996; Davis *et al.*, 2000) 그리고 저층에 섭식에 따른 faeces와 pseudofaeces와 같은 입자형태 배설물의 증가(Dame *et al.*, 1985; Loo and Rosenberg, 1989; Jack and Throp, 2000) 등 생태계 수준의 영향들로 나타난다.

패류의 섭식에 따른 수체 내 입자성 물질의 뚜렷한 감소는 정수생태계는 물론 유수생태계에서도 알려져 있다. 예를 들면, 얼룩말조개의 정착이 이루어진 후 Erie 호의 서쪽 지역에서는 100%의 투명도 향상과 82~92%의 식물플랑크톤의 감소하였으며(Holland, 1993), 북쪽 지역에서는 식물플랑크톤 현존량이 90% 이상 감소한 것이 보고된 바 있다(Nicholls and Hopkins, 1993). Cohen 등(1984)은 Marylnad에 위치한 Potomac 강에서 재첩이 높은 밀도로 서식하는 지역에서 식물플랑크톤 생물량이 40~60%

감소하였음을 보고하였다.

패류가 서식하는 환경에서 나타난 긍정적인 효과로 인해 패류를 이용하여 수질을 개선하고자 하는 노력이 유럽에서 시도된 바 있다(Reeder et al.1989; Reeder and Vaate, 1992; Smit et al., 1993). Reeder 등(1989)은 네덜란드의 부영양 호수에서 얼룩말조개의 여과섭식 능력을 계산하여 이들의 밀도를 근거로 할 때 한 달에 최소한 한두 번은 호수 전체의 물을 여과할 수 있음을 제시하였고 이에 따라 부영양화를 효과적으로 조절하는 가능성을 제시하였다. Smit 등(1993)은 네덜란드의 Volkerakmeer 호에서 수질관리를 위한 방법으로 호수의 유입부에 네트를 설치하여 얼룩말조개들이 쉽게 부착하여 서식할 수 있는 공간을 마련함으로써 이들 패류를 '생물 filter'로 이용하고자 시도하였고, 수질개선효과가 네트에 부착하는 패류의 수에 의존하는 함을 보고한 바 있다(Reeder and Vaate, 1992).

그러나 패류가 밀생하는 수 환경에서 수로나 파이프의 막힘, 경쟁에 따른 토착종의 개체 수의 감소, 퇴적층에 집적되는 유기물질의 증가 및 집단 폐사(die-off)에 따른 수질 악화와 같은 부정적인 영향도 보고되고 있다(Morton, 1979; Kraemer, 1979; McMahon, 1983; Gleason, 1984; Doherty et al., 1986; Scheller, 1997). 특히, 패류의 폐사가 수질에 미치는 영향은 패류를 수질개선을 위한 생물학적인 방법으로 선택함에 있어 중요하게 고려될 수 있다.

본 연구는 부영양호 mesocosm에서 담수산 이매패류에 의한 수질변화를 분석하였으며 이 결과를 통하여, 참재첩(Corbicula leana)의 기능적 역할을 이용한 수질개선의 적용가능성을 분석하였다.

## 제2절 연구대상 및 방법

### 1. Mesocosm의 형태

얕은 부영양호(일감호) 연안대에 Mesocosm을 설치하였다(김 등, 2003). Mesocosm은 스테인레스 스틸재질의 파이프 기둥을 1.5m 간격으로 바닥에 박아 넣어 타포린 재질의 커텐을 지탱시켰으며, 커텐은 바닥으로부터 0.5m 밑 부분까지 내려 묻었다. Mesocosm의 규모는 가로, 세로, 높이가 각각 3×3×1.5m 이며 평균 수심은 0.5m이다(Fig. 1). Mesocosm 내의 0.3m 부분에는 구조물을 설치하여 패류를 투입하였다. 실험에 사용된 패류는 섬진강 상류에서 채집되었고, 패류의 투입 여부에 따라 대조구(control)와 처리구(treatment)로 구분하여 실험하였다.

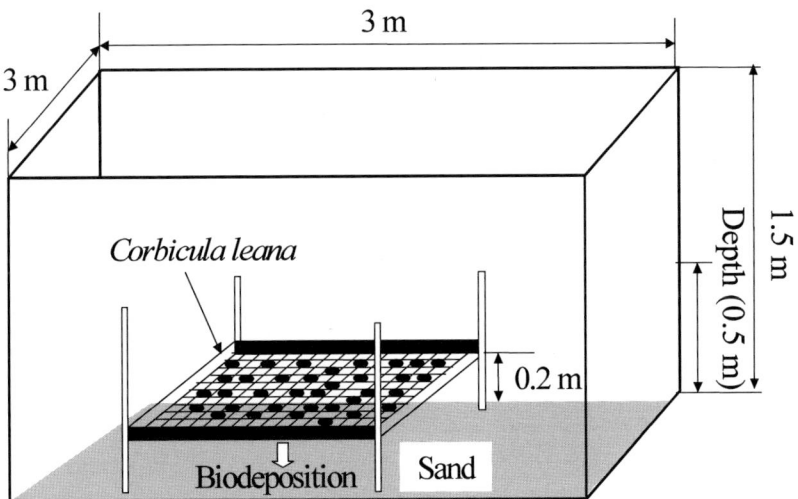

Fig. 7-1. A schematic description of the mesocosm.

## 2. 조사기간 및 시료채취

현장조사와 분석은 2003년 8월 1일부터 2003년 8월 16일까지 16일 동안 연속적인 2단계에 걸쳐 진행하였다. 패류는 하루 동안의 순화 기간을 거친 후 처리구에 투입하였다(1단계). 패류의 투입 후 8일이 경과한 후에는 실험 초기 처리구였던 곳에서 패류를 대조구였던 곳으로 옮겨 패류의 섭식에 따른 효과 검증과 더불어 패류가 제거된 이후의 처리구 수질변화를 조사하였다(2단계).

수질 분석을 위한 시료는 사이폰을 사용하여 수체의 교란을 최소화하면서 0.3m 수심에서 채수하였으며, 미리 산(3N HCl) 세척된 7L 폴리에틸린 병에 담아 실험실로 운반하였다. 실험이 진행되는 동안 패류의 폐사체는 패각이 벌어진 상태로 판별하여 조심스럽게 건져내어 패각의 길이와 폐사체를 계수하였다.

## 3. 여과율 계산

패류의 여과율(FR)은 다음과 같은 식에 따라 계산하였다.

$$FR\,(ml\,gAFDW^{-1}\,hr^{-1}) = \frac{V \times ln\,(C/M)}{W \times t}$$

여기서, V는 실험에 사용된 호소수의 양이며(L), C와 M은 각각 t 시간 이후의 대조구와 처리구에서의 엽록소 $a$ 농도이다. W는 24시간 후에 용기로부터 분리되어 측정된 패류의 유기물함량이며(AFDW), t는 실험기간(시간)이다. 패류의 유기물 함량은 실험에 사용된 모든 패류의 패각의 길이를 측정한 후, 본 연구에서 사용된 패류와 동일한 서식지에서 채집된 패류 165개체의 패각 길이와 유기물함량과의 직선회귀식을 이용하여 계산하였다(r=0.87, $p$<0.001)(Fig. 7-2). 실험이 진행되는 동안 폐사체는 수체

로부터 매일 수거하여 패각의 길이를 측정하였고 여과율 측정을 위한 패류의 유기물함량에서 제외하였다.

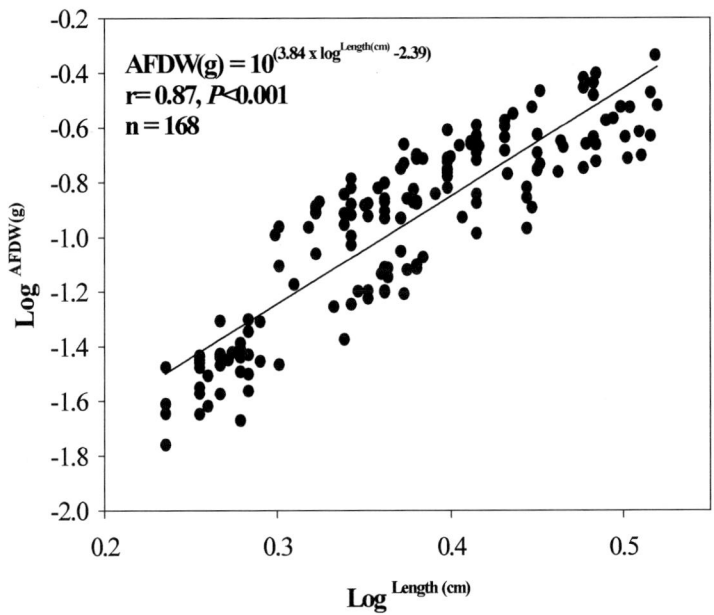

Fig. 7-2. Relationship between AFDW(Ash free dry weight: g) and length(cm) of *Corbicula leana*.

## 제3절 조사대상 호수의 수질

조사기간 동안 수온은 26.4℃에서 패류의 교체시기에 31.1℃까지 증가하였으며, 이후 26.4℃까지 감소하였다(Table 7-1). 엽록소 *a* 농도는 15.9～43.2μg L⁻¹의 범위로 분포하였고 패류의 교체 전·후 2단계 모두 실험 시작 초기에 비해 증가하였다. 부유물질 농도는 9.2～16.0mg L⁻¹의 범위로 시간에 따른 변화는 엽록소 *a* 농도변화와 유사하였다(r=0.53, *p*=0.028). TN 농도는 실험 초기 1.7mg N L$^{-1}$로 가장 높은 농도를 보였고, 패류가 투입되는 시기부터는 1.3~1.0mg N L$^{-1}$의 범위에서 별 차이가 없었다. 암모니아성질소 (NH$_3$-N) 농도는 4.3~33.9$\mu$g N L$^{-1}$의 범위로 시간에 따른 변위가 크게 나타났다.

Table 7−1. Water quality in Lake Ilgam during the study period

| Day | Temp. ℃ | Chl.$a$ $\mu$g L$^{-1}$ | SS mg L$^{-1}$ | TP $\mu$g L$^{-1}$ | TN mg L$^{-1}$ | NH$_3$−N $\mu$g L$^{-1}$ |
|---|---|---|---|---|---|---|
| 1 | | 15.9±1.0 | 15.0±7.8 | 39.2±2.3 | 1.7±0.01 | 11.5±1.0 |
| 2* | 27.9 | 22.7±2.6 | 11.0±0.3 | 42.3±0.8 | 1.8±0.13 | 4.3±0.5 |
| 3 | 28.2 | 25.8±2.8 | 10.4±0.3 | 47.7±1.6 | 1.3±0.12 | 33.9±0.5 |
| 4 | 29.1 | 25.7±4.4 | 10.2±1.2 | 49.3±0.0 | 1.2±0.18 | 28.2±0.5 |
| 5 | 29.5 | 28.1±1.6 | 12.1±4.1 | 37.6±3.9 | 1.2±0.08 | 19.6±1.4 |
| 6 | 29.5 | 34.0±1.8 | 9.5±0.7 | 36.1±2.3 | 1.2±0.07 | 21.0±2.9 |
| 7 | 26.7 | 39.0±5.2 | 16.0±1.9 | 65.6±2.3 | 1.5±0.01 | 14.4±1.0 |
| 8** | 27.2 | 42.1±2.1 | 12.5±0.7 | 49.3±1.6 | 1.3±0.01 | 9.1±0.5 |
| 9 | 31.1 | 22.6±1.8 | 9.2±0.6 | 36.1±3.9 | 1.0±0.04 | 15.8±0.5 |
| 10 | 28.4 | 34.5±0.3 | 10.7±0.4 | 40.7±0.8 | 1.0±0.08 | 14.8±2.4 |
| 11 | 26.9 | 39.7±4.4 | 15.9±5.3 | 49.3±3.1 | 1.1±0.03 | 6.7±1.0 |
| 12 | 28.0 | 33.0±2.9 | 11.7±1.0 | 41.5±3.1 | 1.1±0.03 | 13.9±5.2 |
| 13 | 27.5 | 33.8±0.0 | 10.8±1.7 | 44.6±1.6 | 1.1±0.01 | 14.4±4.8 |
| 14 | 27.7 | 36.4±6.2 | 12.6±0.6 | 41.5±0.0 | 1.2±0.00 | 18.2±0.0 |
| 15 | 28.0 | 32.6±2.0 | 12.7±0.5 | 43.8±0.8 | 1.2±0.03 | 25.8±1.0 |
| 16 | 26.4 | 43.2±2.1 | 15.3±0.5 | 50.0±3.9 | 1.2±0.01 | 6.7±0.0 |

* Addition of the mussel after sampling.
** Translocation of the mussel after sampling.

## 제4절 패류의 적응도 변화

실험 초기 744mussel m$^{-2}$의 밀도로 패류가 투입되었고, 실험 첫날 하루 동안 200개체 이상이 폐사하였으나, 시간에 따라 폐사율이 감소하여 처리구에서 대조구로 패류를 이동시킨 후에는 패사율은 4개체 미만으로 557mussel m$^{-2}$

의 개체가 존재하였고, 실험 종료 시는 100%(552mussel $m^{-2}$) 생존하였다 (Fig. 7-3). 폐각은 수체로부터 매일 수거하여 길이를 측정하였고, 일부 조직이 없는 패각이 발견되었는데 이것은 Mesocosm 내 서식하는 새우나 치어에 의해 섭식된 것으로 사료된다(관찰자료).

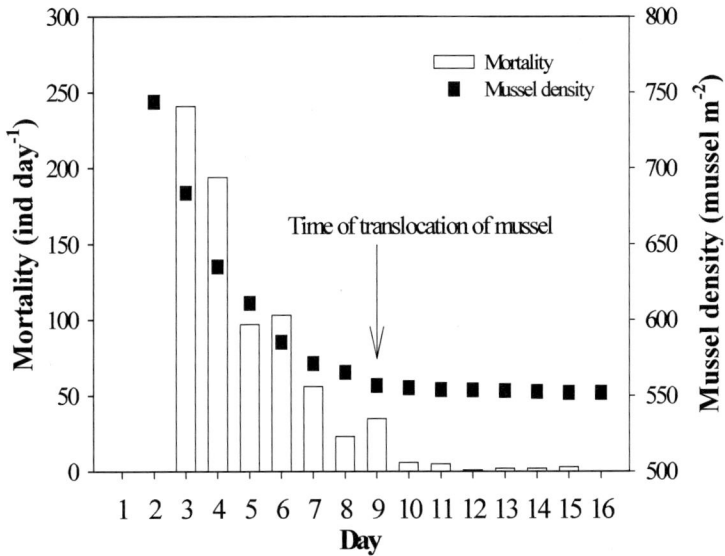

Fig. 7-3. Mortality and density of Corbicula leana during the study period.

## 제5절 입자성 물질 변화

엽록소 $a$와 부유물질 농도에 있어서 시간에 따른 뚜렷한 감소와 달리, 총인과 총질소농도의 변화는 패류의 교체 전·후 2단계의 실험 간에 차이가 있었다(Fig. 7-4). 패류의 투입 전 대조구와 처리구의 엽록소 $a$ 농도는 각각 13.6$\mu g$ $L^{-1}$과 14.7$\mu g$ $L^{-1}$로 유사하였다. 1단계 패류가 투입된 이후 호수에서의 엽록소 $a$ 농도가 증가한 것과 달리 대조구와 처리구 모두에서 엽록소 $a$ 농도가 감소하여($p$<0.001, ANOVA) 8일 경과 후에 처리구에서의 엽록소 $a$ 농도는 4.3$\mu g$ $L^{-1}$으로 대조구(8.1$\mu g$ $L^{-1}$)에 비해 약 50% 낮았다 (Fig. 7-4). 반면에, 조개의 교체 후 2단계 과정의 대조구에서 엽록소 $a$ 농도(4.3$\mu g$ $L^{-1}$에서 16.1±0.5$\mu g$ $L^{-1}$)는 증가하였으나, 처리구에서는 1단계 실험에서와 동일하게 8.1±0.3$\mu g$ $L^{-1}$에서 1.2±0.5$\mu g$ $L^{-1}$까지 감소하였다 ($p$<0.01, ANOVA).

실험 기간 동안 부유물질의 농도변화는 대조구와 처리구 모두에서 엽록소 $a$ 농도와 유사하였다(r>0.60, $p$<0.01)(Fig. 7-4). 조개 교체 전 대조구에서는 13.0±2.1mg $L^{-1}$에서 9.7±0.14mg $L^{-1}$로 감소한 반면 교체 후에는 4.0±0.57mg $L^{-1}$에서 6.8±0.24mg $L^{-1}$로 증가하였다. 처리구에서는 교체 전 12.0±1.4mg $L^{-1}$에서 2.3±0.14mg $L^{-1}$로 감소하였고 교체 후에는 9.7±0.14mg $L^{-1}$에서 교체 전과 유사한 2.2±0.57mg $L^{-1}$까지 감소하였다.

총인과 총질소 농도는 1단계 과정에서 처리구와 대조구에서의 엽록소 $a$, 부유물질 농도 변화와 다르게 대조구에 비해 처리구에서의 농도가 높았으나, 교체 후에는 처리구에서 낮은 농도를 유지하였다(Fig. 7-4). 교체 전 대조구에서의 총인 농도는 38.0±1.6$\mu g$ P $L^{-1}$에서 32.2±0.0$\mu g$ P $L^{-1}$로 감소하였으나 처리구에서는 조개의 교체 직전을 제외하고는 57.0~50.0$\mu g$ P $L^{-1}$의 범위로 대조구에 비해 높은 농도를 유지하였다($p$=0.001, ANOVA). 패류가 교체된 2단계 실험에서는 대조구에서 총인 농도가 36.1±3.9$\mu g$ P $L^{-1}$에서 50.0±0.8$\mu g$ P $L^{-1}$증가한 반면, 처리구에서는 32.2±0.0$\mu g$ P $L^{-1}$에서 22.9±0.0$\mu g$ P $L^{-1}$로 감소하였다($p$<0.001, ANOVA).

패류의 교체 전 대조구와 처리구의 총질소 농도는 유사한 수준으로 ($p$=0.681, ANOVA) 시간에 따라 감소하는 경향을 보였으나, 패류 교체 후에는 대조구에서 1.0±0.01mg N $L^{-1}$에서 1.3±0.04mg N $L^{-1}$로 증가한 반면, 처리구에서는 0.9~1.1mg N $L^{-1}$범위로 시간에 따른 농도의 변화 없이 호수나 대조구에 비해 낮은 농도를 유지하였다($p$<0.001, ANOVA).

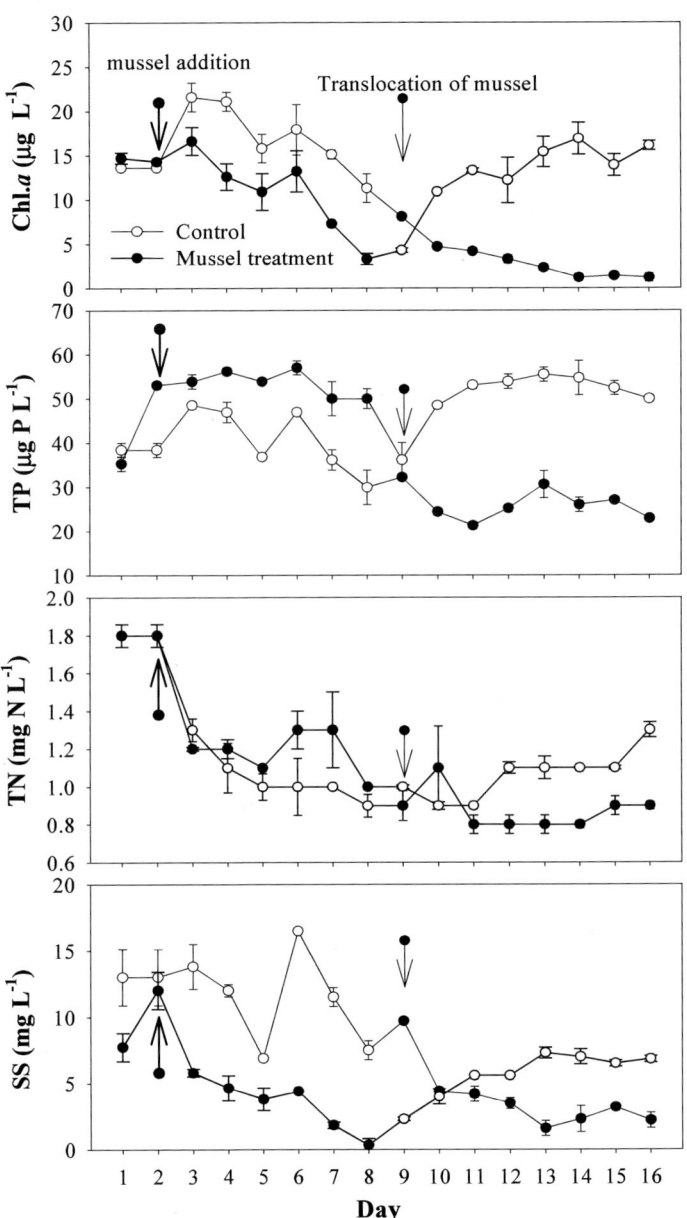

Fig. 7-4. Temporal change of Chl.*a*, TP, TN and SS in the control (without mussel) and the treatment (with mussel).

## 제6절 용존성 물질 변화

조개 투입 후 입자성 물질의 감소와 달리 용존성 무기영양염은 패류의 교체 전후 시기에 농도의 차이는 있으나 증가하는 경향을 보였다(Fig. 7 -5). 조사 기간 동안 수체 내 용존무기인은 $2\mu g$ P $L^{-1}$ 이하로 용존총인의 대부분은 용존유기인 형태로 존재하였다. 실험 초기 대조구와 처리구에서의 용존총인 농도는 각각 $12.0\pm0.8\mu g$ P $L^{-1}$과 $19.5\pm0.8\mu g$ P $L^{-1}$이였으나, 조개 투입 후 처리구에서 용존 총인 농도는 입자성 인의 감소와 더불어 최대 $39.3\pm0.8\mu g$ P $L^{-1}$까지 증가하였고 대조구(최대 $18\pm0.8\mu g$ P $L^{-1}$)와 큰 차이를 보였다($p\langle0.001$, ANOVA)(Fig 7-6). 패류의 교체 후에도 용존총인은 $10.4\pm0.8\mu g$ P $L^{-1}$에서 $17.3\pm0.0\mu g$ P $L^{-1}$까지 증가하였으나 실험 초기 대조구에서의 농도와 별 차이 없었다($p=0.509$, ANOVA). 용존총인 농도가 높은 처리구에서 조개를 대조구로 옮긴 2단계 실험에서 대조구에서의 용존총인은 $32.4\pm0.0$에서 $23.3\pm1.5\mu g$ P $L^{-1}$까지 감소한 반면 입자성 인 농도가 증가하였다(Fig. 7-6).

2단계로 이루어진 실험 모두에서 패사체와 섭식에 따른 암모니아성 질소 농도의 뚜렷한 증가가 관찰되었다(Fig. 7-5). 패류의 직후 패사율의 증가 시기에 $163.0\pm3.8\mu g$ N $L^{-1}$까지 증가한 후 감소하는 경향을 보였다. 처리구에서 암모니아성질소가 증가하는 시기에 대조구에서도 초기농도 $10.5\mu g$ N $L^{-1}$에서 $36.3\mu g$ N $L^{-1}$까지 증가하였으나, 처리구에 비해 낮은 농도였고($p\langle0.001$, ANOVA) 시간에 따른 농도변화는 호소수와 유사하였다($p=0.976$, ANOVA). 패류의 교체 후에도 처리구에서는 암모니아성 질소 농도가 $22.0\sim62.5\mu g$ N $L^{-1}$의 범위로 증가하였으며, 교체 전의 대조구와 비교해 높은 농도를 유지하였다($p=0.042$, ANOVA). 반면에 2단계 실험의 대조구에서는 암모니아성 질소 농도가 $63.0\mu g$ N $L^{-1}$에서 실험종료에는 $1.0\pm0.0\mu g$ N $L^{-1}$까지 감소하였고 교체 전의 대조구에서의 농도와 비슷한 수준을 유지하였다($p$=0.205, ANOVA).

처리구에서의 패사율 증가는 수체 내 암모니아성 질소의 농도 증가와 양의 상관성을 나타낸 반면($r$=0.95, $p$<0.001), 용존총인 농도는 패류의 교체 전 패사율과 음의 상관성을 나타냈다($r$=0.94. $p$<0.001)(Fig. 7-7).

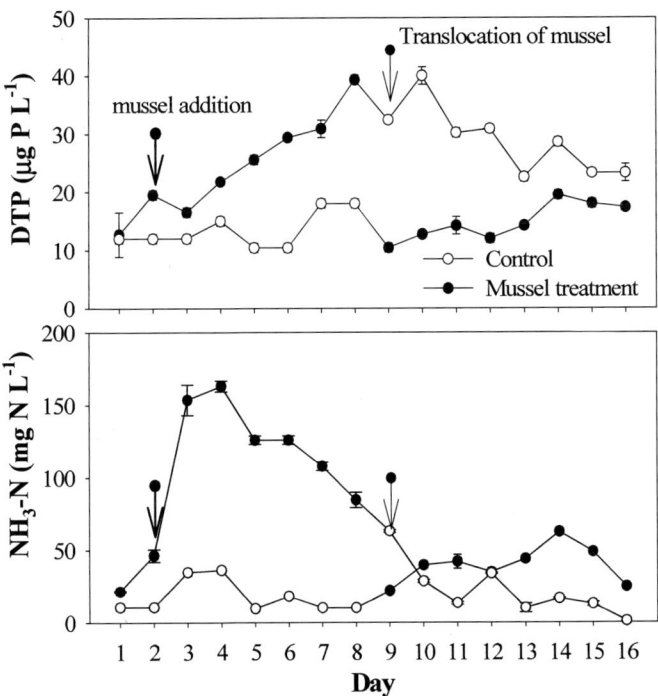

Fig. 7-5. Temporal changes of dissolved total phosphorus and NH3-N in the control(without mussel) and the treatment(with mussel).

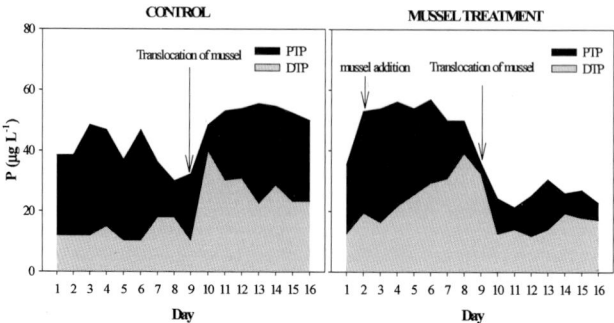

Fig. 7-6. Temporal changes of dissolved total phosphorus and particulate total phosphorus in the control(without mussel) and the treatment(with mussel).

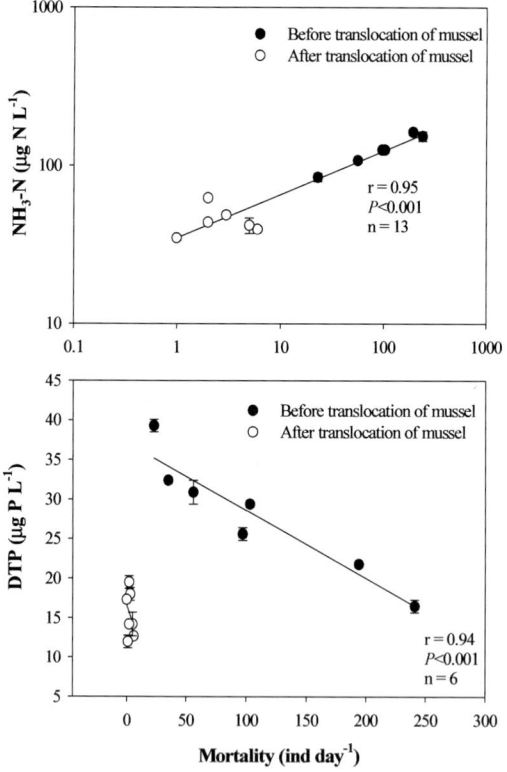

Fig. 7-7. Relationships between the mortality of mussel and dissolved total phosphorus, and $NH_3-N$ concentration.

## 제7절 여과율

엽록소 $a$ 농도의 시간에 따른 변화에 의해 계산된 여과율은 패류의 초기 엽록소 $a$ 농도가 높았던 교체 전에 비해 교체 후에 더 높았다. 패류의 여과율은 교체 전후에 각각 0.46과 0.61mL AFDWmg$^{-1}$ hr$^{-1}$이였고, 개체당 여과율은 각각 0.67L Mussel$^{-1}$ day$^{-1}$과 0.86L Mussel$^{-1}$ day$^{-1}$이였다. 그러나 패류 교체 이후의 여과율은 대조구 수체 내 식물플랑크톤 성장에 이용될 수 있는 용존총인과 암모니아성질소 농도가 처리구에 비해 높았고, 교체 전에 처리구와 대조구에서 엽록소 $a$ 농도가 감소하였던 것과 달리, 이 시기에 대조구에서는 증가하고 처리구에서는 감소하였기 때문에 여과율이 과대평가되었을 가능성이 있다. 이러한 이유로 앞서 여과율을 계산한 방법과 다르게, 처리구 내 전후의 농도 차이를 통해 계산하였고, 결과 여과율은 각각 평균 0.55mL AFDWmg$^{-1}$ hr$^{-1}$와 0.78L mussel$^{-1}$ day$^{-1}$로 패류의 교체 전에 비해 여전히 높았다.

## 제8절 고  찰

패류가 서식하는 수환경에서의 일차적인 기능적인 역할은 여과섭식에 따른 수체 내 부유물질의 제거로 알려져 있으며(Holland, 1993; Leach, 1993; Nicholls and Hopkins, 1993; Nalepa et al., 1993; Fahnenstiel et al., 1995; Johengen et al., 1995) 본 연구에서도 Corbicula는 744~552mussel m$^{-2}$의 밀도로 mesocosm에 투입된 이후 수체 중의 입자상 물질에 대한 높은 섭식효과를 보였다. 처리구에서의 엽록소 $a$ 농도는 각각 71~85%, 부유물질은 70~77% 감소하였고, 이러한 제거효과는 얼룩말조개의 서식 이후에 Huron 호(Fahnenstiel et al., 1995)와 Erie 호(Leach,

1993)에서 엽록소 $a$ 농도가 각각 59%, 43% 감소된 것과 비교해 높은 수준이었다. 엽록소 $a$ 농도를 토대로 계산된 여과율은 $0.46 \sim 0.61 \text{mL}$ $\text{AFDWmg}^{-1} \text{ hr}^{-1} (0.67 \sim 0.86 \text{L Mussel}^{-1} \text{ day}^{-1})$로 얼룩말조개나 다른 패류종에 대한 연구결과와 본 연구와 동일한 현장수를 이용하여 실내 연구에서 계산된 *Corbicula leana*의 평균 여과율과 $(1 \text{L Mussel}^{-1} \text{ day}^{-1})$ 유사하였다 (Hwang et al., 2004).

현장 조건에서 패류의 여과율은 어느 특정한 요인에 의해 좌우되기보다는 먹이원으로 이용되는 식물플랑크톤의 종 조성(Hwang, 1996)이나 패류의 밀도(Welker and Walz, 1998), 수온(Walz, 1978; Reeders and Vaate, 1990; Fanslow et al., 1995), 먹이 농도의 차이(Winter, 1973; Dorgelo and Smeenk, 1988; Sprung and Rose, 1988) 그리고 섭식과정 중에 배출된 영양염을 이용한 식물플랑크톤의 재생산(Hwang et al., 2001) 등의 영향이 복합적으로 작용하기 때문에 실내 연구에서 제시되는 결과와 다르게 나타날 수 있다. 본 연구에서 초기 먹이원의 농도$(14.7 \mu g \text{ L}^{-1})$와 폐사율이 높고 패류의 밀도가 744ind $\text{m}^{-2}$였던 실험 초기$(0.46 \text{mL AFDWmg}^{-1} \text{ hr}^{-1}, 0.67 \text{L}$ $\text{Mussel}^{-1} \text{ day}^{-1})$와 비교해 먹이원이 낮고$(8.1 \mu g \text{ L}^{-1})$ 폐사율이 적으며 패류의 밀도가 557mussel $\text{m}^{-2}$로 상대적으로 적었던 패류의 교체 후의 여과율 $(0.61 \text{mL AFDWmg}^{-1} \text{ hr}^{-1}, 0.86 \text{L Mussel}^{-1} \text{ day}^{-1})$이 높았다. 본 연구에서 먹이농도가 낮은 조건에서 높은 여과율이 나타난 것과 달리, 패류의 여과율이 수체 내에 먹이원으로 사용되는 입자성 물질 농도에 의존하여 임계농도 범위 내에서는 먹이원의 농도에 따라 증가하지만 그 이상에서는 여과율이 감소됨이 보고된 바 있다(Winter, 1973; Dorgelo and Smeenk, 1988; Sprung and Rose, 1988). 그러나 이러한 결과들은 패류의 먹이원으로 식물플랑크톤 한 종을 사용한 결과이며, 현장수를 이용한 여과율 비교에서는 본 연구에서와 동일하게 부영양수계보다는 먹이원의 농도가 상대적으로 낮은 영양상태의 수체를 대상으로 한 실험에서 높은 여과율이 보고되고 있다. Hwang 등(2001)은 식물플랑크톤의 종 조성과 밀도가 다른 조건에서 Corbicula의 여과율이 영양상태가 낮은 조건에서 높게 나타남을 보고한 바 있고 Fanslow 등(1995)도 Microcystis가 대량 발생한 Saginaw 만(Huron 호)에서보다 부영양화가 덜한 수계에서의 높은 얼룩말조개의 여과율을 보고하였다.

패류의 교체 전에 비해 교체 후에 높은 여과율은 먹이원의 밀도뿐만 아니라 새로운 환경의 적응단계에서 나타난 높은 폐사율을 고려할 때 교체 전의 패류의 섭식활동이 상대적으로 적었을 가능성과 패류의 교체 전후의 수온 차이는 적었으나($p=0.16$, $t$-test) 교체 전의 수온이 평균 28.2℃로 교체 후에 비해 다소 높았기 때문에 이러한 수온 차이에 의한 여과율 감소 가능성도 고려할 수 있다. 패류의 여과율은 10~20℃의 수온범위에서 높으며, 이 범위 내에서는 수온이 증가 시 여과율이 증가하는 것으로 알려져 있다(Walz, 1978; Reeders and Vaate, 1990; Fanslow et al., 1995). 본 연구 기간 동안에 처리구 내 수온은 25.5~29.9℃이었고 이러한 수온에서는 호흡량증가와 배출된 암모니아독성에 의한 폐사 가능성이 높아지고 여과율도 감소하는 것으로 알려져 있다(Belanger, 1991; Buddensiek, 1993). 또한 폐사와 섭식에 따른 수체 중의 무기영양염의 증가로 식물플랑크톤의 재생이 대조구에 비해 빨라 상대적으로 여과율이 낮았을 가능성도 있다. Heath 등(1995)은 얼룩말조개가 있는 enclosure에서 식물플랑크톤의 성장률이 얼룩말조개가 없는 곳이나 호수에서보다 더 높은 것을 관찰하였고, Hwang 등(2001)은 Corbicula에게 섭식되지 않은 식물플랑크톤의 체적 증가를 제시한 바 있다.

실험 초기 패류의 폐사체 부식에 따른 수체 내 암모니아 농도의 증가와 배설에 따른 암모니아와 용존무기인의 증가가 관찰되었고, 용존영양염 농도의 증가는 배설보다는 폐사체에 의한 영향이 큰 것으로 나타났다. 수체 내 입자성 물질의 제거에도 불구하고 용존 형태의 영양염 증가는 실험 초기에 처리구에서의 총인과 총질소가 대조구에 비해 높게 유지된 이유로 판단되었다. 패류의 섭식에 따른 수체 중의 입자성 물질의 감소와 더불어 물질순환에 대한 주요 기작 중의 하나는 암모니아와 용존유기인과 같은 무기영양염의 배출과정이다(James, 1987; Quigley et al., 1993; Yamamuro and Koike, 1993; Gardner et al., 1995; Arnott and Vanni, 1996; Dame, 1996; Davis et al., 2000). 본 연구에서 용존총인 농도는 패류의 폐사율이 높은 시기에 뚜렷한 증가 경향을 보였으나, 폐사율과 용존총인은 음의 상관성을 보였고 폐사 1일 내에 수체로부터 죽은 개체들이 제거되었기 때문에 대조구와 처리구의 교체 전에 수체 중의 용존유기인 증가는 패류의 배설에 따른 결과로 판단된다. Saginaw bay에서 enclosure를 이용한 얼룩말조개 실험에서도 조개의 밀도가 높은 경우 용존유기인의 증가가 관찰되었다(Heath et al., 1995). 반면에, 패류가 존재하는 처리구에서 나타난 수체 중의 암모니아성 질소의 증가는 비록 섭식과정 중에 인보다 질소로 배출되는 양이 많은 것으로 알려져 있고(Hecky and Kilham 1988; Yamamuro and Koike, 1993) 본 연구에서도 패류의 교체 전 대조구와 패류가 옮겨진 이후에 수체 중의 암모니아 농도의 증가하였지만($p=0.042$, ANOVA), 암모니아 농도와 폐사율과의 높은 양의 상관성($r=0.95$, $p<0.001$)은 섭식보다는 폐사에 따른 결과임을 제시한다.

  폐사체로부터의 용출은 배설에 의한 용출보다 더욱 고농도로 발생하며, 집단폐사(die-off)와 같은 경우 본 연구에서 나타난 암모니아성 질소의 급격한 증가와 같은 심각한 수준의 영양염 용출을 야기하기도 한다(Scheller, 1997). 재첩의 폐사는 너무 높거나 낮은 수온, 오염물질의 유입, 그리고 경쟁 등에 의해 나타날 수 있다(Sickel, 1986). Owen과 Cahoon(1991)은 서식처의 수온이 30℃이며, 혐기성 상태가 조성되는 경우 50%의 폐사율이 15시간 안에 발생하는 것을 관찰하였다. 수온이 상승 시 패류는 산소 소비가 증가하여 산소의 부족이나(Buddensiek, 1993) 수온 증가에 따른 암모니아 배출량 증가로 암모니아의 독성에 의해 폐사될 수 있다. Belanger(1991)는 수온이 24℃인 상태에서 암모니아의 농도가 0.74mg N L⁻¹인 경우 13일 이내에 실험에 사용된 조개의 사망률이 100%에 달함을 보고하였다.

본 연구에서 나타난 초기의 높은 폐사율은 폐사가 투입 초기에 집중적으로 발생하였으며, 시간이 경과함에 따라 폐사율이 감소한 점으로 미루어볼 때 새로운 환경에 대한 적응과정에서 나타난 일시적인 현상으로 판단된다. 자연 상태에서 발생하는 패류의 집단폐사는 병원성박테리아의 감염, 집중호수에 의한 미사 퇴적물의 급격한 유입, 오염물질의 유입, 용존산소의 고갈 및 조개의 생리활동이 불가능한 정도의 수온 저하 및 상승 시에 야기될 수 있다(Sickel, 1977). 실험이 진행되는 동안 25.5~29.9℃로 높았으나, 높은 폐사율이 나타난 시기의 수온과 폐사율이 낮았던 시기의 수온의 차가 크지 않고($p=0.16$, $t$-test), 수체 중의 암모니아 농도 또한 최대 163.0mg N L⁻¹로 앞서 보고된 치사농도(0.74mg N L⁻¹)에 비해 낮았으며, 무산소 상태에서도 7일 동안 90%의 생존율을 가지는 생리적인 특성(Horne and McIntosh, 1979)을 감안할 때 수온이나 수체 내 암모니아 농도가 직접적인 원인은 아닌 것으로 판단된다. 또한 오염물질에 약한 내성을 가지고 있는 것으로 알려진 크기가 작은 개체부터 큰 개체에 이르기까지 폐사체에 포함되었기 때문에 오염물질의 유입에 의한 폐사가능성도 희박한 것으로 생각된다.

본 연구에서 적용된 밀도에서 참재첩은 단기간 내에 수체 내 부유물질과 엽록소 $a$ 농도를 감소시키며 물의 투명도를 향상시켰다. 본 연구에서 계산된 *Corbicula leana*의 평균 여과율과(0.78L mussel⁻¹ d⁻¹) 적용된 패류의 밀도(557mussel m⁻²)를 토대로 일감호 전체를(총수표면적: 55,661㎡, 평균 저수용량: 54,288㎥) 대상으로 할 때, 일감호의 물은 2일에 한 번 여과되는 것으로 계산된다. 본 연구에서 사용된 참재첩은 서식환경에 따라 밀도가 각기 상이하지만 이와 유사한 종들의 서식밀도와 비교할 때(Table 7-2)

더 높은 밀도로도 적용이 가능할 것으로 판단된다. 반면에 재첩에 의한 용존성 영양염의 증가는 섭식보다는 폐사에 의한 영향이 큰 것으로 나타났으나 이러한 집단폐사는 서식환경의 변화에서 나타난 결과로 판단되었고, 본 연구과정에서 조개의 폐사체가 어류들에 의해 섭식되는 것이 관찰된바 사체의 부패에 따른 수질악화 가능성은 매우 낮을 것으로 판단된다. 또한 패류 섭식에 따른 수체 내 부유물질의 제거 이후에 투명도의 증가로 저층에 서식하는 부착조류나 침수식물의 성장에 유리한 환경이 조성되어 먹이사슬의 근간이 식물플랑크톤으로부터 부착조류나 침수식물로 전환됨으로써 이들에 의한 용존영양염의 제거효과도 기대할 수 있다(Fig. 7-8). 이러한 결과를 토대로 할 때 패류가 집단 폐사하거나, 폐사된 패류의 수거나 이를 먹이원으로 하는 생물을 이용하는 관리방법이 수반되는 경우에 여과섭식자인 패류의 기능적인 역할을 이용한 수질관리가 생태공학적 방법으로서 효과적으로 적용 가능하다고 판단된다. 집단폐사의 방지를 위해서는 수온이나 용존산소의 고갈에 따른 집단폐사 방지를 위해서는 비교적 수심이 얕고 수온의 변화에 적응이 가능한 모래질이 형성된 호수에 제한적으로 적용될 수 있으며, 본 연구에서 사용된 참재첩이 5년 정도의 일대기를 가지기 때문에 (Horne and Mckntosh, 1979) 자연사에 의한 폐사 방지를 위해서 5년 산 재첩을 수확하는 방안 또한 고려할 필요가 있다.

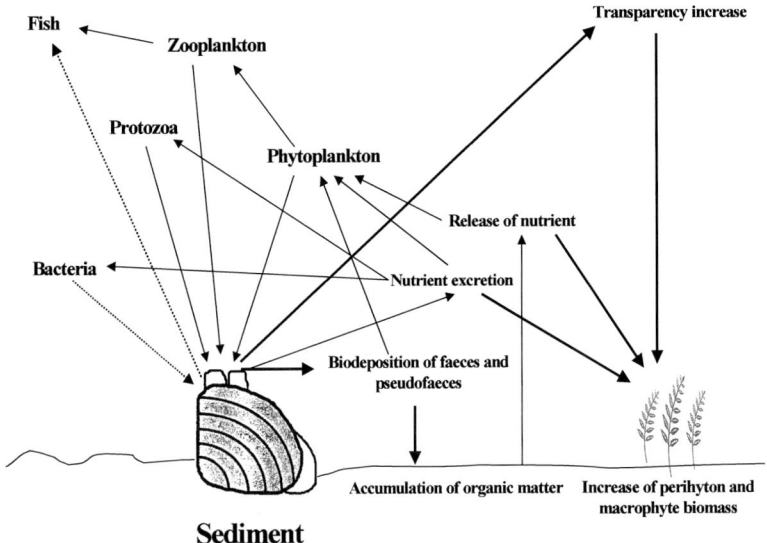

**Sediment**

Fig. 7-8. Scheme of water quality improvement using potential ecosystem functions performed by burrowing bivalves in freshwater systems.

Table 7-2. Densities of Freshwater filter-feeding bivalves in various habitats

| Bivalves | Density (ind $m^{-2}$) | Habitat | References |
|---|---|---|---|
| Corbicula fluminea | 55.7 | littoral zone in Lake Waccamaw (North Carolina) | Porter, 1985 |
| | $>10^3$ | Photomac River (Washington, D.C.) | Cohen et al., 1984 |
| | $1.3 \times 10^5$ | Water supply canals (California) | Eng, 1979 |
| | $>5,000$ | delta of the Paraná river (Argentina) | Boltovskoy et al., 1993 |
| | $< 200$ | Ogeechee River (Georgia) | Stites et al., 1994 |
| | 11,522 | | Graney et al., 1980 |

# 제8장 결 론

## 제1절 연구결과 요약

1. 국내 486개의 중소규모 저수지를 대상으로 OECD의 부영양 상태기
   준인 엽록소 $a$ 농도 $25\mu g\ L^{-1}$와 평균수심 7.5m를 기준하여 네 가지
   유형으로 분류하였고, 각 유형에서 저수지의 수질과 관련된 여러 인
   자들에서 나타나는 특징들을 분석하였다. 각 유형에서 저수지 표면적
   에 대한 유역면적보다는 수심, 퇴적물의 축척으로 반영되는 저수지의
   조성 시기(age), 그리고 유역 내 토지이용형태는 저수지의 수질을 결
   정하는 주 인자였다.

2. 유역에 분포하는 오염원의 밀도가 높고 저수지 표면적에 대한 유역면
   적의 비(DA/LA)가 작으며, 체류시간이 길고 형성시기가 오래된 저
   수지일수록, 그리고 유역 내 논과 밭의 상대적인 면적이 넓을수록 부
   영양화되기 쉬운 특성을 보였다. 영양상태가 높은 저수지일수록
   TN/TP비가 높고 수체 내의 질소와 인이 입자형태로 존재하며, 특히
   질소보다는 인의 입자형태존재 가능성이 높게 예측되었다. 이는, 질소
   보다는 인이 조류 성장을 제한하는 영양염임을 추정케 한다. 이러한
   결과를 토대로 할 때, 저수지의 수질복원과 관리는 유역으로부터의 인
   배출부하량을 저감시키는 것이 일차적인 목표가 된다. 또한 저수지 생
   태계 수질은 유역으로부터의 영향과 함께 저수지 퇴적물과의 상호작

용 등 매우 복잡한 총체적인 결과로서 나타나므로, 본 연구에서 수심
이 얕고 조성 시기가 오래된 TYPE II에 포함된 저수지들은 준설이
나 인 불활성화와 같은 퇴적물에 대한 관리도 병행될 필요성이 크다.

3. 얕은 부영양호인 신구 저수지에서 수체 내 인은 대부분이 입자성 유
기인형태(Avg. 80%)로 존재한 반면, 질소는 용존 형태(Avg. 58.7%)
의 존재비율이 높았고, 수체 내 DIN/DTP와 TN/TP 무게비가 각각
17~187, 13~60으로 질소보다는 인 제한 가능성이 높게 나타났다.

4. 신구저수지에서 질소와 인 농도의 계절적 변화는 결빙된 수표면의 해
빙 시에(3월) 암모니아성 질소와 질산성 질소가 증가하였고, 총인 농
도는 유입부하량이 많은 시기에 증가하였다. 유역으로부터의 인 임계
부하량은 1.6g $m^{-2}$ $yr^{-1}$으로 과잉임계부하량을 상회하는 수준으로 인
이 부영양화의 가장 큰 원인으로 나타났으며, 중영양상태의 수질을 유
지하기 위해서는 총인 유입부하량(159 kg $yr^{-1}$)의 71%가 저감이 요구
되었다.

5. 신구저수지에서 식물플랑크톤의 현존량의 변화는 봄철(3~4월) 규조
류와 녹조류가 우점한 시기를 제외하고는 연중 남조류가 우점하였고,
식물플랑크톤 밀도 증가는 유입부하량이 많았던 7월과 11월에 관찰되
었다. 남조류는 5월의 *Oscillatoria* spp.와 6월의 *Aphanizomenon* sp. 우
점 이후 *Microcystis* spp.가 우점하였으며, 12월 이후에는 *Oscillatoria*
spp.와 *Aphanizomenon* sp.의 밀도가 증가하였다. 동물플랑크톤 군집
중 윤충류의 연중 점유율이 평균 67.8%로 높았으며, 온대 호수에서 성
층이 형성된 시기에 지각류나 요각류의 개체 수 증가에 의해 나타나는
청수기는 신구저수지에서는 윤충류인 *Conochilus unicornis*에 의해 나
타났다.

6. 현장 조류를 이용한 인 첨가 성장실험에서 식물플랑크톤 성장률은 DIN/DTP비 30 이하에서 가장 높게 나타났다. 수온변화에 따른 성장률의 차이는 15~25℃ 수온 범위에서는 10℃ 증가 시 성장률이 2배로 증가한 반면 2~5℃의 낮은 수온범위에서는 1℃의 수온 차이가 약 2배의 성장률 차이를 나타냈다. 이는 부영양 호수에서 겨울철 식물플랑크톤 성장이 영양염과 빛보다는 수온에 의해 제한될 수 있음을 시사한다.

7. 절대 농도의 차이가 있으나, N/P비가 동일한 상태에서의 남조류 성장실험에서는 비록 동일한 N/P비의 조건이라 하더라도 질소농도가 높고 질소 중 무기형태 존재비가 높은 환경에서는 식물플랑크톤 성장에 대한 인 제한 가능성이 높은 반면 낮은 N/P비에서도 질소제한 가능성은 적을 수 있음이 제시되었다. 이러한 결과들은 제한 영양염을 평가하기 위한 기준이 영양상태가 다른 다양한 수체들에서 단순히 두 영양염의 상대적인 비율로 결정되기보다는 식물플랑크톤 종에 따른 특이성뿐만 아니라 수체 내 존재하는 두 영양염의 농도와 식물플랑크톤이 성장에 이용 가능한 영양염의 상대적인 농도 차이 등의 요인들을 고려해야 함을 제시한다.

8. 영양상태가 다른 두 호수(소양호와 일감호)의 식물플랑크톤 군집에 대한 참재첩과 대형동물플랑크톤($>$200$\mu$m)의 섭식효과를 조사하였다. 식물플랑크톤 군집에 대한 참재첩의 평균 여과율과 패류가 하루에 소비하는 식물플랑크톤 현존량은 소양호 현존량의 170~754% 그리고 일감호에서는 38~164%로, 부영양 상태의 일감호에서보다 중영양상태의 소양호에서 3~10배 높게 나타나 식물플랑크톤 먹이 밀도와 종조성이 패류 섭식에 영향을 주는 중요한 요인으로 나타났다. 섭식에 따라 재첩(*Corbicula*) 1개체에 전달되는 탄소량은 1L 내 모든 대형동

물플랑크톤($>200\mu m$)으로 전달되는 탄소량에 비해 소양호에서는 22배, 일감호에서는 9배로 훨씬 높게 나타났다. 참재첩의 높은 섭식률은 수체 내 부유물질에 대한 섭식과 영양염 재순환을 통해 플랑크톤이나 저서 먹이망에 큰 영향을 야기할 수 있음이 제기한다.

9. 실험적으로 조성된 인공연못에서 패류(재첩)의 여과섭식이 수체 내 영양염 이용률을 변화시키고, 동물플랑크톤과의 동일한 먹이원에 대한 경쟁 혹은 직접적인 섭식을 통해 수환경에서 물질순환과 플랑크톤 군집변화에 중요한 영향을 미칠 수 있음이 제시되었다. 패류 100개체가 투입된 시기 동안에는 엽록소 $a$ 농도가 증가하였으나, 총 600개체의 패류가 투입된 이후에는 엽록소 $a$ 농도가 대조구와 거의 동일한 수준까지 감소되어, 투명도가 크게 향상되었다. 부유물질과 총인 농도도 현저하게 감소하여 투입된 패류의 밀도에 따른 차별적인 영향이 나타났다. 패류의 영향은 수체 내 N/P를 증가시켰으며 이로 인해 식물플랑크톤 군집 조성을 변화시켰다. 패류 처리구에서 동물플랑크톤 군집은 크기가 작은 윤충류와 요각류 유생들의 개체 수가 감소한 반면 지각류와 요각류의 성체와 같은 크기가 큰 동물플랑크톤의 개체 수와 생물량이 대조구에 비해 높았다. 실험 초기 대조구와 처리구 수체 내 DIN/DIP비는 7 이하로 질소제한 가능성이 높았으나, 실험이 진행되는 동안 대조구에서는 경시적으로 질소와 인에 대한 제한강도가 증가한 반면, 처리구에서는 100개체와 600개체 투입한 두 시기 사이에 별 차이가 없어 패류 섭식이 수체 내 물질순환에 영향을 준 결과로서 제시되었다.

10. 참재첩(*Corbicula leana*)의 교체를 통한 연속적인 두 단계로 수행된 부영양 호수 내의 Mesocosm 실험에서 엽록소 $a$ 농도는 투입 직후의 수체 내 농도와 비교해 패류의 교체 전과 후에 각각 71%, 88%

감소하였고 부유물질은 각각 70%, 77% 감소하였다. Mesocosm 실험에 계산된 *Corbicula*의 평균 여과율($0.78L\ ind^{-1}\ d^{-1}$)과 적용된 패류의 밀도($557ind\ m^{-2}$)를 토대로 대상 호수 전체(총수표면적: $55,661㎡$, 평균 저수용량: $54,288㎥$)의 물은 2일에 한 번 여과되는 것으로 계산되었다.

11. Mesocosm 실험에서 재첩에 의한 용존성 영양염의 증가는 섭식보다는 폐사에 의한 영향이 큰 것으로 나타났으나 이러한 집단폐사는 서식환경의 변화에서 나타난 결과로 판단되었고, 본 연구과정에서 조개의 폐사체가 어류들에 의해 섭식되는 것이 관찰된바 사체의 부패에 따른 수질악화 가능성은 낮을 것으로 판단되었다. 또한 패류 섭식에 따른 수체 내 부유물질의 제거 이후에 투명도의 증가로 바닥층에 서식하는 부착조류나 침수식물의 성장에 유리한 환경이 조성되어 먹이사슬의 근간이 식물플랑크톤으로부터 부착조류나 침수식물로 전환됨으로써 이들에 의한 용존영양염의 제거효과도 예상되었다.

12. 패류를 이용한 일련의 실험결과를 토대로 할 때 폐사된 패류를 적절히 수거하거나 이를 먹이원으로 하는 생물을 이용하는 관리방법이 수반되는 경우에 여과섭식자인 패류를 이용한 생태공학적 수질관리 방법이 효과적으로 적용 가능하다고 판단되었다. 수온이나 용존산소의 고갈에 따른 집단폐사 방지를 위해서는 비교적 수심이 얕고 수온의 변화에 적응이 가능한 모래 기질이 형성된 호수에 대한 적용성이 높다고 판단되었다.

13. 저수지의 특성과 관련된 여러 가지 현상을 이해하는 것은 저수지의 수질을 이해하고 문제점을 판단하여 관리계획을 수립하는 데 필수적이다. 저수지 수질 및 생태계 관리를 위한 적용기술은 복원 혹은 개선 목표를 설정한 후 여러 가지 문제점을 평가하고 진단하는 과정을 통해 도출된 가장 중요한 문제점을 해결할 수 있는가에 기초

하여 선택된다. 저수지의 수질은 유역으로부터의 영향과 저수지 바닥과의 상호작용 등 매우 복잡한 총체적인 결과로 나타나므로 저수지의 복원과 관리를 위해서는 이들 여러 가지 부분들을 모두 고려해야 하며, 가장 중요한 인자를 중심으로 그와 관계된 항목들을 단계적으로 평가하고 해결해야 한다. 외국에서는 호수의 수질관리대책 수립에 기초 자료로 활용하기 위해 호수의 생태학적 특성을 지역적인 기후, 유역 내 오염원 현황이나 지형 그리고 호수 규모와 같은 구조적인 영향으로 이해하고자, 국가적 차원의 대규모 육수학적 연구가 진행된 바 있다. 국내에서도 최근 들어 단편적으로 국내 주요 호소에 대한 비교육수학적 연구가 진행된 바 있으나, 국내 분포하고 있는 저수지 중 압도적으로 많은 중소규모 저수지에 대한 연구는 거의 없는 실정이다. 이러한 점에서 본 연구에서 486개의 중소규모 저수지를 대상으로 유역환경과 저수지의 특성을 통해 수행된 유형분류와 그 특성에 대한 연구는 중소규모 저수지의 특성을 이해하고 수질관리를 위한 기초적인 자료를 제공하는 점에서 매우 큰 활용가치를 제시한다.

14. 국내에서 녹조제어를 위해 시도된 몇 가지 방법들은 준설, 응집제 및 미세기포를 투여해 유기물의 화학적 침전 및 부상을 유도하여 제거하는 가압부상법(예: 대청호, 팔당호), 수중폭기의 이용(예: 대청호, 달방댐), 황토살포(예: 팔당호, 대청호), 조류펜스의 이용(예: 서낙동강) 등이 있으며 대부분 물리화학적 기술들로 단순히 조류제어라는 결과적 측면에 목표를 두고 적용된 반면, 저수지 생태계의 반응에 대한 전반적인 이해는 부족한 상태이다. 생태계는 생물학적 요인과 무생물학적 요인들 간의 작용, 반작용 그리고 상호관계를 통해 유지되는 복잡한 시스템으로, 조류제어 기술 적용에 따른 생태계 내 전반적인 반응에 대한 이해 없이는 그 효과를 예측하거나 조류 제어기술로서의 타당성을 입증하기는 어렵다. 본 연구에서는 패류 섭

식에 의한 조류제어의 결과적인 측면뿐만 아니라 그 과정에서 야기되는 수체 내 먹이망에서 에너지 흐름과 물질순환에 미치는 영향을 분석하여 생태학적 관점에서의 기능적인 측면까지 이해함으로써 조류제어기술로서의 가능성을 확인하였다.

## 제2절 제 언

1. 부영양 상태의 중소형 저수지에서 조류발생은 외부로부터 인의 유입과, 토지이용형태나 저수지의 수심과 조성 시기 등과 밀접한 관련이 있었다. 조류 발생과 관련된 원인 물질과 인의 주 공급원으로 유역과 퇴적물에 대한 정량적인 평가를 위해서는 유입부하량을 포함한 유역 내 오염 배출원 특성뿐만 아니라 수체 내 생물학적 특성에 대한 현장 조사의 필요성이 제기된다. 이러한 연구는 상당한 노력을 요구하지만 부영양화의 원인을 규명하고 관리목표를 설정하기 위해서는 반드시 수행되어야 할 중요한 측면이다.

2. 국내 중소규모 부영양 저수지와 부영양상태의 모델 저수지를 대상으로 한 육수학적 조사에서 질소보다는 인이 입자성 형태로의 존재비율이 높았고, 조류 성장에 있어 인이 제한 영양염으로 나타났다. 반면, 본 연구에서 조류 발생량이 적었던 TYPE Ⅰ, Ⅳ에 포함된 저수지에서는 N/P비의 증가에 따른 조류 생물량의 큰 변화가 없어 상대적으로 인 제한 가능성이 적은 것을 판단되었다. 유역환경과 저수지의 특성이 상이한 저수지에서 수체 내 인과 질소의 존재 형태의 차이가 예측되며 그 차이의 원인을 판단하는 것은 부영양화의 원인을 규명하는 또 다른 방법이 될 수 있을 것이다. 이를 위해서 본 연구에서 분류된 유형별로 대표저수지를 선정하여 유역환경과 퇴적물을 포

함한 육수학적 조사가 수행될 필요성이 크다.

3. 우리나라의 저수지 내 인과 질소에 대한 수질기준은 N/P비 16을 기준으로 16 이하에서는 질소를, 16 이상에서는 인을 규제하고 있다. 본 연구에서 부영양 저수지에서의 수체 내 질소 농도는 인에 비해 상대적으로 높고 무기형태로의 존재비율이 높기 때문에 질소의 제한 가능성이 낮았다. 부영양저수지에서의 현장조사와 남조류를 대상으로 한 조류 성장과 N/P비의 관계에 대한 연구에서 수체 내 인과 질소의 존재형태와 종 특이성에 따라 적정 N/P비가 유동적일 수 있음이 제시되었다. 본 연구에서 제시된 적정 N/P비는 30 이하로 나타났으며, 질소 제한은 없었다. 이러한 결과는 적정 N/P비가 저수지의 수질과 생물상에 따라 달라질 수 있음을 의미하며 국내 저수지 환경에 맞는 기준설정을 위한 연구가 진행될 필요가 크다.

4. 수심이 얕은 부영양 저수지에서 나타난 가장 뚜렷한 생태학적 특징으로는 윤충류에 의한 청수기현상과 3월과 4월을 제외한 기간 동안의 남조류의 우점 그리고 남조류 종간의 우점종 변화 등이다. 온대호수에서의 청수기가 먹이원이 증가 이후 크기가 큰 지각류와 요각류에 의해 야기되는 것과 달리 본 연구에서 청수기에 앞서 식물플랑크톤의 뚜렷한 증가 없이 나타났다. 이는, 수생태계 먹이망구조에서 식물플랑크톤이외의 박테리아나 피코플랑크톤 등으로 구성된 미생물 먹이망의 중요성이 먹이원으로 사용되었을 가능성을 제시한다. 따라서 부영양화에 따른 모든 생물요인들을 시공간적으로 고려하여 플랑크톤먹이망의 구조와 기능적 변화를 분석함으로써 수생태계에서 각기 다른 생물먹이망 간의 상대적인 중요성을 결정짓는 요인들을 파악하고, 이들 간의 에너지효율 관계를 정확하게 평가하기 위한 연구가 필요하다. 또한 남조류 독소 여부와 독소의 생물학적 농축 여부

그리고 독성 남조류의 효율적인 섭식자를 규명하는 것과 겨울철 수온, 광도, 인 농도 그리고 결빙 기간이 남조류 생존과 소멸에 미치는 영향을 파악하기 위한 연구도 부영양 저수지의 생태계의 변화를 예측하거나 이해함에 있어 요구된다.

5. 조류제어를 위한 생태공학적 방법으로 적용된 패류의 섭식에 따른 입자성 물질의 감소와 투명도 증가와 같은 수질개선효과가 확인되었다. 패류의 섭식에 따른 배설과 폐사에 따른 영양염의 용출 그리고 이를 이용한 조류의 재성장을 억제하기 위한 관리적 방안이 마련될 필요성이 제기되었다. 이를 위해서 조류의 재성장을 억제할 수 있는 적절한 패류 밀도 결정, 투명도 증가에 따른 부착조류나 침수식물의 성장과 이들에 의한 용존영양염의 제거효과, 폐사체에 대한 관리적 방안으로서 어류와 같은 먹이망 내 상위단계 생물의 활용방안 등에 대한 고려가 필요하다. 또한 부영양 저수지에서 여름철에 우점하는 독소를 가진 남조류 종들에 대한 섭식반응과 관련된 연구와 무산소 상태와 그 외 다른 스트레스 조건들이 상이한 퇴적물에서 패류가 어떻게 생존하는지를 분석하는 연구가 진행될 필요가 있다.

# 참고문헌

공동수, 천세억, 정원화, 김종택, 김종민, 류재근. 1996. 호소내 오염하천 유입부
　　의 식물에 의한 정화처리 연구(Ⅱ). 국립환경연구원, NIER, No.96-17
　　-488.

공동수. 1997. 국내 주요호소의 영양상태 판정기준에 관한 제고. 하천·호소의
　　수질보전과 유역관리에 관한 한·일 공동세미나. pp.251~266.

공동수, 천세억. 1999. 인공수로내 사상성 부착조류의 증식속도 및 영양물질
　　제거능. 한국 육수학회지 32: 207-215.

국립환경연구원. 1999. 호소내 조류 대발생에 대한 수면제어기술에 관한연구
　　(Ⅱ). 팔당호 수역을 중심으로 한 제어기술의 개발.

권오길, 박갑만. 1985. 의암호의 패류에 관한 연구. 육수지 18: 27-38.

권오길, 이상준, 박갑만. 1986. 의암호의 패류에 관한 연구. 육수지 19: 51-56.

권오길. 1984. 의암호 패류에 관한 연구. 육수지 17: 51-56.

권오병. 1999. 인공식물섬을 설치한 호소의 수질개선 및 생태계변화 연구. 한양대
　　학교 환경대학원 석사학위논문.

길봉섭. 1976. 전라북도산 담수패류의 분포와 현존량. 육수지 9: 14-20.

김동섭, 김범철, 황길순, 박주현. 1995a. 팔당호의 부영양화 경향(1988-1994).
　　한국수질보전학회지 11: 295~302.

김맹기, 김종원, 이학영. 1992. 양산천의 부착조류군집에 대한 연구. 한국생태
　　학회지 7: 158-169.

김범철, 김동섭, 황길순, 최광순, 허우명, 박원규. 1996. 부영양한 낙동강수계에
　　서 유기물오염에 대한 조류1차생산의 기여도. *Algae* 11: 231~237.

김범철, 김은경, 표동진, 박호동, 허우명. 1995b. 국내 호수에서의 남조류 독소
　　발생. 한국수질보전학회지 11: 231~237.

232

김범철, 김재옥, 전만식, 황순진. 1999a. 소양호 동·식물플랑크톤의 계절변동. 육수지 **32**: 127~134.

김범철, 김호섭, 박호동, 최광순, 박종근. 1999b. 국내 호수에서 발생한 남조류의 microcystin 함량과 독성평가. 육수지 **32**: 288~294.

김범철, 최광순, 심수용. 1997. 비점오염원으로부터의 인의 홍수유출. 하천호소의 수질보전과 유역관리에 관한 한일공동세미나 pp.166~177.

김범철, 허우명, 황길순. 1995c. 도암호의 부영양화 실태. 육수지 **28**: 233~240.

김복영, 유재규. 1995. 벼 재배에서 방류수에 의한 영양염류의 유실. 한국관개배수 **12**: 150~156.

김복영, 이상규, 권장식, 소규호, 윤근호. 1991. 부레옥잠에 의한 생활오수의 정화효과. 환경농학회지 **7**: 111~116.

김윤희, 1998a. 홍수시 소양호에서 중층탁류의 이동 및 영향에 관한 연구. 강원대학교 환경학과 석사학위논문.

김재진. 1998b. 한강하류의 패류 분포상. 한국패류학회지 **14**: 161-166.

김종민, 허성남, 노혜란, 양희정, 한명수. 2003. 호소형 및 하천형 댐호의 육수학적 특성과 조류 발생과의 상관관계. 육수지 **36**: 124~138.

김좌관, 홍욱희. 1992. 국내 인공댐호의 물리적 환경인자에 의한 호수특성 고찰에 관한 연구. 한국환경과학회지 **1**: 49~57.

김호섭, 황순진, 2004. 부영양저수지에서 식물플랑크톤 성장에 대한 제한 영양염과 질소/인 비의 영향. 육수지 **37**: 36~46.

김호섭, 황순진, 박제철. 2003. 수심이 얕은 부영양 인공호(일감호)의 동·식물플랑크톤 동태학. 육수지 **36**: 286~294.

농림부 농업기반공사, 2001. 농업용수 수질측정망 조사 보고서.

농림부 농업기반공사, 2001. 농업용수 수질측정망 조사 보고서.

농업기반공사. 2001. 농업용수 수질측정망 조사 보고서.

류재근, 안태석, 이덕길, 박혜경, 공동수, 김종민, 박준대. 2000. 정책결정자를 위한 부영양화관리방안. 국립환경연구원.

박병흔, 권순국, 장정렬. 1999. 인공식물섬을 이용한 저수지 수질개선. 한국농공학회 학술발표논문집. pp.645~650.

박주현, 2003. 한국 주요호수의 비교육수학적 연구. 강원대학교 환경학과 이학박

사논문.

변종영, 김문규, 이종식. 1985. 수생식물을 이용한 수질오염제거에 관한 연구, 제1보, 부레옥장이 유기물 제거효과 및 생장에 미치는 요인. 한국잡초학회지 **5**: 143~148.

신재기, 조주래, 황순진, 조경제. 2000. 경안천~팔당호의 부영양화와 수질오염 특성. 육수지 **33**: 387~394.

심우섭, 한인섭. 1998. 울산지역에서 자생하는 강대, 부들, 갈풀을 이용한 Reed-bed의 생활하수 정화능력 연구. 환경과학회지 **7**: 117~121.

안윤주. 1993. 생이가래를 이용한 수질오염물질 제거 방안 연구. 서울대학교 환경대학원 석사학위논문.

안창우. 1994. 수처리를 위한 모의습지의 실험적 연구. 서울대학교 환경대학원 석사학위논문.

윤춘경, 권순국, 김형중. 1997a. 인공습지를 이용한 자연정화 오수처리시설에서 영양물질변화와 대장균군의 행동. 한국환경농학회지 **16**: 249~255.

윤춘경, 임용호, 김형중. 1997b. 인공습지에 의한 농공단지 폐수처리. 한국농공학회지 **16**: 170~175.

이규승, 김문규, 변종영, 이종식. 1985. 수생식물을 이용한 수질오염원제거에 관한 연구, 제2보, 부레옥잠의 영양염류 및 중금속 제거효과. 한국잡초학회지 **5**: 149~154.

이남희. 1993. 수생식물(부레옥잠)을 이용한 돈사폐수의 처리. 부산수산대학교 공학석사학위논문.

이준상, 김종범. 1997. 한국산 재첩속(*Corbicula*) 이매패류의 계통분류학적 연구. 한국동물분류학회지 **13**: 233~246.

이춘구. 1976. 빗죽이의 패각생장에 관한 연구. 육수지 **9**: 45-48.

전지홍, 윤춘경, 함종화, 김호일, 황순진. 2002. 농업용저수지의 물리적 인자가 수질에 미치는 영향. 육수지 **35**: 28~35.

정의영, 신윤경, 최문술. 1997. 새만금호의 수질예측과 그에 따른 대책 Ⅰ. 환경 오염원이 참재첩(*Corbicula leana*)의 여수작용 및 산소소비에 미치는 영향. 한국패류학회지 **13**: 203~210.

조경제, 신재기. 1997. 낙동강 중·하류에서 무기 N·P 영양염의 변동. 육수

234

지 **30**: 85~95.

조경제, 신재기. 1998. 낙동강 하류에서 동·하계의 N·P 영양염류와 식물플
랑크톤의 동태. 육수지 **31**: 97~75.

조규송. 1993. 한국담수동물플랑크톤 도감. 아카데미서적.

최기철. 1971. 대합과 가무락의 종패증산을 위한 생태학적 연구. 육수지 **4**: 9
-20.

최신석. 1976. 대합(*Meretirix lusoria*)의 인공방란 및 치패사육에 관한 연구.
육수지 **9**: 7-14.

한명수, 유재근, 유광일, 공동수. 1993. 팔당호의 생태학적 연구 1. 수질의 연
변화: 과거와 현재. 육수지 **26**: 141~149.

허우명, 김범철, 김윤희, 최광순. 1998. 소양호유역에서 비점오염원의 홍수유출
과 오염수괴의 호수내 이동. 육수지 **31**: 1~8.

환경부. 1996. 수질오염공정시험법.

환경부. 1997. 오염하천정화사업 시행지침서.

환경처. 1994. 전국호소환경현황조사 및 주요호소 영양권역 설정 최종보고서.

황순진, 공동수. 1999. 습지의 인 Sink 기능에 영향을 미치는 생물학적 요인
들. 육수지 **32**: 79~91.

황순진, 김호섭, 최광현, 박정환. 2002. 국내 담수산 조개의 섭식활동이 호수
수질에 미치는 영향. 육수지 **35**: 92~102.

Agbeti, M. D., and J. O. Smol. 1995. Winter limnology: Comparison of
physical, chemical and biological characteristics in two temperature
lakes during lakes during ice over. *Hydrobiologia* **304**: 221~234.

Andersen, A. and D. O. Hessen. 1991. Carbon, nitrogen, and phosphorus
contents of freshwater zooplankton. *Limnol. Oceanogr.* **36**: 807~814.

Anon. 1982. Eutrophication of Waters. Monitoring, Assessment and Control.
Organisation for Economic Cooperation and Development. Paris.

APHA. 1995. Standard Methods for the Examination of Water and
Wastewater, 19th ed., APHA-AWWA-WEF, Washington, D. C.,
USA.

Arnott, D. L. and M. J. Vanni. 1996. Nitrogen and phosphorus recycling by the zebra mussel(*Dreissena polymorpha*) in the western basin of Lake Erie. *Can. J. Fish. Aquat. Sci.* **53**: 646~659.

Avolizi, R. J. 1976. Biomass turnover in populations of vivipatrous sphaeriid clams: comparisons of growth, fecundity, mortality and biomass production. *Hydrobiol.* **51**: 163−180.

Balcer, M. D., N. L. Korda and S. I. Dodson. 1984. Zooplankton of the great lakes. A guide to the identification and ecology of the common crustacean species. The university of Wisconsin Press.

Belanger, S. E. 1991. The Effect of Dissolved Oxygen, Sediment, and Sewage Treatment Plant Discharges upon Growth, Survival and Density of Asiatic Clams. *Hydrobiologia* **281**: 113~126.

Belanger, S. E., J. L. Farris, D. S. Cherry and J. Cairns. 1985. Sediment preference of the freshwater Asiatic clam, *Corbicula fluminea. The Nautilus 99*: 66−73.

Benndorf, J. and M. Henning. 1989. *Daphnia* and toxic blooms of *Microcystis aeruginosa* in Bautzen Reservoir(GDR). *Int. Rev. ges. Hydrobiol.* **74**: 233~248.

Boltvoskoy, D., I. Izaguirre and N. Correa. 1995. Feeding selectivity of *Corbicula fluminea*(Bivalvia) on natural phytoplankton. *Hydrobiol.* **312**: 171−182.

Boltvoskoy, D., N. Correa, E. Uliana, I. Izaguirre and M. Tudino. 1993. Impacto ecológico y potencial bioindicador de contaminación(metales pesados) del molusco invasor *Corbicula fluminea*, en el delta bonaerense. Seminario Taller "La Universidad de Buenos Aires y el Medio Ambiente", Facultad de Filosofía y Letras, Universidad de Buenos Aires, 26~28 May 1993: 21.

Borchardt, M. A. 1996. Nutrients. pp.184~227. *In*: R. J. Stevenson, M. L. Bothwell, R. L. Lowe eds., Algal Ecology, Academic Press, New York.

Bostrom, B., M. Janson and C. Forsberg. 1982. Phosphorus release from lake sediments. *Arch. Hydrobiol.* **18**: 5~59.

Brezonik, P. L., E. C. Blancher, V. B. Myers, C. L. Hilty, M. K. Leslie, C. R. Kratzer, G. D. Marbury, B. R. Snyder, T. L. Crisman, and J. J. Messer. 1979. Factors affecting primary production in Lake Okeechobee, Florida – Report to the Florida Sugar Cane League. Rep. No.07 – 79 – 01. Dept. of Environmental Engineering Science, University of Florida, Gainesville, Florida.

Bridgeman, T. B., G. L. Fahnenstiel, G. A. lang and T. F. Nalepa. 1995. Zooplankton grazing during the zebra mussel(*Dreissena polymorpha*) colonization of Saginaw Bay, Lake Huron. *J. Great Lakes Res.* **21**: 567 – 573.

Buddensiek, E. H., H. Engel, S. Fleischauer – Rossing and K. Wachtler. 1993. Studies on the chemistry of interstitial water taken from defined horizons in the fine sediments of bivalve habitats in several northern German Lowland Waters Ⅱ: Microhabitats of margaritifera margaritifera L., *Unio Crassus*(Philipsson) and *Unio tumidus* Philipsson. *Arch. Hydrobiol.* **127**: 151~166.

Burton R. F. 1983. Ionic regulation and water balance. pp.291 – 352. *In*: The Mollusca. (A. S. M. Saleuddin and K. M. Wilbur eds.). Academic Press, New York.

Caperon, J. 1968. Population growth responses of *Isochrysis galbana*. *Ecol.* **49**: 866~872.

Carlson, R. E. 1977. A trophic state index for lakes. *Limnol. Oceanogr.* **22**: 361~369.

Carmack, E. C., C. B. J. Gray, C. H. Pharo and R. J. Daley. 1979. Importance of lake – river interactions on seasonal patterns in the general circulation of Kamloops Lake, British Columbia. *Limnol. Oceanogr.* **24**: 634~644.

Carpenter, S. R. and J. R. Kitchell. 1993. Cascading trophic interactions and lake productivity. *Bioscience* **35**: 634 – 639.

Christian, A. D., and D. J., 2000. The role of unionid bivalves(Mollusca: Unionidae) in headwater streams. *J. Amer. Benthologi. Soc.* **17**: p.189.

Cichra, M. F., S. Badylak, N. Henderson, B. H. Rueter and E. J. Phlips. 1995. Phytoplankton community structure in the open water zone of a shallow subtropical lake(Lake Okeechobee, Florida, U.S.A.). *Archiv fur Hydrobiologie, Advances in Limnology* **45**: 157~175.

Codd, G. A. and G. K. Poon. 1988. Cyanobacterial toxins. pp.283~296. *In*: Biochemistry of the algae and cyanobacteria(L. J. Rogers and J. R. Gallon eds.). Clarendon Press, Oxford.

Cohen R. R. H., P. V. Dresler, E. J. P. Phillips and R. L. Cory. 1984. The effect of the Asiatic clam, *Corbicula fluminea*, on phytoplankton of the Potomac River, Maryland. *Limnol. and Oceanor.* **29**: 170~180.

Cole, G. A. 1979. Textbook of limnology. 2nd ed. The C. V. Mosby Company, St. Louis.

Cooke, G. D., E. G. Welch, S. P. Peterson, and P. R. Newroth. 1993. Restoration and management of lakes and reservoirs(2nd ed.). Lewis. Boca Raton. p.548.

Cooke, G. W. and R. J. B. Williams. 1973. Significance of man-made sources of phosphorus: fertilisers and farming. *Wat. Res.* **7**: 19~33.

Cotner, J. B., W. S. Gardner, J. R. Johnson, R. H. Sada, J. F. Cavaletto, and R. T. Heath, 1995. Effects of zebra mussels(*Dreissena polymorpha*) on bacterioplankton: evidence for both size-selective consumption and growth stimulation. *J. Great Lakes Res.* **21**: 517~528.

Crowder, L. B., R. W. Drenner, W. C. Kerfoot, D. J. McQueen, E. L. Mills, U. Sommer, C. N. Spencer, and M. J. Vanni. 1988. Food web interactions in lakes. pp.141-160. In: Complex interactions lake communities(Carpenter, S. R. ed.). Springer-Verlarg. New York.

Culver, D. A., M. M. Boucherle, D. J. Bean, and J. W. Flethcer. 1985,

Biomass of freshwater crustacean zooplankton from Length‐Weight regressions. *Can. J. Fish. Aquat. Sci.* **42**: 1380‐1390.

Dame, R. F. 1996. Ecology of marine buvalves: An ecosystem approach. CRC Press, Boca Raton. p.254.

Dame, R. F. and N. Dankers. 1988. Uptake and release of materials by a Wadden Sea mussel bed. *J. Experimental Mar. Biol. Ecol.* **118**: 207‐216.

Dame, R. F., R. Zingmark and D. Nelson. 1985. Filter feeding coupling between the estuarine water column and benthic subsystems. pp.521~526. *In*: Estuarine Perspectives(V.S. Kennedy ed.) Academic Press, New York.

Davis, A. G. 1970. Iron, chelation and the growth of marine phytoplankton. 1. Growth kinetics and chlorophyll production in cultures of the euryhaline flagellate *Dunalliela tertiolecta* under iron‐limiting conditions. *J. Mar. Biol. Assoc.* U.K. **50**: 65~86.

Davis, W. R., A. D, Christian, and D. J. Berg. 2000. Seasonal nitrogen and phosphorus cycling by three unionid bivalves(Unionidae: Bivalvia) in headwater streams. pp.1‐10. *In*: Freshwater Mollusk Symposium Proceeding. (R. S. Tankersley, D. O. Warmolts, G. T. Watters, B. J. Armitage, P. D. Johnson and R. S. Butler eds.) Ohio Biological Survey, Columbus, OH, USA.

Dawson, R. M. 1998. The toxicology of microcystins. *Toxicon.* **36**: 953~962.

Denman, K. and A. E. Gargett. 1983. Time and space scale of vertical mixing and advection of phytoplankton in the upper ocean. *Limnol. Oceanogr.* **28**: 801~815.

Dermott, R. and D. Kerec. 1997. Changes to the deep‐water benthos of eastern Lake Erie since the invasion of *Dreissena*: 1979‐1993. *Can. J. Fish. Aquat. Sci.* **54**: 922‐930.

Dillon, P. J. and W. B. Kirchner. 1974. The effects of geology and land use on the export of phosphorus from watersheds. *Wat. Res.* **9**:

135～148.

Dodson, S. I. 1974. Zooplankton competition and predation: An experimental test of the size－efficiency hypothesis. *Ecology* **55**: 605～613.

Doherty, F. G., J. L. Farris, D. S. Cherry and J. Cairns, 1986. Control of the freshwater fouling bivalve, *Corbicula fluminea* by halogenation. *Arch. Envir. Contam. Toxicol.* **15**: 535～542.

Dorgelo, J. and J. W. Smeenk, 1988. Contribution to the ecophysiology of *Dreissena polymorpha*(Pallas) (Mollusca: Bivalvia): Growth, filtration rate and respiration. *Verhandlungen International Vereinigung Limnologie* **23**: 2202～2208.

Downing, J. A. and E. McCauley. 1992. The nitrogen: phosphorus relationship in lakes. *Limnol. Oceanogr.* **37**: 936～945.

Downing, J. A. and F. H. R. Rigler. 1984. A manual on methods for the assessment of secondary productivity in freshwaters. Blackwell Scientific Publications. pp.247～249.

Dresler, P. V. and R. L. Cory. 1980, The Asiatic clam, *Corbicula fluminea*(Muller), in the tidal Potomac River, Maryland. *Estuaries* **3**: 150～151.

Droop, M. R. 1968. Vitamin $B_{12}$ and marine ecology. 4. The kinetics of uptake, growth and inhibition of Monochrysis lutheri. *J. Mar. Biol. Assoc. U.K.* **48**: 689～733.

Dumont, H. J., L. V. De Velde and S. Dumont. 1975. The dry weight estimate of biomass in a selection of cladocera, copepoda, and rotifera from the plankton, periphyton, and benthos of continental waters. *Oeclogia* **91**: 75～97.

Edmonson, W. T., and J. T. Lehman. 1981. The effect of changes in the nutrient income on the condition of lake Washington. *Limnol. Oceanogr.* **26**: 1～29.

Enell, M. and S. Löfgren. 1988. Phosphorus in interstitial water: method and dynamics. *Hydrobiologia* **170**: 103～132.

Eng, L. 1979. Population dynamics of the Asiatic clam, *Corbicula fluminea*(Muller), in the concrete-lined Delta-Mendota Canal of central california. First International *Corbicula* Symposium Proceeding, Texas Christian University, Fort Worth, Texas. pp.39~68.

EPA, 1974. Lake restoration. US Environmental Protection Agency, Minneapolis, Minnesota.

Fahnenstiel, G. L., G. A. Lang, T. F. Nalepa and T. H. Johengen. 1995. Effects of zebra mussel(*Dreissena polymorpha*) colonization on water quality parameters in Saginaw Bay, Lake Huron. *J. Great Lakes Res.* **21**: 435~448.

Fahnenstiel, W. S. Gardner, J. F. Cavaletto, and Hwang, S-J. 1995. Ecosystem-level effects of zebra mussel(*Dreissena polymorpha*): An enclosure experiment in Saginaw Bay, Lake Huron. *J. Great Lakes Res.* **21**: 501~516.

Fanslow, D. L., T. F. Nalepa and G. A. Lang. 1995. Filtration rates of the zebra mussel(*Dreissena polymorpha*) on natural seston from Saginaw Bay, Lake Huron. *J. Great Lakes. Res.* **21**: 489~500.

Fee, E. J. 1979. A relation between lake mophometry and primary productivity and its use in interpreting whole-lake eutrophication experiment. *Limnol. Oceanogr.* **24**: 401~406.

Forsberg, O. and S.-O. Ryding, 1980. Eutrophication parameters and trophic state indices in 30 Swedish waste-receiving lakes. *Arch. Hydrobiol.* **89**: 189~207.

Forsberg, O., S.-O. Ryding, A. Forsberg and A. Claesson. 1978. Water chemical analyses and/or algal assay? Seawage effluent and polluted lake water studies. *Mitt. Internat. Verein. Limnol.* **21**: 352~363.

Foster-Smith, R. L. 1975. The effect of concentration of suspension on the filtration rate and pseudofaecal production for *Mytilus edulis*, L., Cerastoderma edule (L.), and Venerupis pullastra. *J. Experimental Mar. Biol. Ecol.* **17**: 1~22.

Frenette, J.-J., S. Demers, L. Legendre and M. Boule. 1996. Size-related photosynthetic characteristics of phytoplankton during periods of seasonal mixing and stratification in an oligotrophic multibasin lake system. *J. Plankton Res.* **18**: 45~61.

Fuhs, G. W. 1969. Phosphorus content and rate of growth in the diatom *Cycolotella nana* and *Thalassiosira fluviatilis. J. Phycol.* **5**: 305~321.

Fujimoto, N. and R. Sudo, 1997. Nutrient-limited growth of Microcystis aeruginosa and Phormidium tenue and competition under various N: P supply ratios and temperatures. *Limnol. Oceonogr.* **42**: 250~256.

Gardner, W. S., J. F. Cavaletto, T. H. Johengen, J. R., Johnson, R. T. Heath and J. B. Cotner. 1995. Effects of the zebra mussel, *Dreissena polymorpha*, on community nitrogen dynamics in Saginaw Bay, Lake Huron. *J. Great Lakes Res.* **21**: 529~544.

Gardner, W. S., J. F. Chandler, G. A. Laird and D. Scavia. 1986. Microbial response to amino acid additions in Lake Michigan: grazer control and substate limitation of bacterial populations. *J. Great Lakes Res.* **12**: 161~174.

Gilbert, J. J. and R. S. Stemberger. 1985. Control of *Keratella* populations by interference competition from Daphnia. *Limnol. Oceanogr.* **30**: 180~188.

Gleason, E. 1984. The freshwater clam *Corbicula fluminea* in California. Inland Fish. Inform. Leaflet 37, State of California, The Resources Agency, Department of Fish and Game: 1~8.

Goldman, J., D. A. Caron and M. R. Dennet. 1987. Nutrient cycling in a microflagellate food chain, 4. phytoplankton-microflagellate interactions. *Mar. Ecol. Prog. Ser.* **38**: 75~87.

Gunning, G. E. and R. D. Suttkus. 1966. Occurrence and distribution of the Asiatic Clam, *Corbicula leana*, in the Pearl River, Lousiana. *Nautilus* **79**: 113-116.

Hakenkamp, C. C. and M. A. Palmer. 1999. Introduced bivalves in freshwater ecosystems: the impact of *Corbicula* on organic matter cycling in a sandy stream. *Oecologia* **119**: 445~451.

Hall, D. T., S. T. Threlkeld, C. W. Burns and P. H. Crowley. 1976. The size-efficiency hypothesis and the size structure of zooplankton communities. Annual Review of Ecology and Systematics **7**: 177~208.

Hansen, K. 1961. Lakes types and lake sediments. *Verh. Int. Ver. Limnol.* **14**: 285~290.

Happer, D. 1992. Eutrophication of freshwaters: Principles, problems and restoration. Chapman & Hall, London, New York, Tokyo, Melbourne, Madras.

Havens, K. E., 2000. Using Trophic state index(TSI) values to drow inferences regrading phytoplankton limiting factors and seston composition from routine water quality monitoring data. *Korean journal of Limnology* **33**: 187-196.

Healey, F. P. and L. L. Hendzel. 1980. Physiology indicators of nitrogen deficiency in lake phytoplankton. *Can. J. Fish. Aquat. Sci.* **37**: 442~453.

Heath, R. T., G. L. Fahnenstiel, W. S. Gardner, J. F. Cavaletto and S.-J. Hwang, 1995, Ecosystem-level effects of zebra mussel(*Dreissena polymorpha*): An enclosure experiment in Saginaw Bay, Lake Huron. *J. Great Lakes Res.* **21**: 501~516.

Hecky, R. E. and P. Kilham. 1988. Nutrient limitation of phytoplankton in freshwater and marine environments: A review of recent evidence on the effects of enrichment. *Limnol. Oceanogr.* **33**: 796~822.

Hendrey, G. R. and E. B. Welch. 1974. Phytoplankton productivity in Findley Lake. *Hydrobiol.* **45**: 45~63.

Hill, W. and A. Knight. 1981. Food preference of the Asian clam (*Corbicula fluminea*) in the Sacramento-San Joaquin delta. *Estuaries* **4**: p.245.

Holland, R. E. 1993. Changes in plankton diatoms and water transparency in Hatchery Bay, Bass Island area, western Lake Erie since the establishment of the zebra mussel. *J. Great Lakes Res.* **19**: 617~624.

Holland, R. E., T. H. Johengen and A. M. Beeton. 1995. Trends in nutrient concentration in Hatchery Bay, western Lake Erie, before and after *Dreissena polymorpha. Can. J. Fish. Aquat. Sci.* **52**: 1202~1209.

Horne, A. J. and C. R. Goldman. 1994. Limnology 2nd edition. McGraw-Hill, Singapore. p.50.

Horne, A. J., 1979. Management of lakes containing N-fixing blue-green algae. *Arch. Hydrobiol.* **13**: 133~144.

Horne, F. R. and S. McIntosh. 1979. Factors influencing distribution of mussel in the Blanco River of Central Texas. *The Nautilus* **94**: 120~133.

Howarth, R. W., R. Marino and J. J. Cole. 1988. Nitrogen fixation in freshwater, esturine, and marine ecosystems. 2. Biogeochemical controls. *Limnol. Oceonogr.* **33**: 669~687.

Hoyer, M. V. and J. R. Jones. 1983. Factors affecting the ralation between phosphorus and chlorophyll *a* in USA midwestern reservoirs. *Can. J. Fish. Aquat. Sci.* **40**: 192~199.

Hutchinson, C. E. 1957. A treaties on limnology. I, Geography Physics and Chemistry. New York, Jone Wiley and Sons Inc. p.1015.

Hutchinson, C. E. 1973. Eutrophication. *American Scientist* **61**: 269~279.

Hwang, S.-J. 1996. Effects of zebra mussel(*Dreissena polymorpha*): on phytoplankton and bacterioplankton: Evidence for size-selective grazing. *Kor. J. Limnol.* **29**: 363~378.

Hwang, S.-J., H.-S. Kim and J.-K. Shin, J.-M. Oh and D.-S. Kong. 2004. Grazing effects of a freshwater bivalve(*Corbicula leana* PRIME) and large zooplankton on phytoplankton communities in two Korean lakes. *Hydrobiologia* **515**: 161~179.

Hwang, S.-J., H.-S. Kim and J.-K. Shin. 2001. Filter-feeding effect of a freshwater bivalve(*Corbicula leana* PRIME) on phytoplankton. *Korean. J. Limnol.* **34**: 298~309.

Hwang, S-J. and R. T. Heath. 1997. The distribution of protozoa across a trophic gradient, factors controlling their abundance and importance in the plankton food web. *J. Plankton Res.* **19**: 491~518.

Hwang, S-J. and R. T. Heath. 1999. Zooplankton bacterivory at coastal and offshore sites of Lake Erie. *J. Plankton Res.* **21**: 699~710.

Ibelings, B. W. L. R. Mur, R. Kinsman and A. E. Walsby. 1991. Microcystis changes its buoyancy in response to the average irradiance in the surface mixed layer. *Arch. Hydrobiol.* **120**: 385~401.

Islam, M. R. and B. A. Whitton. 1992. Retention of P-nitrophenol and 4-methylumbelliferone by marine macroalgae and implications for measurement of alkaline phosphatase activity. *J. Phycol.* **32**: 819~825.

Isom, B. G. 1986. Historicall review of Asiatic clam(*Corbicula*) invasion and biofouling of waters and industries in the Americas. Proceeding of the Second International *Corbicula* Symposium. Special edition No.2 of the American Malacological Bulletin(J. C. Britton ed.), pp.1-6. American Malacological Union, USA.

Jack, J. D. and J. H. Thorp. 2000. Effects of the benthos suspension feeder *Dressena polymorpha* on zooplankton on a large river. *Freshwater Biol.* **44**: 569~579.

James, M. R. 1987. Ecology of the freshwater mussel *Hydridella mensiesi* (Gray) in a small oligotrophic lake. *Arch. Hydrobiol.* **108**: 337~348.

Jeppesen, E., P. Kristensen, J. P. Jensen, M. Sndergaard, E. Mortensen, and T. L. Lauridsen. 1991. Recovery resilience following a reduction in external phosphorus loading of shallow eutrophic danish lakes: duration, regulating factors and methods for overcoming resilience.

*Memorie dell'sIstituto Italiano di Idrobiologia* **48**: 127~148.

Johannsson, O. E., R. Dermott, D. M. Graham, H. A. Dhal, E. S. Millard, D. D. Myles and J. LeBlanc. 1999. Benthic and pelagic secondary roduction in Lake Erie after the invasion of *Dreissena* spp. with implications for fish production. *J. Great Lakes Res.* **26**: 31~54.

Johengen, T. H., T. F. Nalepa, G. L. Fahnenstiel and G. Goudy. 1995. Nutrient Canges in Saginaw Bay, Lake Huron, After the Establishment of the Zebra Mussel(*Dreissena polymorpha*). *J. Great Lakes Res.* **21**: 449~464.

John R. B., T. L. Crisman and R. J. Brock. 1991. Grazing effects of an exotic bivalve(*Corbicula fluminea*) on hypereutrophic lake water. *Lake and Reser. Manage.* **7**: 45~51.

Jones, J. R. and M. F. Knowlton and K. G. An. 2003. Trophic state, Seasonal Patterns and Empirical Models in South Korean Reservoirs. *Lake and Reservoir Management* **19**: 64~78.

Kalff, J. 2002. Limnology, Inland Water Ecosystem. Prentice – Hall, Inc.

Kappers, F. I. 1984. On population dynamics of the cyanobacterium Microcystis aeruginosa. Ph.D. thesis, University of Amsterdam.

Karatayev, A. Y., L. E. Burkalova, and D. K. Pidilla. 1997. The effects of *Dreissena polymorpha*(Pallas) invasion on aquatic communities in eastern Europe. *J. Shellfish Res.* **16**: 187~203.

Kasprzak, K. 1986. Role of the Unionidae and Sphaeriidae(Mollusca, Bivalvia) in eutrophic lake Zbechy and its outflow. *Inter. Revueder Gesamten Hydrobiol.* **71**: 315~334.

Kellar, P. E., S. A. Paulson, and L. J. Paulson. 1980. Methods for biological, chemical and physical analyses in reservoirs. Technical Report, Lake Mead Limnological Research Center, University of Nevada, Las Vegas, p.234.

Kellar, P. E., S. A. Paulson, and L. J. Paulson. 1980. Methods for biological, chemical and physical analyses in reservoirs. Technical Report, Lake

Mead Limnological Research Center, University of Nevada, Las Vegas, p.234.

Kennedy, R. H., K. W. Thornton and R. C. Gunkel. 1982. The establishment of water quality gradients in reservoirs. *Can. Wat. Res* **7**: 71~87.

Kilham, S. S. 1978. Nutrient kinetics of freshwater planktonic algae using batch and semicontinuous methods. *Mitt. Internat. Verein. Limnol.* **21**: 147~157.

Kim, B., K. Choi, C. Kim, U.-H. Lee and Y.-H. Kim. 2000. Effects of the summer monsoon on the distribution and loading of organic carbon in a deep reservoir, Lake Soyang, Korea. *Water Res.* **34**: 3495~3504.

Kimmel, B. L. and M. M. White. 1979. DCMU-enhanced chlorophyll fluorescence as an indicator of the physiological status of reservoir phytoplankton: An initial evaluation. pp.246~262. *In:* Phytoplankton -environmental interactions in reservoirs(M. W. Lorenzen, ed). U.S. Army Waterways Experiment Station, Vicksburg, MS.

Klemer, A. R. 1973. Factors affecting the vertical distribution of a blue-green alga. Ph.D. thesis, University of Minnesota.

Klemer, A. R. 1976. The vertical distribution of *Oscillatoria agardhii* var. *isothrix. Arch. Hydrobiol.* **78**: 343~362.

Konopka, A. E., A. R. Klemer, A. E. Walsby, and B. W. Ibelings. 1993. Effects of macronutrients upon buoyancy regulation by metalimnetic *Oscillatoria agardhii* in Deming Lake, Minnesota. *J. Plankton Res.* **15**: 1019~1034.

Kown, O. K., 1990. Illustrated encyclopedia of fauna and flora. Vol.32. Mollusca (I). Ministry of Education, Seoul, Korea.

Kraemer, L. R., 1979. *Corbicula*(Bivalvia: Sphaeriaceae) vs. indigenous mussels(Bivalvia: Unionacea) in U.S. rivers: a hard case for interspecific competition? *Am. Zool.* **19**: 1085~1096.

Kratzer, C. R. and Brezonik, P. L. 1981. A carlson-type trophic state index for nitrogen in Florida lakes. *Wat. Res. Bull.* **17**: 713~717.

Krenkel, P. A. and N. Vladmir. 1980. Water quality management. p.229.

Krüger, G. H. and J. N. Eloff. 1978. The effect of temperature on specific growth rate and activation energy of *Microcystis* and *Synechococcus* isolates relevant to the onset of natural blooms. *J. Limnol. Soc. sth. Afr.* **4**: 9~20.

Kryger, J. and H. U. Riisgrd. 1988. Filtration rate capacities in six species of European freshwater bivalves. *Oecologia* **77**: 34~38.

Lampert, W. 1987. Laboratory studies on zooplankton-cyanobacteria interactions. *N. Z. J. Mar. Freshwat. Res.* **21**: 483~490.

Lampert, W., W. Flecker, H. Rai and B. E. Taylor. 1986. Phytoplankton control by grazing zooplankton: A study on the spring clear-water phase. *Limnol. Oceanogr.* **31**: 478-490.

Lathrop, R. C., and S. R. Carpenter. 1990. Zooplankton and their relationship to phytoplankton, p.127-150. *In*: Food Web management(J. F. Kitchell, ed.). Springer-Verlag, New York.

Lauritsen D. D. 1986. Filter-feeding in *Corbicula fluminea* and its effect on seston removal. *J. Amer. Benthologi. Soc.* **5**: 165~172.

Lauritsen, D. D. and S. C. Mozley. 1989. Nutrient excretion by the Asiatic clam *Corbicula fluminea*. *J. Amer. Benthologi. Soc.* **8**: 134~172.

Lavrentyev, P. J., W. S. Gardner, J. F. Cavaletto, and C. Beaver, 1995, Effect of zebra mussel on protozoa and phytoplankton from Saginaw Bay, Lake Huron. *J. Great Lakes Res.* **21**: 545~557.

Leach, J. H. 1993. Impacts of the zebra mussel(*Dreissena polymorpha*) on water quality and fish spawning reefs in western Lake Erie. pp.381~397. *In*: Zebra Mussels: Biology, Impact, and Control(T. F. Nalepa and D. W. Schloesser eds.). Lewis Publishers, Boca Raton, FL.

Legendre, L. and J. Le Fevre. 1989. Hydrodynamic singularities as controls of recycled versus export production in oceans. pp.49~63. *In*: Productivity of the Ocean: Present and past(Berger, W. H., V. S. Smetacek and G. Wefer, eds.). Wiley, Chichester.

Levinton, J. S. 1995. Bioturbators as ecosystem engineers: control of the sediment fabric, inter-individual interactions, and material fluxes. pp.29~38. *In*: Linking Species and Ecosystems.(C. G. Jones and J. H. Lawton, eds.). Chapman and Hall, New York.

Lewandowski K., and A. Stanczykowska. 1975. The occurrence and role of bivalves of the family Unionidae in Mikolajskie Lake. *Ekologia Polska,* **23**: 317~334.

Lillie, R. A. and J. W. Mason. 1983. Limnological characteristics of Wisconsin lakes. Tech. Bull No.138., Dept. Nat. Resour., Madison, WI.

Loo, L.-O. and R. Rosenberg, 1989, Bivalve suspension-feeding dynamics and benthic-pelagic coupling in a eutrophicated marine bay. *Journal of Experimental Marine Biology and Ecology* **130**: 253~276.

Loo, L.-O. and R. Rosenberg, 1989, Bivalve suspension-feeding dynamics and benthic-pelagic coupling in a eutrophicated marine bay. *Journal of Experimental Marine Biology and Ecology* **130**: 253~276.

Lorenzen, C. J. 1967. Determination of chlorophyll and pheo-pigments: spectrophotometric equation. *Limnol. Oceanogr.* **12**: 343~346.

Løvatad, O. and K. Bjørndalen, 1990. Nutrients(P, N, Si) and growth conditions for diatom and *Oscillatoria* spp. in lakes in south-estern Norway. *Hydrobiologia* **196**: 255~263.

Lowe, R. L. and R. W. Pillsbury, 1995, Shifts in benthic algal community structure and function following the appearance of zebra mussel (*Dreissena polymorpha*) in Saginaw Bay, Lake Huron. *J. Great Lakes Res.* **21**: 558~566.

MacIsaac H. J., and J. H. Sprules. 1991. Ingestion of small-bodied zooplankton by zebra mussels(*Dreissena polymorpha*): Can cannibalism on larvae influence population dynamics? *Can. J. Fish. Aquat. Sci.* **48**: 2051~ 2059.

Marker, A. F. H. 1972. The use of acetone and methanol in the estimation of chlorophyll in the presence of phaeophytin. *Freshwater Biol.* **2**: 361~385.

Marker, A. F. H., E. A. Nusch, I. Rai and B. Riemann. 1980. The measurement of photosynthetic pigments in freshwaters and standardization of methods: Conclusions and recommendations. *Arch. Hydrobiol. Beih.* **14**: 91~106.

Marker, A. F. H., E. A. Nusch, I. Rai and B. Riemann. 1980. The measurement of photosynthetic pigments in freshwaters and standardization of methods: Conclusions and recommendations. *Arch. Hydrobiol. Beih.* **14**: 91~106.

Matisoff, G., J. B. Fisher and S. Matis. 1985. Effect of microinvertebrates on the exchange of solutes between sediments and freshwater. *Hydrobiologia* **122**: 19~33.

McCall, P. L., M. J. S. Tevesz, X. and S. F. Schwelgien. 1979. Sediment mixing by *Lampsilis radiata* siliquoidea(Molusca) from western Lake Erie. *J. Great Lakes Res.* **5**: 105~111.

McCauley, E., J. A. Downing and S. Watson. 1989. Sigmoid relationships between nutrients and chlorophyll among lakes. *Can. J. Fish. Aquat. Sci.* **46**: 1171~1175.

McMahon R. F. 1991. Mollusca: bivalvia. pp.315-390. *In:* Ecology and Classification of North American Freshwater Invertebrates(J. H. Thorp and A. P. Covich eds.), Academic press, New York.

McMahon, F. 1983. The ecology of an invasive pest bivalve, *Corbicula. In:* The Mollusca, Volume 6, Academic Press.

Mellina, E., J. B. Rasmussen and E. L. Mills. 1995. Impact of zebra mussel on phosphorus cycling and chlorophyll in lakes. *Can. J. Fish. Aquat. Sci.* **52**: 2553~2573.

Meyers, P. A. and R. Ishiwatari. 1993. Lacustrine organic geochemistry - an overview of indicators of organic matter sources and diagenesis in lake sediments. *OrgGeochum* **20**: 867~900.

Mikheyev, V. P. 1967. Filtration nutrition of the *Dreissena. Tr. Vses. Nauchno - Issled. Inst Prud - Rybn. Khoz.* **15**: 117~129.

Monod, J. 1950. La technique de culture continue: theorie at applications. *Ann. Inst. pasteur Lille*, **79**: 390~410.

Moore, J. W. 1979. Factors influencing algal consumption and feeding rate in *Hereotrissocladius changi*(Seather) (Chironomidae: Diptera). *Oecologia* **40**: 219 - 227.

Morton, B. S. 1979. Freshwater fouling bivalves. In J. C. Britton(ed.), Proc. First Internat. Corbicula Symp. Texas Christian University, Fort Worth, Texas: 1~14.

Mullin, M. M., P. R. Sloan and R. W. Eppley. 1966. Relationship between carbon content, cell volume, and area in phytoplankton. *Limnol. Oceanogr.* **11**: 307 - 311.

Nalepa, T. F. and D. W. Schloesser, (eds.). 1993. Zebra mussels: Biology, impacts, and control. CRC Press, Boca Raton, p.810.

Nalepa, T. F., Cavaletto, J. F., Ford, M., Gordon, W. M. and Wimmer, M. 1993. Seasonal and annual variation in weight and biochemical content of the zebra mussel, *Dreissena polymorpha*, in Lake St. Clair. *J. Great Lakes Res.* **19**: 541~552.

Nicholls, K. H. and G. J. Hopkins, 1993, Recent changes in Lake Erie (north shore) phytoplankton: cumulativeimpacts of phosphorus loading reductions and the zebra mussel introduction. *J. Great Lakes Res.* **19**: 637~647.

Nicklisch, A. and J. G. Kohl. 1983. Growth kinetics of Microcystis aeruginosa(Kutz) Kutz as a basis for modelling its population dynamics. *Int. Rev. ges. Hydrobiol.* **68**: 317~326.

Noordhius, R., H. Reeders, and A. Bij De Vaate, 1992, Filtration rate and pseudofaeces in zebra mussel and their application I water quality management. p.262. *In*: The zebra mussel *Dreissena polymorpha*, Ecology, Biological monitoring and first application in the water quality management(Neuman, D. and H. A. Jenner eds.). Gustav Fischer, New York.

Odum, E. P. 1959. Fundamentals of Ecology. W. B. Saunders, Philadephia. p.546.

Owen, D. A. and L. B. Cahoon. 1991. An investigation into the use of exotic and native bivalves as indicators of eutrophication-induced hypoxia. *J. Elisha Mitchell Scientific Soc.* **107**: 71~74.

Pace, M. L. and J. D. Orcutt. 1981. The relative importance of protozoans, rotifers, and crustaceans in a freshwater zooplankton community. *Limnol. Oceanogr.* **26**: 822~830.

Paerl, H. W., R. S. Fulton, P. H. Moisander and J. Dyble. 2001. Harmful freshwater algal blooms, with an emphasis on cyanobacteria. *The Scientific World Journal* **1**: 76~113.

Park, H. D., B. Kim, E. Kim and T. Okino. 1998. Hepatotoxic microcystins and neurotoxic anatoxin-a in cyanobacterial blooms from Korean Lakes. *Environ. Toxicol. Wat. Qual.* **13**: 225~234.

Parson, T. R., M. Takahashi, and B. Hagrave. 1984. Biological Oceanographic processes(3rd ed.). Pergamon Press, Oxford.

Patricia, A. S., W. H. Shaaw and P. A. Bukaveckss. 2000. Differences in nutrient limitation and grazer suppression of phytoplankton in seepage and drainage lakes of the Adirondack region, NY, USA. *Freshwater Biol.* **43**: 391~407.

Perkins, R. G. and G. J. C. Underwood. 2000. Gradients of chlorophyll *a* and water chemistry along an eutrophic reservoir with determination of the limiting nutrient by In Situ nutrient addition. *Wat. Res.* **34**: 713~724.

Persson P. E. 1982. Muddy odour: a problem associated with extreme

252

eutrophication. *Hydrobiol.* **86**: 161~164.

Peterjohn, W. T. and D. L. Correll. 1984. Nutrient dynamics in an agricultural watershed: observations on the role of a riparian forest. *Ecology* **65**: 1466~1475.

Petersen, F. 1983. Population dynamics and production of *Daphnia galeata*(Crustacea, Cladocera) in Lake Esrom. *Holarct Ecology* **6**: 113~130.

Phlips, E. J., M. Cichra, K. E. Havens, C. Hanlon, S. Badylak, B. Rueter, M. Randall, and P. Hansen. 1997. Relationships between phytoplankton dynamics and the availability of light and nutrients in a shallow subtrophical lake. *J. Plankton Res.* **19**: 319~342.

Ping, X. L., L. Sixin, T. Huijuan and L. Hong. 2003. The low TN: TP ratio, a cause or a result of *Microcystis* blooms? *Water Res.* **37**: 2073~2080.

Porter, H. J. 1985. Molluscan Census and Ecological Relationships. North Carolina Endangered Species Restoration Project, Final Report, Morehead City, N. C., p.170.

Pouria, S., A de Andrade, R. L. Cavalcanti, V. T. S. Barreto, C. J. Ward, W. Preiser, G. K. Poon, G. H. Neild and G. A. Cood. 1998. Fatal microcystin intoxication in haemodialysis unit in Caruaru, Brazil. *The lancet*, **352**: 21~26.

Prepas, E. E. and F. H. Rigler. 1982. Improvements in quantifying the phosphorus concentration in lake water. *Can. J. Fisher Aquat. Sci.* **39**: 882~829.

Prezelin, B. B. 1992. Diel periodicity in phytoplankton productivity. *Hydrobiologia* **238**: 1~36.

Putt, M. and D. K. Stoecker. 1989. An experimentally determined carbon: volume ration for marine oligotrichous ciliates from estuarine and coastal water. *Limnol. Oceanogr.* **34**: 1097−1107.

Quigley, M. A., W. S. Gardner and W. M. Gordon. 1993. Metabolism of the zebra mussel(*Dreissena polymorpha*) in Lake St. Clair of the Great Lakes. pp.295~306. *In*: Zebra Mussels: Biology, Impacts, and Contro.(Y. F. Nalepa and D. W. Schloesser eds.). Lewis Publishers/CRC Press, Boca Raton, FL.

Rawson, D. S. 1952. Mean depth and the fish production of large lakes. *Ecology* **33**: 513-521.

Rawson, D. S. 1953. The standing crop of net plankton in lakes. *J. Fish. Res. Bd. Can.* **10**: 224~237.

Rawson, D. S. 1955. Morphometry as a dominant factors in the productivity of large lakes. *Verh. Internat. Verein. Limnol.* **12**: 164~175.

Redfield, A. C. 1958. The biological control of chemical factors in the environment. *Amer. Sci.* **46**: 205~255.

Redfield, A. C., B. H. Ketchum and F. A. Richards. 1963. The influence of organisms on the composition of sea water, pp.26-27. *In*: The sea, 2(M. N. Hill, ed.), Interscience, N. Y.

Reeders, H. H. and A. Bij de Vaate, 1990, Zebra mussel(*Dreissena polymorpha*): a new perspective for water quality management. *Hydrobiologia* **200/201**: 437~450.

Reeders, H. H. and A. Bij de Vaate. 1992. Bioprocessing of polluted suspended matter from the water column by the zebra mussel (*Dreissena polymorpha* Pallas). *Hydrobiologia* **239**: 53~63.

Reeders, H. H., A. Bij de Vaate and F. J. Slim. 1989. The filtration rate of *Dreissena polymorpha*(Bivalvia) in three Dutch lakes with reference to biological water quality management. *Freshwater Biol.* **22**: 133~141.

Reynolds C. S. 1993. The Ecology of freshwater Phytoplankton. Cambridge University Press, Cambridge, U.K. p.384.

Reynolds, C. S. 1980. Phytoplankton assemblages and their peridicity in stratifying lake system. *Holarctic Ecology* **3**: 141~159.

Reynolds, C. S. 1982. Phytoplankton periodicity its motivation, mechanisms and manipulation. *Annual Report of the Freshwater Biological Association* **50**: 60~75.

Reynolds, C. S. 1984. Phytoplankton periodicity: the interactions of form, function and environmental variability. *Freshwater biol.* **14**: 111~142.

Reynolds, C. S. 1987. Cyanobacterial water-blooms. In J. Callow(ed), Advances in Botanical Research, Academic Press, London **13**: 437~481.

Reynolds, C. S. 1989a. Physical determinants of phytoplankton succession. pp.9~56. *In*: Plankton ecology: succession in plankton communities (U. Sommer, ed.). Springer Veri., Berlin.

Reynolds, C. S. 1989b. Relationships among the biological properties, distribution and regulation of production by planktonic cyanobacteria. *Toxicity Assessment* **4**: 229~255.

Reynolds, R. D., R. L. Oliver and A. E. Walsby. 1987. Cyanobacterial dominance: The role of buoyancy regulation in dynamic lake environments. *N.Z.J. Mar. Freshwat. Res.* **21**: 379~390.

Rhee, G.-Y. 1973. A continuous culture study of phosphate uptake, growth rate and polyphosphate in *Scenedesmus* sp. *J. Phycol.* **9**: 495~506.

Rhee, G.-Y. 1978. Effects of N: P atomic ratios and nitrate limitation on algal growth, cell composition, and nitrate uptake. *Limnol. Oceanogr.* **23**: 10~24.

Rhee, G.-Y. and I. J. Gotham. 1981. The effect of environmental factors on phytoplankton grow: Temperature and interactions of temperature with nutrient limitation. *Limnol. Oceanogr.* **26**: 635~648.

Robarts, R. D. and T. Zohary. 1987. *Microcystis aeruginosa* and underwater light attenuation in a hypertrophic lake(Hartbeespoort Dam, South Africa). *J. Ecol.* **72**: 1001~1017.

Robert, R., F. S. Soong, J. Fitzgerald, L. Turczynowicz, O. E. Saadi, D. Roder, T. Maynard and I. Falconer. 1993. Health effects of toxic cyanobacteria(blue-green algae). Univ. Adelaide. South Austalia.

Romo, R. and R. Miracle. 1994. Long-term phytoplankton changes in a shallow hypertrophic lake, Albufera of Valencia(Spain). *Hydrobiologia* **275/276**: 153~164.

Ryder, R. A., S. R. Kerr, K. H. Loftus and H. A. Regier. 1974. The morphoedaphic index, a fish yield estimator-review and evaluation. *J. Fish. Res. Bd. Can.* **38**: 663~688.

Sakamoto, M. 1966. Primary production by the phytoplankton community in some Japanese lakes and its dependence upon lake depth. *Arch. Hydrobiol.* **62**: 1~28.

Scheller, J. L. 1997. The effect of dieoffs of asiantic clams(*Corbicula fluminea*) on native freshwater mussel(Unionidae). Thesis for Ph.D. Virginia Polytechnic institute and State University, Blacksburg, VA. pp.34~38

Schindler, D. W. 1974. Eutrophication and recovery in experimental lakes: implications for lake management. *Sci.* **184**: 897~899.

Sephton, T. W., C. G. Paterson and C. H. Fernando. 1980. Spatial interrelationships of bivalves and nonbivalves benthos in a small reservoir in New Brunswick, Canada. *Can. J. Zoo.* **58**: 852~859.

Sheffer, M., S. Rinaldi, A. Grangnani, L. R. Mur and E. H. Nes. 1997. On the dominance of filamentous cyanobacteria in shallow, turbid lakes. *Ecology* **78**: 272~282.

Shevtsova L. V., G. A. Zhdanova, V. A. Movchan, and A. B. Primak. 1986. Experimental interrelationship between *Dreissena* and planktic invertebrates. *Hydrobiologia* **22**: 36~39.

Sickel, J. B. 1973. *Corbicula* population mortalitiles: Factors influencing population control. *Am. Malacol. Bull.*, Special Edition No.2: 89~94.

Sickel, J. B. 1977. Population dynamics of Corbicula in the Altamaha River, Georgia. pp.69~80. *In*: Proceedings First International *Corbicula* Dymposium(J. C. Britton ed.). Texas Christian University, Fort

Worth, Texas.

Sickel, J. B. 1986. *Corbicula* population mortalities: Factors influencing population control. *Am. Malacol. Bull.*, Special edition **2**: 89~94.

Smit, H. A. E. H. Bij de Vaate, van Nes and R. H. Noordhuis. 1993. Colonization, ecology and positive aspects of zebra mussels(*Dreissena polymorpha*) in The Netherlands. pp.55－77. *In*: Zebra Mussels: Biology, Impact, and Control(T. F. Nalepa and D. W. Schloesser eds.). Lewis Publishers, Boca Raton, FL.

Smith, B. A. D. and J. J. Gilbert. 1995. Relative susceptibilities of rotifers and cladocerans to *Microcystis aeruginosa*. *Arch. Hydrobiol.* **132**: 309~336.

Smith, V. H. 1983. Low nitrogen to phosphorus ratios favor dominance by blue－green algae in lake phytoplankton. *Science* **221**: 669~671.

Smith, V. H., E. Willen and B. Karlsson. 1987. Predicting the summer peak biomass of four species of blue－green algae(cyanphyta/cyanobacteria) in Swedish lakes. *Wat. res. bull.* **23**: 397~402.

Smith, V. H., E. Willen and B. Karlsson. 1987. Predicting the summer peak biomass of four species of blue－green algae (cyanphyta/cyanobacteria) in Swedish lakes. *Wat. Res. Bulletin.* **23**: 397~402.

Sommer, U. 1989. The Role of Competition for Resources in Phytoplankton Succession. pp.57－106. *In*: Plankton Ecology(U. Sommer, ed.) Springer－Verlag, New York Berlin Heidelberg.

Sommer, U., Z. M. Gliwicz, W. Lampert, and A. Duncan. 1986. The PEG －model of seasonal succession of planktonic events in fresh waters. *Arch. Hydrobiol.* **106**: 433~471.

Soto, D. and G. Mena. 1999. Filter feeding by the freshwater mussel, Diplodon chilensis, as a biocontrol of salmon farming eutrophication. *Aquaculture* **171**: 65~81.

Sprung, M. and U. Rose, 1988, Influence of food size and food quality of the feeding of the mussel *Dreissena polymorpha*. *Oecologia* **77**: 52

6~532.

Statistical Analysis Systems Institute, 1996, SAS/STAT User's Guide, Version, 9. SAS Institute Inc., Cary, North Carolina.

Stemberger, R. S. 1979. A guide to rotifers of the Laurentian Great Lakes. EPA-600/4-79-021.

Sterner, R. W. and J. P. Grover. 1998. Algal growth in warm temperate reservoirs: Kinetic examination of nitrogen, temperature, light, and other nutrients. *Wat. Res.* **32**: 3539~3548.

Stites, D. L., A. C. Benke and D. M. Gillespie. 1995. Population dynamics, growth, and production of the Asiatic clam, *Corbicula fluminea*, in a blackwater river. *Can. J. Fish. Aquat. Sci.* **52**: 425~437.

Stoecker, D. K. and J. D. Capuzzo. 1990. Predation on protozoa: its importance to zooplankton. *J. Plankton Res.* **12**: 891~908.

Strathmann, R. R. 1967. Estimating the organic carbon content of phytoplankton from cell volume or plasma volume. *Limnol. Oceanogr.* **12**: 411~418.

Strayer, D. L. 1999. Effects of alien species on freshwater mollusks in North America. *J. Amer. Benthologi. Soc.* **17**: 81~94.

Strayer, D. L., L. C. Smith and D. C. Hunter. 1998. Effects of the zebra mussel(Dreissena polymorpha) invasion on the macrobenthos of the freshwater tidal Hudson River. *Can. J. Zoo.* **76**: 419~425.

Tabuchi, T., K. Hisao, S. Hiroyuki, T. Keiko and M. Takashi. 1991. Nitrogen outflow during irrigation period from a small agricultural area-Research on outflow load from agricultural area without a point source(Ⅱ). Trans. *JSIDRE* **154**: 55~64.

Talling, J. F. 1962. Freshwater algae, pp.743-757. *In*: Physiology and biochemistry of algae(R. A. Lewin, ed.). Academic Press, New York.

Tanaka, S. 1990. 雨水調整池の非特定汚染源 負荷の. 日本 "用水と廢水" **32**: 3~12.

Tarapchak, S. J., S. M. Bigelow and C. Rubitschun. 1982. Overestimation of prthophosphorus concentrations in surface waters of southern Lake Michigan: Effects of acid and ammonium molybdate. *Can. J. Fish. Aquat. Sci.* **39**: 296~304.

Ten Winkel, E. H. and C. Davids. 1982. Food selection by *Dreissena polymorpha* Pallas(Mollusca: Bivalvia). *Freshwater Biol.* **12**: 533~558.

Thomas, R. H. and A. E. Walsby. 1986. The effects of temperature on recovery of buoyancy by Microcystis. *J. gen. Microbiol.* **132**: 1665~1672.

Tilman, D. 1977. Resource competition between planktonic algae: An experimental and theoretical approach. *Ecol.* **58**: 338~348.

Tilman, D. 1978. Ecological competition between algae: Experimental confirmation of resource based competition theory. *Sci.* **192**: 463~465.

Tilman, D. 1982. Resource competition and community structure. Princeton Monographs in Population Biology 17. Princeton University Press.

Trimbee, A. M. and E. E. Prepas. 1987. Evaluation of total phosphorus as a predictor of the relative biomass of blue-green algae with emphasis on Alberta lakes. *Can. J. Fish. Aquat. Sci.* **44**: 1337~1342.

Van der Molen, D. T. and P. C. M. Boers. 1994. Influence of internal loading on phosphorus concentration in shallow lakes before and after reduction of the external loading. *Hydrobiologia* **275/276**: 379~389.

Vanni, M. J. and J. Temte. 1990. Seasonal patterns of grazing and nutrient limitation of phytoplankton in a eutrophic lake. *Limnol. Oceanogr.* **12**: 411~418.

Vaughn, C. C. and C. C. Hakenkamp. 2001. The functional role of burrowing bivalves in freshwater ecosystems. *Freshwater Biol.* **46**: 1431~1446.

Vincent, W. F. 1992. The daily pattern of nitrogen uptake by phytoplankton in dynamic mixed layer environments. *Hydrobiologia* **238**: 37~52.

Vollenweider, R. A. 1968. The scientific basis of lake and stream eutrophication, with particular reference to phosphorus and nitrogen as eutrophication factors. Tech. Rep. OECD. Paris. DAS/CSI/68. **27**: 1~182

Vollenweider, R. A. 1976. Advances in defining critical loading levels for phosphorus in lake eutrophication. *Mem. Ist. Ital. Idrobiol.* **33**: 53~83.

Walsby, A. E. and A. R. Klemer. 1974. The role of gas vacuoles in the microstratification of a population of Oscillatoria agardhii var. isothrix in Deming Lake, Minnesota. *Arch. Hydrobiol.* **74**: 375~392.

Walz, N. 1978. The energy balance of the freshwater mussel *Dreissena polymorpha* PALLAS in laboratory experiments and in Lake Constance: I. Pattern of activity, feeding, and assimilation efficiency. *Arch. Hydrobiol.* **82**: 482~499.

Wasmund, N. 1989. Live algae in deep sediment layers. *Int. Rev. Ges. Hydrobiol.* **74**: 589~597.

Way, C. M., D. J. Hornbach, C. A. Miller-way, B. S. Payne and A. C. Miller. 1990. Dynamics of filter feeding in *Corbicula fluminea* (Bivalvia: Corbiculidae). *Can. J. Zoo.* **68**: 115~120.

Welch, E. B. and T. Lindell. 1992. Nutrient limitation. *In*: Ecological Effects of Wastewater(E. B. Welch and T. Lindell, eds.), pp.134~135. Chapman & Hall press. London, Glasgow, New York, Tokyo, Melbourne, Madras.

Welker M., and N. Walz. 1998. Can mussels control the plankton in rivers? -A planktonological approach applying a Lagrangian sampling strategy. *Limnol. Oceanogr.* **43**: 753~762.

Wetzel, R. G. 2001 Limnology 3rd edition. Academic Press. San Diego, San Francisco, New York, Boston, London, Sydney, Tokyo.

Wetzel, R. G. and G. E. Likens. 1991. Limnological analyses(2nd ed.).

Springer – Verlag, New York.

William, F. J., R. H. Kennedy and R. H. Montgomery. 1987. Seasonal and longitudinal variations in apparent deposition rates within an Arkansas reservoir. *Limnol. Oceanogr.* **32**: 1169~1176.

Williams, R. J. B. 1971. The chemical composition of water from land drains at Saxmundham and Woburn, and the influence of rainfall upon nutrient losses. Report of the Rothamsted Experimental Station for 1970. **2**: 36~67.

Williams, W. F. and J. W. Barko. 1991. Estimation of phosphorus exchange between littoral and pelagic zones during nighttime convective circulation. *Limnol. Oceanogr.* **36**: 179~187.

Winter, J. E. 1973. The filtration rate of *Mytilus edulis* and its dependence of on algal concentration, measured by a continuous automatic apparatus. *Mar. Biol.* **22**: 317~328.

Wright, R. T. R. B. Coffin, C. P. Erising and D. Pearson. 1982. Field and laboratory measurements of bivalve filtration of natural marine bacterioplankton. *Limnol. Oceanogr.* **27**: 91~98.

Yamamuro, M and I. Koike. 1993. Nitrogen metabolism of the filter – feeding bivalve *Corbicula japonica* and its significance in primary production of a brackish lake in Japan. *Limnol. Oceanogr.* **38**: 997~1007.

Yelloly, J. M. and B. A. Whitton. 1996. Seasonal changes in ambient phosphate and phosphatase activities of the cyanobacterium Rivularia atra in interidal pools at Tyne Sands, Scotland. *Hydrobiologia* **325**: 201~212.

Zevenboom, W., A. B. de Vaate and L. R. Mur. 1982. Assessment of factors limiting growth rate of *Oscillatoria aqardhii* in hypereutrophic Lake Wolderwijd, 1978, by use of physiological indicators. *Limnol. Oceanogr.* **27**: 39~52.

• 저자 •

김호섭
(金昊燮)

•약 력•
건국대학교 대학원 공학박사

•주요논저•
「Effects of Limiting Nutrients and N: P ratios on the
Phytoplankton Growth in a Shallow Hypertrophic Reservoir」
「Grazing effects of a freshwater bivalve (Corbicula leana Prime)
and large zooplankton on phytoplankton communities in two Korean
lakes」
「수질악화요인규명을 위한 안내서」
「퇴적물에 대한 수질오염총량관리」
외 다수

## 부영양화와 생태공학
조류 성장 동태학과 생태공학적 제어

| | |
|---|---|
| • 초판 인쇄 | 2007년 12월 31일 |
| • 초판 발행 | 2007년 12월 31일 |
| • 지 은 이 | 김호섭 |
| • 펴 낸 이 | 채종준 |
| • 펴 낸 곳 | 한국학술정보㈜ |
| | 경기도 파주시 교하읍 문발리 513-5 |
| | 파주출판문화정보산업단지 |
| | 전화  031) 908-3181(대표) · 팩스  031) 908-3189 |
| | 홈페이지  http://www.kstudy.com |
| | e-mail(출판사업부)  publish@kstudy.com |
| • 등     록 | 제일산-115호(2000. 6. 19) |
| • 가     격 | 27,000원 |

ISBN  978-89-534-8015-5 93450 (Paper Book)
         978-89-534-8016-2 98450 (e-Book)